车载电池储能系统技术研究

李嘉波　田迪　著

中国石化出版社
·北京·

内容提要

本书详细阐述了动力电池测试平台、不同模型搭建、荷电状态、健康状态、剩余使用寿命以及故障诊断等车载智能关键技术，深入分析与总结了国内外不同环境下电池状态估计的研究现状，重点剖析了 SOC、SOH、RUL 等不同估计算法的预测性能以及估计的准确性，并对电池劣化诊断技术进行了分析与总结，为车载电池储能系统技术的研究提供了较可靠的理论和试验依据。

本书可作为机械、车辆等相关专业与相关工程技术人员的参考资料。

图书在版编目(CIP)数据

车载电池储能系统技术研究 / 李嘉波，田迪著. —北京：中国石化出版社，2024. 3
ISBN 978 - 7 - 5114 - 7464 - 3

Ⅰ. ①车… Ⅱ. ①李… ②田… Ⅲ. ①电动汽车 - 电网电源 - 研究 Ⅳ. ①U469. 72

中国国家版本馆 CIP 数据核字(2024)第 058460 号

中国石化出版社出版发行
地址:北京市东城区安定门外大街 58 号
邮编:100011 电话:(010)57512500
发行部电话:(010)57512575
http://www. sinopec-press. com
E-mail:press@ sinopec. com
北京艾普海德印刷有限公司印刷
全国各地新华书店经销
*
710 毫米×1000 毫米 16 开本 16. 5 印张 360 千字
2024 年 3 月第 1 版 2024 年 3 月第 1 次印刷
定价:78. 00 元

前　言

发展节能与新能源汽车产业既是确保中国能源安全的战略方向，又是实现“双碳”目标的战略途径，同时也是中国汽车产业做强的必由之路。根据中国汽车工业协会发布的2022年汽车市场产销数据，2022年我国汽车产、销量分别是2702.1万辆和2686.4万辆，同比增长3.4%和2.1%。虽然几经波折，但全年的汽车产、销量仍保持正增长，并且连续14年保持世界第一。2023年11月，中国汽车技术研究中心有限公司发布《节能与新能源汽车发展报告2023》，旨在聚焦汽车产业的新动态、新趋势、新变化，追踪低碳政策、洞悉技术演进、分析产品形态，为新能源汽车行业发展与企业决策提供思想借鉴与智力支撑。显然，在“碳中和”目标的背景下，全球汽车电动化转型进入新阶段，动力电池储能系统也得到了迅速发展。

作为新能源车辆的主要动力，动力电池储能系统的高效性和安全性是保障整车系统以及动力电池储能系统可靠运行的核心，也是当前发展新能源车辆的瓶颈。动力电池储能系统的状态估计依赖于强时变非线性等复杂特征，因此，如何提高动力电池荷电状态、健康状态、剩余使用寿命成为众多研究学者争相研究领域。突破多状态联合估计、加强动力电池储能系统耐久性管理，保障储能系统完成预期任务成为电池管理系统管理的重要内容，也保证了电池使用的安全性和可靠性，确保新能源车辆可靠、安全运行，为驾驶人员的安全提供保障，也是促进整个新能源车辆行业健康发展的基本要求。

本书详细阐述了当前动力电池的研究背景、概述了动力电池工作原理以及常用的动力电池类型，并对电池管理系统硬件和软件的基本功能进行了详细分析，总结了当前动力电池管理系统研究的难点和重点。第 2 章系统性地分析了锂电池的工作机理，并简要介绍了一些常用参数，随之建立了动力电池性能测试的试验系统，并进行了动力电池的最大可用容量测试、开路电压测试、恒定功率测试、动态工况测试、剩余寿命测试以及不当充电测试。上述实验特性分析为 BMS 算法的设计和验证提供了坚实有力的基础理论，并为后面的算法验证提供了数据支撑。第 3 ~ 7 章系统深入地分析了动力电池建模、荷电状态、健康状态以及剩余可用寿命、故障诊断当前研究难点，并对部分算法进行了理论分析和实验验证。

本书得到了西安石油大学优秀学术著作出版基金、陕西省教育厅科研计划项目(No. 23JK0599)，陕西省自然科学基础研究计划资助项目(No. 2023 - JC - QN - 0658)的资助与支持，在此表示感谢！

本书力求做到文字准确、精练，插图清晰，以帮助读者掌握新能源储能系统研究方法，虽经多次修改，但仍有很多工作没有结束，有些理论和方法正处于探索阶段，加之自身水平有限，谬误自然难免，望读者体谅。欢迎读者提出批评与斧正意见，共同推动我国动力电池储能系统的研究向前发展。

目　录

1 绪 论

近几十年来，全球排放问题成为世界各国不断探讨的问题之一，也是令人担忧的问题之一。据国际能源署(International Energy Agency，IEA)统计数据显示，2020年，交通运输占全球碳排放的26%，主要由汽油和柴油车辆造成。2022年，我国石油剩余可开采储量约36.89亿吨，石油进口量为5.08亿吨，对外依存度高达71.2%。另外，燃油车尾气产生的尾气颗粒物、氮氧化合物NO_x、硫氧化合物SO_x、CO、CO_2等有害气体造成的全球污染问题也越来越严重。2022年全球与能源相关的二氧化碳排放量再创新高，达到368亿吨以上，相比2021年增加3.21亿吨，增幅为0.9%。排放量和绝对同比增幅均创历史新高。其中，2022年中国二氧化碳排放量为114.77亿吨，碳排放量相较2021年下降了2300万吨，占总排放量的0.2%，基本持平。虽然我国碳排放总量保持不变，但是应对能源危机和环境污染带来的双重问题是世界各国的一项重要任务与挑战。

为应对这一挑战，新能源车辆被认为是利用可持续能源减少温室气体排放和全球变暖效应的一种有前途的替代能源。目前，由于储能装置的高容量和长寿命，新能源车辆的性能和效率得到了很大提高。然而，开发具有高质量、高效率的储能管理系统的新能源车辆仍是研究人员和车辆制造商非常关注的问题。作为电池车辆重要储能元件，动力电池的安全性和寿命会对新能源车辆市场产生直接影响。而锂电池技术以其比功率高、比能量大、寿命长、体积小、重量轻等优点，日益向新能源车辆的大市场发展。锂离子电池在材料、性能、寿命周期、成本等方面的发展已成为世界各国研究的热点，并在实际工作中，更需要电池管理系统(Battery Management System，BMS)对电池性能进行实时监测。但是，由于受到多种不确定性因素的干扰，锂电池的内部性能也发生动态变化，且BMS中各状态之间存在相互耦合、互相制约等关系，因此，对各状态参数进行准确、同步的估计和监测，不仅成为储能管理系统中重要的实现功能，来保证电池使用的安全性和可靠性，也是确保新能源车辆可靠、安全运行的基础，为驾驶人员的安全提供基本要求。

1.1 能源发展现状以及新能源车辆发展规划

1.1.1 能源发展现状

目前，全球变暖的情况尚未改善，化石能源的不断使用加剧了空气污染，降低了空气质量。针对这一现象，各国开始加强节能减排，降低化石能源的使用，并不断普及民众节约资源、保护环境的意识。“低碳环保”这项政策已经成为各国一起前进和努力的方向。随着科技发展的不断更新和进步，结合各国“低碳环保”的政策，能源的使用逐渐向清洁、低碳的风能、太阳能等转变。然而，交通工具的动力来源主要依靠化石能源，是导致全球气候变暖罪魁祸首之一，因此为了摆脱这种能源依赖，交通工具的动力来源需要向更清洁、更环保的能源方向发展。

依据英国石油公司(BP)公布的《世界能源统计年鉴》的数据来看，受全球新冠疫情影响，在2020年尽管能源消耗大幅减弱，石油的消耗量仍达所有能源总量的31.2%，高居榜首。煤炭和天然气两种一次能源得到了剧烈消耗，分别占能源总消耗的27.2%和24.7%，均创历史新高。由此可见，化石能源在全球的能源消耗中仍处于霸主地位，占比高达83.1%。从图1-1(a)可以看出，2013—2020年全球碳排放量持续走高，在2020年全球碳排放量下降至322.8亿吨，同比下降6.1%，是2011年以来的最低水平，表明对化石能源的依赖并未得到改善。从各地区排放情况来看，由图1-1(b)可明显得知，截至2020年，亚太地区总的碳排放量达到全球总排放量的一半以上，占比为52%；北美地区和欧洲碳排放量分别为16.6%和11.1%。

除此之外，根据2012年的一项数据表明，全球约占四分之一的二氧化碳排放总量和化石能源消耗均来自交通行业。据推测，照此速度发展下去，截至2050年，该数据将会翻倍，其中车辆行业具有很高的占比。因此，很多国家，尤其是车辆行业较为发达的国家，注意到车辆是造成化石能源短缺、全球温室效应的其中缘由之一，因此，走可持续发展道路已经成为当今交通运输工具中的政策导向和战略重点。目前，中国、德国和美国分别提出了《中国制造2025》《德国工业战略2030》和《美国工业互联网4.0》，对工业行业进行重新整合，开展新的工业革命。在这些文件中指出，新能源车辆是目前车辆行业转型升级的重要方向，也是能够实现智能制造和信息化产品协同配合的重要平台之一。《中国制造2025》明确指出，要将节能减排和新能源车辆列入十大重点发展领域。在2015年的巴黎气候峰会上，习近平主席明确作出要在2030年中国新能源车辆消费占比达到五分之一的承诺。与此同时，2016年国务院出台了《“十三五”国家战略性新兴产业发展规划》，该计划再次强调了新能源、环保低碳的重要地位，在以上数据和政策指导下，中国正建立清洁高效的新能源体系和制度。

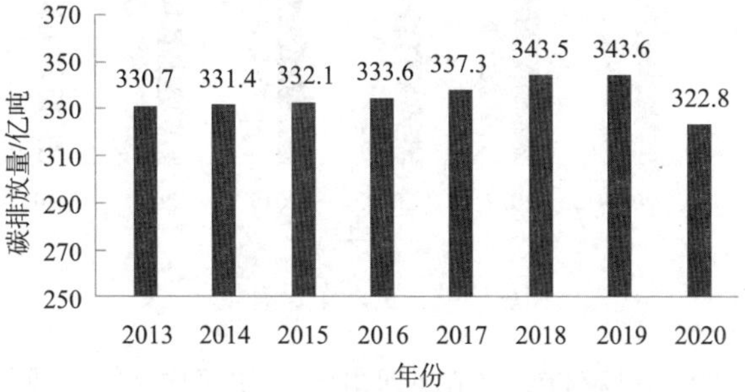

(a)2013—2020年全球碳排放总量变化

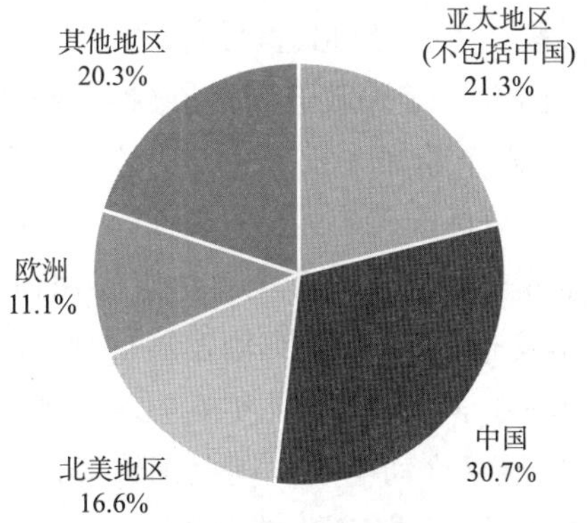

(b)2020年全球碳排放量分布

图1－1　全球碳排放总量变化趋势

1.1.2　新能源车辆发展规划

如图1－2所示，据公安部统计，截至2021年6月，我国机动车保有量为3.84亿辆，其中汽车2.92亿辆，超越美国，随之带来的缺点也很明显，不仅增加了石油供给困境，大量的机动车尾气还加剧了空气污染。同年9月，生态环境部印发《中国移动源环境管理年报(2021年)》。该年报指出，仅2020年，机动车尾气排放的四项主要污染物总量高达1593万吨，其中车辆排放的污染物占比高达90%。为解决该难题，全球各国将发展电动车作为摆脱化石能源依赖、解决环境危机的关键手段。

图 1－2　机动车保有量

新能源车辆依靠能量存储装置(如锂电池、超级电容等)或转换装置(如燃料电池)为车辆提供动力。大力发展新能源车辆，建立良好的新能源体系，是解决目前交通污染的重要手段，也已经得到世界各级政府和各企业的认可，作为大力推广的方向和指南。2016 年，美国政府制定了《推动新能源车辆与充电设施的指导原则》，倡议新能源车辆企业加大投入生产力度，普及电动车辆的布局。2019 年 4 月，欧盟颁布了碳排放标准《2019/631 文件》，该文件明确指出，欧盟 28 个成员国需大力发展新能源车辆，其中英国、法国、葡萄牙均将于 2040 年实现燃油车禁售。2010 年日本发布的《新一代车辆发展规划》指出，要在 2030 年新能源车辆占比达到 20%～30%，同时在 2021 年 6 月，日本政府发布《综合创新战略 2021》，该战略指出，要继续推动电动车辆全国覆盖比例，并尽可能地开发新的能源系统，争取到 2050 年尽可能实现“碳中和”。

在我国，2020 年国务院发布《新能源车辆产业发展规划(2021—2035 年)》，该文件为我国实现新能源车辆的发展战略指出了导向，并明确指出，以习近平新时代中国特色社会主义思想为指导方针，将电动化、智能化、物联网化协同发展，加快建设我国新能源车辆产业体系，实现高质量可持续发展战略。截至 2020 年，我国新能源车辆销售额达到 136.70 万辆，占全球总销量的 41.2%，排全球第二(图 1－3)；2020 年我国本土车辆制造企业比亚迪在全球范围内销售新能源车辆 17.92 万辆，排全球第三位。同年 10 月，工信部正式发布《节能与新能源汽车技术路线图 2.0》，该规划表明，在 2028 年前，使得车辆行业的碳排放总量达到最高值，到 2035 年左右，使得车辆行业的碳总排放总量相比 2028 年的最高值相下降 20%；要让车辆逐渐转向电动化和智能化，使得新能源车辆和混合动力车辆成为燃油车替代品。如图 1－4 所示，该技术路线 2.0 相比技术路线 1.0，重新进行了调整，并对新能源车辆和混合动力车辆进行了详细规划，将 2025 年、

2030 年和 2035 年设置为重要节点，大力布局纯电动新能源车辆和混合动力车辆，并在 2035 年左右，实现新能源车辆和混合动力车辆各占市场车辆总销量的 50%，全面实现电动化，形成完整的产业体系，并将我国新能源车辆技术与国际的同步。

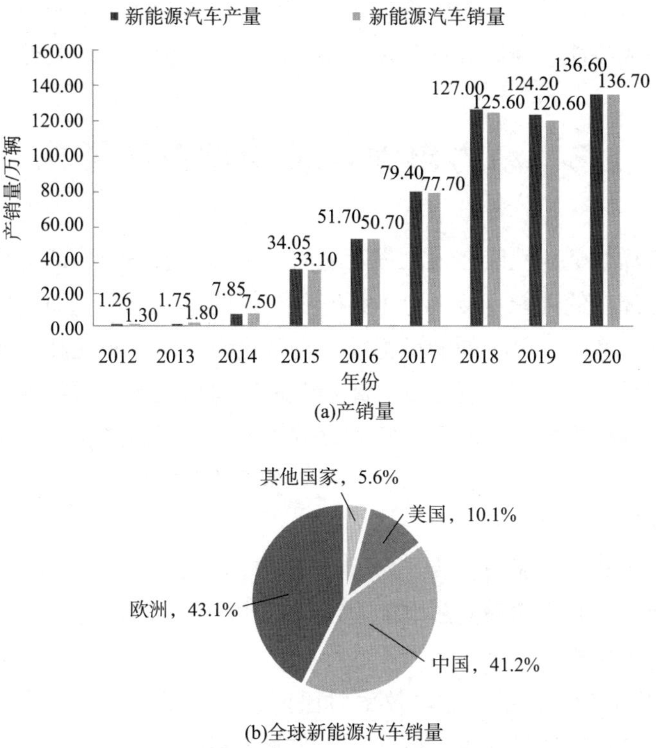

图 1-3 2012—2020 年中国新能源车辆销量情况

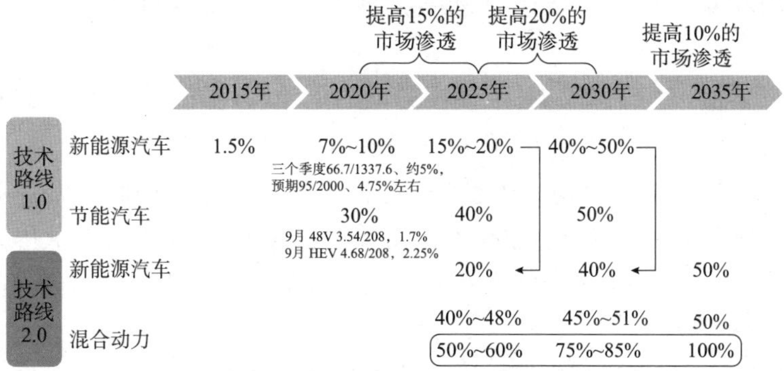

图 1-4 节能与新能源汽车技术路线图

目前，国内各车企大力发展新能源车辆主要是因为国家对该行业进行大力补贴，以及部分城市如北京、上海、杭州、深圳等地方政策对燃油车牌的限定。随着国家和各级政府逐渐取消对新能源车辆补贴，电动车行业回归市场，如何通过技术革新，减少设计成本，保证新能源车辆的续航能力、安全性能和充电的便捷性，这些需求能否满足客户要求将直接决定新能源车辆能否完全转向市场化，也是能否顺利完成节能与新能源汽车技术路线图 2.0 目标节点的关键。

1.2 动力电池以及管理系统要求

新能源车辆的整车性能在很大程度上取决于其三电系统，即电机、电控和电池。这些核心部件的性能直接决定了新能源车辆的续航里程、加速性能和最高车速等关键指标。其中，电机的能量密度和轻量化设计对于实现高效能和低成本至关重要；电控系统则能够实现能量的高效管理，包括能量的回馈和再利用；电池的能量密度则直接决定了新能源车辆的续航能力。为了满足新能源车辆行驶的动力性、安全性、续航性、经济性以及对周围环境的友好性。车载动力电池的基本要求主要包括以下几个方面。

(1)大功率充放电能力：为了满足车辆启动、加速、爬坡等不同工况的要求，动力电池应具有大功率充放电能力，质量比功率和体积比功率是衡量蓄电池快速充放电能力的指标。

(2)充放电效率：高的充放电效率对保证整车效率具有至关重要的作用，也可以减少动力电池的能量损失，提高整车的能源利用效率。

(3)相对稳定性：动力电池应当在快速充放电和充放电过程变工况的条件下保持性能的相对稳定，使其在动力系统使用条件下能达到足够的充放电循环次数。

(4)一致性：对于串联或并联使用的动力电池，应具有较好的一致性，包括电压、内阻、容量等方面，以保障电池组的运行稳定性和安全性。

(5)安全性：动力电池必须保证在各种恶劣条件下使用时，不会对驾乘人员、周围环境以及车辆本身造成伤害，如防止电池爆炸、漏液、起火等。

(6)耐高温：动力电池应能在高温环境下正常工作，避免因温度过高而损坏甚至引发安全事故。

(7)长寿命：为了降低车辆的维护成本和更换电池的费用，动力电池应具有较长的使用寿命。

(8)低成本：考虑到车辆的售价和日常使用成本，动力电池应具有较低的价格，以便于推广和应用。

(9)环保性：在电池的生产、使用、报废回收的过程中，不能对环境造成不良影响，应遵循环保要求。

(10)高能量密度：动力电池需要具备较高的能量储存能力，以保证新能源车辆的续航能力。

(11)高功率密度：动力电池需要能够提供足够的电流输出，以满足新能源车辆高速行驶、加速等高功率需求。

(12)快速充电和放电能力：动力电池需要支持快速充电和放电，以缩短充电时间和提高使用便利性。

1.3 新能源车辆类型

新能源车辆一般分为纯新能源车辆（Battery Electric Vehicle，BEV）、混合动力车辆(Hybrid Electric Vehicle，HEV)、插电式混合动力车辆（Plug - in Hybrid Electric Vehicle，PHEV）和燃料电池车辆（Fuel Cell Electric Vehicle，FCEV)。其中，插电式混合动力车辆结合了纯电动以及传统混动车辆的优点。世界各大知名车辆厂商均投入巨资研发电动车辆，其中最为代表性的则是丰田在 1997 年推出的油电混合动力车 Prius，截至目前，已经在全世界销售约 526 万辆。此外，丰田最近推出了全新的氢燃料电池车 Mirai，以及卡罗拉双擎混动车等；本田公司也先后推出了混动 Insight 以及 Civic 车型；宝马公司推出了 i3 纯电动以及 i8 混合动力超级跑车；通用车辆公司推出了插电式混合动力车辆 Volt 等。我国对于新能源车辆的研发也十分关注，专门成立了电动车辆 863 课题，同时国内的车辆厂商也投入了大量的资金研发新能源车辆，如北汽推出了 EV 系列纯新能源车辆以及比亚迪“秦”和“唐”等。图 1 -5 以及图 1 -6 所示为宝马 i8 混合动力跑车以及北汽 EV200 纯电动车。

图 1 -5 宝马 i8 混合动力跑车

图 1 -6 北汽 EV200 纯电动车

1.3.1 纯新能源车辆

1. 可行性

纯新能源车辆是完全由可充电电池（如铅酸电池、镍镉电池、镍氢电池或锂离子电池）作为储能动力源为新能源车辆提供动力，驱动电机带动车轮行驶。由于对环境影响相对传统车辆较小，其前景被广泛看好，但目前技术尚不成熟。

2. 特点

纯新能源车辆的行驶里程依赖于储能装置，即动力电池，其容量直接决定车辆的行驶里程，动力电池组的容量越大，新能源车辆续航里程也越远。因此，为了获得较长的续驶里程，新能源车辆开发工程师在设计电源系统时，通常会加大动力电池的容量。这样会使得整个电源系统的体积和重量增大，增加整车的空间布置和参数匹配难度，还会增加新能源车辆的购置成本，阻碍新能源车辆的市场推广。大容量的动力电池组意味着更多数目的电池单体，这也增加了电池管理系统的开发难度。而且车载动力电池也存在一些缺点，如温度对电池的工作特性影响较大，电池的抗过充过放能力差，存在安全隐患，另外，相比于燃油发动机来讲，动力电池的使用寿命小于车辆的正常使用年限。另外，车辆续驶里程是消费者在购买新能源车辆时考虑最多的性能指标，为了达到特定的续驶里程，新能源车辆在研发中设计动力电池系统时，倾向于采用能量型电池单体组成动力电池组。这样就会导致电源系统在大功率充放电时，充放电倍率会变大，电池内部产热速率增加，加剧电池衰退老化，容易产生电池性能衰退和热管理系统负荷等方面的问题。

3. 设计要求

BEV 需要根据用户实际需求、设计目标、道路情况和不同的行驶工况来选择具体型号、重量以及体积的电池，具体要求可以归纳为以下几点。

（1）动力电池组应该具备较高的容量和能量，以确保动力电池在车辆复杂运行环境下的可靠性以及安全性。且动力电池组连续放电最高倍率不超过 1C，峰值功率不超过 3C。对于 BEV，如果制动能量可以回馈，则动力电池组最大放电倍率不超过 5C。

（2）在不影响动力电池单体以及电池组之间使用寿命的前提下，必要时可以对动力电池进行过充和过放，满足特殊环境下使用。

（3）使用动力电池作为 BEV 唯一动力能源时，需要依赖电池管理系统对动力电池的各状态严格监测，如荷电状态、健康状态、剩余寿命等。

(4) 在设计的时候，针对所需的动力电池，要设计足够大的空间和承重，满足电池的安置。

1.3.2 燃料电池车辆

1. 可行性

燃料电池车辆不存在续航里程短的问题，而且燃料电池非常环保，只有水作为反应产物。目前，传统燃油车辆难以满足日益严格的油耗和排放法规。同时，纯新能源车辆存在续航里程短、充电时间长、电池能量密度低等缺点。因此，发展燃料电池车辆是必然的选择。燃料电池车辆的电源通常由燃料电池和二次电源组成，因为燃料电池的负载变化速度较慢，需要与二次电源协同工作才能满足整车的电力需求。燃料电池将氢燃料转化为电能，从而为整个车辆提供了大部分电力。二次电源通常是动力电池或超级电容器，能够起到调峰、填谷和吸收制动能量的作用。目前，质子交换膜燃料电池(Proton Exchange Membrane Fuel Cell, PEMFC)广泛应用于燃料电池车辆。具有能量转换效率高、工作温度低、启动快、功率密度高、腐蚀少等优点。然而，PEMFC 的车内使用寿命短和成本高是燃料电池车辆发展的主要障碍。PEMFC 板载使用寿命短的主要原因是燃料电池启停、频繁更换负载、高负载和低负载运行。不适当的操作条件可能会导致燃料电池内部进水、干燥和缺氢。因此，限制燃料电池的启停、负荷变化以及高负荷和低负荷运行有助于延长燃料电池的使用寿命。

2. 核心技术

车辆能源管理策略是燃料电池车辆的核心技术之一。通过优化算法降低了燃料电池的启停频率，限制了燃料电池功率波动，减少了高负荷和低负荷运行时间，从而延缓了燃料电池寿命的衰减。同时，还控制了燃料电池和动力电池的协同工作在规定范围内运行，并合理规划动力电池的 SOC，从而实现氢燃料和动力电池能量的高效利用。因此，在延缓燃料电池寿命衰减和降低车辆整体氢消耗方面发挥着至关重要的作用。

3. 分类及特点

为了减少车辆燃料电池的负载变化和启停时间，燃料电池和二次电源通常一起使用，为整个车辆提供能源。因此，车辆的动力系统配置可分为三类，即燃料电池 + 动力电池(FC + B)、燃料电池 + 超级电容器(FC + SC)和燃料电池 + 动力电池 + 超级电容器(FC + B + SC)。

FC + B 是燃料电池车辆动力总成中最常见的配置。由于燃料电池的软输出特性和电池组的低电压，燃料电池需要通过单向 DC/DC 转换器连接到总线。动力电池的电压电平可以与电机总线的电压电平相同，并且动力电池不会因电流变化而经历显著的电压波动，因此动力电池直接连接到总线。然而，对于 FC + B 动力系统结构，车辆制动过程中产生的能量需要被动力电池吸收，这将缩短动力电池的寿命；如果系统中动力电池的容量增加，将增加整车的重量，从而影响其动力性和经济性。

FC + SC 电力系统用超级电容器代替动力电池，超级电容器具有瞬态响应快、功率密度高的优点，可以满足整车的瞬态功率要求。这种配置可以有效提高燃料电池车辆的效率和性能，在高频充放电条件下也有很长的使用寿命。然而，超级电容器的低能量密度会导致燃料电池甩负荷频率的增加，这会对燃料电池的寿命产生不利影响。

在 FC + B + SC 动力系统中，燃料电池是整车的主要能源，动力电池和超级电容器是二次电源。动力电池具有能量密度高的特点，但动力电池的充放电电流受到严格限制，这决定了动力电池会影响整车的制动能量回收效率和动力性能；超级电容器比动力电池具有更高的功率密度，非常适合在短时间内进行高频和高功率的充电和放电。因此，FC + B + SC 配置结构具有前两种配置的优点，在提供连续能量的同时，还可以提高整车的瞬态响应能力。然而，动力系统配置过于复杂，难以匹配车辆的动力和能源管理要求。

4. 设计要求

在设计燃料电池过程中，需要关注以下几点。

(1) 聚焦整车能量管理策略的长效性和有效性；

(2) 对整车能量流长效管理策略进行研究与探索；

(3) 在考虑燃料电池和动力电池寿命衰减的基础上从整车能量管理的角度来延缓燃料电池寿命衰减和降低整车氢气消耗。

1.3.3 混合动力车辆

1. 可行性

与纯新能源车辆和燃料电池车辆相比，混合动力车辆不仅显著降低了油耗和污染物排放，同时不需要配备额外的基础设施，不改变驾驶者原有的用车习惯与日常生活，是目前新能源车辆技术中最成熟与切实可行的技术方案。

2. 特点

利用车载电源作为混合动力系统的能量存储与转化载体，对随机变化的整车需求功率进行削峰填谷，使发动机工作处于较理想范围，有效提高了燃油利用率和车辆尾气排放水平。

一般来说，动力电池是混合动力车辆比较常见的电能存储与转化载体。然而，当混合动力车辆运行于加速、爬坡和制动能量回收工况时，高脉冲峰值电流可能会对这些电化学电池造成不可逆的损坏和循环使用寿命的降低。尤其低温下频繁启停和加速工况会严重降低锂离子电池的健康状态，并且可能引起电池过热、起火、爆炸等热失控现象，以及因此而触发的热失控扩展现象。另外，电化学电池作为车载电源时，由于较低的功率密度，往往需要配备比目标工况能量需求更大的储能设备，以满足整车在复杂行驶工况下的峰值功率需求。在实车应用中，电化学电池单体均衡性较差、工作温度适应能力欠佳，因此需要严格有效的均衡管理系统与温度控制系统以确保电池组的安全运行。这既增加了整车的制造成本和重量，又提高了电池管理系统硬件和软件上的双重需求。综上分析，混合动力车辆的车载电源选取是典型的“木桶效应”，需要综合考虑储能设备的诸多性能表征参数，包括成本、能量密度、功率密度、动力电池使用寿命、均衡性等参数。

3. HEV 类型及优缺点

与纯新能源车辆不同，当车辆需要两个或多个不同的动力源才能行驶时，该车辆被称为混合动力车辆。内燃机(Internal Combustion Engine，ICE)和电动机(一个或多个)结合在一起形成 HEV。ICE 和电动机以及蓄电池连接的方式通常分为并联 HEV、串联 HEV 和串并联 HEV。因此，不同结构的 HEV 对应的电池设计要求也不同。

1)并联 HEV

并联 HEV 是由 ICE、电力牵引电机和动力电池共同驱动。并联 HEV 可以称为助力混合动力车，因为其他能源(带电动机的电池)单独推动车辆，即电动模式或车辆在短时间内就像新能源车辆。在再生制动和巡航期间(当推进车轮所需的功率低于 ICE 功率时)，动力电池就会重新充电。在制动过程中，电动机作为发电机工作，并为电池充电。通过选择适当的电池容量，以及通过在主电源和辅助电源(ICE 和电池)之间实现适当的合作，满足整车不同的功率需求，可以大大减少 ICE 的电力需求。其优缺点分别如下。

优点：①这种传动系较便宜；②不需要更多的转换器；③与 HEV 系列相比紧凑；④燃油经济性显著提高；⑤控制电路不那么复杂；⑥具有显著的成本效益。

缺点：①当由电池进行推进时，不能像串联传动系那样充电；②不可能在任何地方放置 ICE，因为必须与推进系统耦合。

2)串联 HEV

为了推进串联 HEV 车辆，单个电动机的动力由两个动力源提供。HEV 系列传动系中的主要部件是 ICE、发电机、转换器、动力电池和牵引电动机。ICE 由油箱提供动力，油箱又与发电机相连。牵引系统中的逆变器将发电机产生的电能转换为电动机所需的交流电。动力电池也连接到逆变器。因此，动力电池的荷电状态常处于较高水平，为 ICE 提供主要动力来源，设计过程中要求的动力电池容量规格较小。其优缺点分别如下。

优点：①高速时，由于车轮由牵引电机而非 ICE 驱动(因为 ICE 在机械上与车轮解耦)，因此可获得最大效率；②这反过来又减少了排放；③由于车轮由牵引电动机驱动，因此消除了复杂的机械传动；④当使用电力传输时，可用简单的控制策略。

缺点：①使用了许多组件，损失更大。将机械能转换为电能，反之亦然。因此，发电机和电动机的损耗降低了整个系统的效率。②发电机增加了成本和额外重量。③为了推进车辆，牵引电动机必须满足最高要求。

3)串并联 HEV

功率分流或组合式混合动力车或串并联混合动力车结合了串联和并联配置的特点。有两种动力传递到车轮上。串联和并联是两种不同的途径。平行路径包括从发动机传递到车轮的能量，以及连接到同一轴的电机功率。串联通路在 ICE 和发电机之间具有连接。该路径类似于串联混合动力传动系。除电池电源外，ICE 通过发电机向车轮电机提供电源。因此，设计混合串并联的 HEV 要充分考虑实际情况来设计所需的动力电池。其优缺点分别如下。

优点：①此传动系非常灵活；②提供更多功能，这是主要优势；③当车辆在电动模式下行驶或行驶时，电池会充电。

缺点：①复杂的控制电路；②更多的部件增加了车辆的复杂性和尺寸；③与并联混合动力相比，需要额外的发电机。

4. 设计要求

作为混合动力系统的车载电源，储能设备的功率能力、温度特定和循环寿命是保证整车安全运行以及降低燃油消耗的关键。尽管不同的 HEV 对动力电池要求不同，但仍需要考虑以下条件。

①动力电池的峰值功率需要足够大，用于满足短时间 HEV 大功率放电的要求；②动力电池的循环寿命要尽可能地大，至少 1000 次以上的循环次数；③动力电池工作温度要尽量在 $-40 \sim 70$℃之间；④动力电池能力成本至少要在 3000 元/(kW·h)以上，能满足大部分工况下的 HEV 工作状态；⑤需要配备 BMS 来实时监测动力电池状态，确保电池使用的安全性和高效性。

1.3.4 插电式混合动力车辆

1. 可行性

传统混合动力车辆的动力电池容量并不大，其纯电续驶里程与纯新能源车辆的相比较短，燃油消耗量较传统内燃机车辆并没有显著提升。插电式混合动力车辆(PHEV)作为将纯新能源车辆与传统混合动力车辆优势相结合的一种特殊构型，与传统混合动力车辆相比携带更大容量的动力电池，较大程度提升了纯电续驶里程，并可通过充电装置利用电网为电池组供电，在减小整车运行成本的同时可显著降低车辆的燃油消耗量与废气排放量。因此，大力推进插电式混合动力车辆的发展是通往全面普及纯新能源车辆的必由之路。

2. 优缺点

插电式混合动力系统属于一种非线性、多变量且时变的复杂系统，由于其特殊的能量分配结构，对发动机、电机等动力源的控制与传统混合动力系统相比更复杂，能量管理策略作为混合动力系统的关键技术之一，其核心任务是在满足车辆行驶需求和驾驶员动力需求的前提下决策出合理的车辆运行模式以及各动力源之间的优化分配，以提高整车的燃油经济性，从而实现节能减排的目标。其优缺点如下。

1)优点

(1)续航里程长：由于插电式混合动力车辆的动力电池容积较大，还能够对外接收电源电能，因此续航里程长。

(2)不需要使用燃料，节省成本开支：插电式混合动力车辆使用的是电能，电能比燃料的价格便宜，因此车主使用插电式混合动力车辆能够节省一笔巨大的开支。

2)缺点

(1)电池价格昂贵：插电式混合动力车辆的电池往往在使用几年之后，会出现老化、续航里程变短的现象。车主往往需要更换电池，但是电池的价格比较昂贵，一般来说换电池的价格是整车的二分之一。

(2)电池回收不合理容易污染环境：若插电式混合动力车辆的电池出现问题，车企需要合理回收利用，否则会污染环境。

(3)难以充电：插电式混合动力车辆可以使用家用或者便携式充电枪、公共充电桩充电。在没有充电桩的地区出行会失去保证。

3. 应用

事实上，由于PHEV对动力电池的要求很高，因此，其售价远远高于EV和

HEV。日本作为较早实现新能源车辆量产及商业化的国家，在其发展战略核心混合动力车辆的研发及产能等方面均处于世界前列。在此基础上为更好推动环保型车辆产业，进一步针对插电式混合动力车型进行研发，代表性产品为 2018 年丰田公司推出的 Prius 插混车型(图 1－7)，是普锐斯系列中的第四代产品，采用 TNGA 架构的功率分流式单行星排平行轴结构，纯电续驶里程可达 56km，虽动力水平较为中庸，但其精细的控制架构使其在成本控制和燃油经济性方面具有显著优势。三菱公司在 2013 年推出了欧蓝德插混版本(图 1－8)，是业界首款采用混联直驱构型的插电式混合动力四驱 SUV，创新性地使用了三电机结构，通过调节前后电机的输出扭矩，可获得较好的动力性能及制动性能。本田公司也针对自家 i－MMD 混动系统推出了相应的插电式混合动力系统，并将其应用到雅阁和 CR－V 等车型。

图 1－7　Prius

图 1－8　欧蓝德

近年来，欧洲各国也对新能源车辆产业的发展进行了广泛关注，插电式混合动力车型也逐渐成为其研发重点。如大众公司推出的插电混合动力版本高尔夫 GTE，采用结构简单的单轴并联构型，纯电续驶里程可达 50km，且具有单独的运动模式，百公里加速时间仅为 7.6s，百公里综合油耗仅为 1.6L。沃尔沃公司推出了基于 Recharge 的并联插电混合动力系统，采用涡轮机械双增压发动机与电机相结合，并将其成功应用到 XC60、XC90 以及 S90 等车型上。宝马公司也推出了基于 BMW eDrive 的插电式混合动力电驱组件并采用智能能量管理系统，将其应用到 X1、X5 系以及 X7 系等车型上，其中 X5 系车型插混版本的纯电续驶里程高达 95km 。

1.4　动力电池发展背景及类型

作为新能源车辆的重要动力来源之一，动力电池将电能转化为车辆行驶所需的动能，以驱动电机工作。由于目前的动力电池在设计和生产工艺方面还不是很成熟，所以能量密度和续航里程一直都是大家关注的重点。而动力电池的能量密度又直接影响到了整车的续航里程。

1.4.1 动力电池发展背景

1. 第一阶段(2001—2008 年)

国家“十五”计划确定新能源车辆发展，2001 年启动车载动力电池的研究。这个阶段锂离子动力电池属于初创期和积累期，只有少量企业在深耕，特别是 2006 年之前，没有太多可供借鉴的经验(除了 3C 锂离子电池技术)。唯一的示范化是北京奥运会(595 辆节能与新能源车应用、50 辆锂离子电池奥运大巴)，让大家看到了产业化的可能，有些企业开始涉猎动力电池领域。

2. 第二阶段(2009—2011 年)

国家“十一五”期间实现示范运营。2010 年上海世博会、广州亚运会，以及后来的国家“十城千辆”计划实施，催生了众多电池厂的涌现，但也伴随着短平快发展道路的问题：技术同质化、缺乏品质管控等情况。这个阶段各个电池厂技术不能分出高下，竞争格局尚且不明。

3. 第三阶段(2012—2015 年)

国家“十二五”期间确定以纯电为主的路线，新能源车辆上升为国家战略。这个阶段国家补贴政策延缓，路线转型需适应过程，致使短期内市场需求不稳定；同时第一批示范运营的电池存在的问题已经显现，技术问题开始凸显。

这两大原因都使得很多“半路出家”的企业开始退缩；部分纯做动力电池的企业资金匮乏，退出了这个还未成熟的赛道，但随着 2014 年新能源车辆的爆发增长，国内动力电池行业竞争格局开始清晰。

4. 第四阶段(2016—2020 年)

国家“十三五”规划的愿景技术深度化、市场规模化，但这一阶段的市场显得有些混乱，一些企业剑走偏锋，选择利用政策空当骗取国家补贴；部分有质量问题的产品流入市场；电动车安全事故频发。一系列的事故引起大家对迅猛发展的市场产生了担忧。与此同时，国家的调控、规范等措施应运而生，在技术、服务等方面有突出优势的企业开始引领着这个行业迈向良性发展。

2018 年，比亚迪和 CATL 合计占市场份额达到 63.6%，双寡头的格局逐步形成。根据调查数据显示，2019 年前 5 个月，国内动力电池装机总量 5.5GW·h，宁德时代三元与铁锂装机量分别占比 48.1%、38.8%，比亚迪三元与铁锂装机量分别占比 18.4%、21.1%，二者合计 63.4%。龙头厂商绑定一线厂商，产能规模、资本实力以及供应链培育方面均领先其他厂商。

5. 第五个阶段(2021 年至今)

“十四五”规划提到将加强新能源车辆动力电池溯源管理平台建设，完善动力电池回收利用溯源管理体系等内容。

新能源车辆是全球车辆产业绿色发展和能源的重要方向，也是中国车辆产业发展的战略选择。中国新能源车辆年产销量连续 7 年位居全球第一，推动着动力电池行业的持续发展。当前，以宁德时代麒麟电池、比亚迪刀片电池、特斯拉 4680 电池为代表的创新产品各领风骚，短时间内恐难决出绝对王者。

1.4.2 动力电池未来发展趋势

近几年，在全球“碳中和”的宏观背景下，新能源车辆市场迎来爆发式增长，带动动力电池装车量持续提升。

新能源车辆融汇新能源、新材料、互联网、大数据、人工智能等多种技术，正推动车辆从单纯的交通工具向移动智能终端、储能单元和数字空间转变。动力电池作为新能源车辆的核心部件，占新能源车辆总成本的 40% 左右，随着新能源车辆渗透率的逐步提升，动力电池的发展空间广阔，预计 2025 年之后的市场规模超万亿元，未来 5 ~ 10 年将是动力电池的黄金发展时期。

1. “碳中和”背景下，新能源车辆已成为行业发展主线

随着全球能源危机和环境污染问题日益突出，新能源车辆行业的发展受到高度重视，加大新能源车辆的研发生产力度已经在全球范围内形成共识。近年来，各国政府相继将燃油车禁售提上议程，我国也已开始研究停止生产销售传统能源车辆的时间表，新能源车辆取代燃油车辆已成为必然趋势。

从全球来看，世界各主要经济体相继提出“碳达峰、碳中和”方案。欧盟已制订严苛的绿色经济复苏计划，2021 年起对所有新车实施二氧化碳排放量不超过 95g/km 的规定，同时欧盟委员会计划要求新车和货车的排放量从 2030 年起下降 65%，从 2035 年开始下降 100%，并且欧洲各大车企最迟将于 2035 年前停止销售燃油车型。

从国内来看，我国已提出“双碳”目标，将大力发展新能源交通方式，根据 2020 年 11 月 2 日国务院办公厅发布《新能源车辆产业发展规划(2021—2035 年)》，到 2025 年，纯电动乘用车新车平均电耗降至 12.0 千瓦时/百公里，新能源车辆销售量达到车辆新车销售总量的 20% 左右。到 2035 年，纯新能源车辆将成为新销售车辆的主流，将为世界经济发展注入新动能。

根据工信部指导编制的《节能与新能源汽车技术路线图 2.0》，2025 年新能源车辆将占车辆总销量的 20%，2030 年新能源车辆在总销量中的占比将达到 40%

左右，2035 年新能源车辆销量将占国内车辆市场销量的 50% 以上。同时混动新车的占比也将在 2030 年达到传统能源乘用车的 75% 以上，2035 年混动及新能源车辆在传统能源乘用车中的占比将达到 100%。“技术路线 2. 0”预测，2030 年新能源车辆销量将超过 3000 万辆，2035 年新能源车辆销量将达到 4000 万辆以上。

2. 受益于新能源车辆的快速发展，动力电池市场规模持续扩大

新能源车辆产销量同比均继续保持高速增长，同比增速持续显著领先行业。根据工信部数据，2021 年我国新能源车辆销量达到 352 万辆，同比增长 160%；根据乘联会数据，2021 年新能源车辆国内零售渗透率 14. 8%，其中 12 月渗透率达 22. 6%，已超过《新能源车辆产业发展规划》中制定的 2025 年达到 20% 渗透率的目标。

根据中国车辆动力电池产业创新联盟数据，2021 年，我国动力电池产量为 219. 7GW · h，同比增长 163. 4%；销量为 186GW · h，同比增长 182. 3%；装车量为 154. 5GW · h，同比增长 142. 8%。根据 SNE 数据，2021 年全球各国注册的新能源车辆电池电量总量为 296. 8GW · h，同比增长 102. 2%，环比上涨 37. 3%。

3. 中、日、韩企业占据全球动力电池市场的主要份额

从头部企业来看，全球动力电池厂商主要集中在中、日、韩三国。根据 SNE Research 发布的 2021 年全球动力电池装机量排行榜，中国厂商 6 家、韩国 3 家、日本 1 家，前十名分别为宁德时代、LG 新能源、松下、比亚迪、SK On、三星 SDI、中创新航（中航锂电）、国轩高科、远景动力、蜂巢能源。

2021 年，宁德时代在动力电池领域的全球装机量达到 96. 7GW · h，市场占有率为 32. 6%，位列全球第一，这是宁德时代连续第五年登上全球最大动力电池企业的宝座，与 2020 年相比，其市场份额增加了 8 个百分点；韩国 LG 新能源排名第二，2021 年动力电池装机量为 60. 2GW · h，市场占有率为 20. 3%，是宁德时代最大的竞争对手；日本松下排名第三，2021 年动力电池装机量为 36. 1GW · h，市场占有率为 12. 2%。

全球动力电池公司行业集中效应十分明显，2019—2021 年，前三家企业合计占市场比例分别为 63%、66%、65%；前十家企业所占市场份额也保持在 90% 以上。

我国在动力电池方向具有明显优势，2021 年我国动力电池厂商装机量占据全球 50% 左右的市场份额，且我国在动力电池主要材料供应链正负极、隔膜、电解液、配套齐全，可以进行完全独立的设计和量产，在全球车辆行业电气化的变革浪潮中，动力电池行业相关企业将会明显受益。

4. 在电池技术路线上，磷酸铁锂和三元锂电各具优势，在现阶段仍是市场主流

2021 年，我国磷酸铁锂电池装车量为 79. 8GW · h，同比增长 227. 4%，占总装车量的 51. 7%；三元锂电池的装车量为 74. 3GW · h，同比增长 91. 3%，占总装车量的 48. 1%。两种主流路线，占到总装车量的 99. 8%。

从发展历程看，磷酸铁锂的装机量份额经历了一段先下降后增长的阶段。2014—2015 年间，磷酸铁锂电池在新能源乘用车市场上一度占据主导地位；之后受到政策补贴的影响，三元锂电池装机量从 2016 年起占据市场主导地位；进入 2020 年以后，随着宁德时代 CTP 技术发展，比亚迪电池的推出，针对高能量密度电池（如三元锂电池）补贴的下降和三元锂材料电池安全性问题日益明显，磷酸铁锂电池市场份额重新超越三元锂电池。

目前，动力电池技术路线主要分为磷酸铁锂、三元材料，其使用场景各有不同，不存在技术上的优劣替代关系。其中，磷酸铁锂电池凭借较高的安全性能、出色的循环性能、较低的成本，早期主要应用于新能源商用车。在近几年，乘用车磷酸铁锂电池出货量亦快速增长；三元材料电池凭借能量密度高、抗低温、倍率性能高的优势，主要应用于新能源乘用车。行业分析师曾佑鹏认为，近两年受国内新能源车辆补贴政策逐步退出的影响，三元锂电池凭借更高能量密度获得政策补贴的优势有所减弱，叠加未来几年电化学储能领域对磷酸铁锂电池的市场需求上扬，使得磷酸铁锂电池产量增速超过三元锂电池；全国乘联会秘书长崔东树认为，与需要钴、镍等价格高企且相对稀缺金属的三元锂电池相比，磷酸铁锂电池成本更低，尤其是在锂电正极、负极、电解液等原材料齐涨价的当下，其规模化生产的成本压力相对较小。但崔东树同时指出，从材料角度看，目前磷酸铁锂电池能量密度已无太多上升空间，很可能限制其未来的应用场景；中国科学院电工研究所教授陈永翀认为，未来新能源车辆市场预期将更加细分，在短程低速或中短程电动车市场中，磷酸铁锂电池很可能维持主流地位，但对长程或其他用途车辆而言，三元锂电池也有望维持一定的优势。

在没有重大技术创新商用前，磷酸铁锂和三元锂电技术路线将并存发展，其中磷酸铁锂依托安全性能和循环充电优势，更多发展低端车型和储能方向；三元锂电将更多往高镍方向发展，凭借其更高能量密度、耐低温性能，占领高端车型市场。

5. 钠离子电池、高镍三元锂离子电池和固态电解质电池是未来动力电池的重要发展方向

随着动力电池的需求量日益增加，动力电池生产企业也在寻找未来动力电池的发展方向，从目前已经公布的研究路径来看，钠离子电池、高镍三元锂离子电

池和固态电解质电池是厂商主要选择的技术发展路径。

钠离子电池原材料储量丰富、生产效率快，性能与市场上锂离子电池没有明显差异，可以有效降低动力电池生产成本。宁德时代在 2021 年 7 月 29 日发布钠离子电池，相较于锂离子电池，钠离子电池具有更低的成本而且在储运方面具有巨大优势。钠离子电池在原理与结构上与锂离子电池十分相似，仅在材料的选择上存在差异，钠离子电池生产线可以沿用锂离子电池生产线。目前钠离子电池初步应用于储能和低速动力领域，随着宁德时代发布钠离子动力电池，钠离子电池在动力领域向替代锂离子电池又迈进了一步。

钠离子电池具有高能量密度、高倍率充电、优异的热稳定性、良好的低温性能和高集成效率等优势。电芯单体能量密度达到 160Wh/kg；常温充电 15min，电池容量可以达到 80% 以上；在 -20℃ 低温环境中，放电保持率可以达到 90% 以上；系统集成效率可以达到 80% 以上。根据宁德时代公布的研究计划，下一代钠离子电池的研发目标是 200Wh/kg 以上。

高镍三元锂电池是以动力电池中镍含量为主要判断标准，主要包括 6 系、8 系三元锂电池，甚至是正在研究的 9 系三元锂电池，在中高端新能源乘用车上有广阔的应用前景，在未来解决安全性的前提下，中高端乘用车动力电池能量密度将有质的飞跃。高镍三元锂电池较高能量密度带来的优势将驱动即使在单位成本价格依旧高于磷酸铁锂的情况下，实现综合成本接近磷酸铁锂电池。目前全球主要动力电池生产厂商在高镍电池研发上均有布局。

固态电解质电池在安全性、稳定性、循环寿命和能量密度等方面具有巨大优势，有望解决安全问题。使用固态电解质代替目前锂电池中的易燃电解质溶液，可以更安全密集地储存能量，使用固态电解质将减少对铜和铝的需求，不再对隔膜和液态电解液产生依赖，但目前也存在着技术不成熟、生产成本高昂、关键材料制备困难等缺陷。固态电解质电池可以有效减少动力电池组体积，保障动力电池安全，商业化前景广阔，未来必定成为主流研究方向。

整体来看，全球新能源车辆发展势头明显且强劲，随着新能源车辆渗透率和销量的持续提升，动力电池作为新能源车辆的“心脏”，将迎来广阔的市场空间和黄金发展时期。在技术与路线方面，一定时期内磷酸铁锂和三元锂电将并存发展。长期来看，钠离子电池、高镍三元锂离子电池和固态电解质电池有望脱颖而出，实现电池性能质的突破。

1.4.3 动力电池类型

1.4.3.1 动力电池的工作原理

图 1-9 展示了锂离子电池实际工作原理，为了能更好地进行描述，以锰酸

锂 $LiMn_2O_4$动力电池为例。其内部结构主要由正极集流体、含有锂盐的电解质、只允许锂离子通过的隔膜以及负极集流体构成。

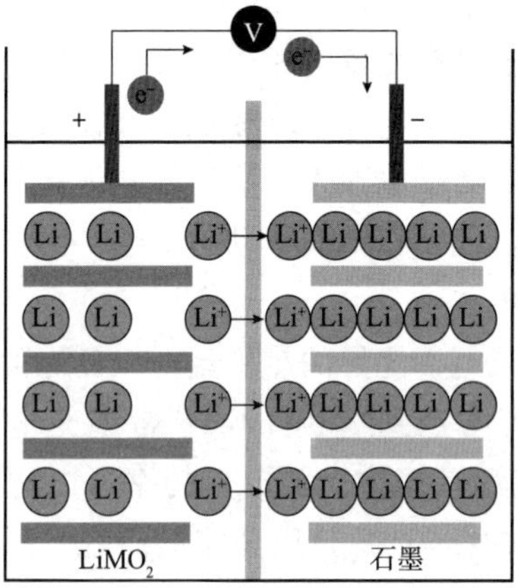

图 1 – 9　锂离子电池的工作原理

锂离子电池工作原理：当锂电池开始充电时，含锂盐电解液会在正极的表面上开始发生氧化反应，即电解质界面膜(Cathode Electrolyte Interface，CEI)，此时在正极表面处形成，CEI 膜一般会比 SEI 膜薄，无法完全覆盖正极集流体表面，此时电解液在其中的作用是通过正负集流体材料运输锂离子，而隔膜起到了很好的作用，只允许锂离子通过。伴随着循环次数的增长，CEI 膜会在正极处慢慢变大，使得 CEI 膜阻抗变大，极化反应加剧，最终导致容量发生可逆衰减现象。如果电池产生过度循环现象，正极材料会慢慢开始溶解，导致锂盐电解液分解加快，最终溶解后的 Li^+ 向负极集流体转移，使 SEI 膜产生裂纹、改性等不可逆现象发生，最终使得 Li^+ 损失，加速容量衰减。

而在负极集流体处，当锂电池开始充电时，含锂盐电解液会在负极的表面上开始发生还原反应，形成负极电解质界面膜 SEI，SEI 膜的形成会消耗大约 10% 的 Li^+，且生成后并不稳定，容易受到电解液成分、电极材料、温度、循环次数等综合因素的干扰。SEI 膜在形成后，会进入生长—分解—再生长循环过程，如果循环次数过多，不仅容易造成 Li^+ 损耗，也会造成表面极化电阻的增大。当发生过度循环现象，正极集流体溶解更多地通过 Li^+ 隔膜附着在负极表面上，超过阈值，Li^+ 就会以锂的形式出现。此时，锂就会与周边电解液发生一定的物化反应，导致 SEI 膜厚度增加，最终造成 Li^+ 的不可逆损耗，严重时导致电池短路等安全问题。以 $LiMn_2O_4$为例，在充电过程中，正极集流体反应方程、负极集流体反应方程和总反应方程的电能与化学能相互转换的过程为：

正极：$$LiMn_2O_4 \underset{\text{放电}}{\overset{\text{充电}}{\rightleftharpoons}} Li_{1-x}MnO_2 + xLi^+ + xe^- \qquad (1-1)$$

负极：$$nC + xLi^+ + xe^- \underset{放电}{\overset{充电}{\rightleftharpoons}} Li_xC_n \tag{1-2}$$

总反应方程：$$LiMn_2O_4 + nC \underset{放电}{\overset{充电}{\rightleftharpoons}} Li_{1-x}MnO_2 + Li_xC_n \tag{1-3}$$

从正负极化学反应式来看，充电过程中一个电源给电池充电，此时正极上的电子 e 通过外部电路跑到负极上，Li^+ 从正极“跳进”电解液里，“爬过”隔膜上弯弯曲曲的小洞，“游泳”到达负极，与早已跑过来的电子 e 结合在一起。而放电过程分为有恒流放电和恒阻放电，恒流放电其实是在外电路加一个可以随电压变化而变化的可变电阻，恒阻放电的实质都是在电池正负极加一个电阻让电子 e 通过。由此可知，只要负极上的电子 e 不能从负极跑到正极，电池就不会放电。电子 e 和 Li^+ 是同时行动的，方向相同但路不同。放电时，电子 e 从负极经过电子导体跑到正极，Li^+ 从负极“跳进”电解液里，“爬过”隔膜上弯弯曲曲的小洞，“游泳”到达正极，与早已跑来的电子 e 结合在一起。

在合理的循环次数下，锂离子电池的化学反应可逆，无气体等其他物质的产生，只有锂离子期间转移。记忆效应的原理是结晶化，在锂电池中几乎不会产生这种反应。但是，锂离子电池在多次充放后容量仍然会下降，其原因是复杂而多样的。主要是正负极材料本身的变化，从分子层面来看，正负极上容纳锂离子的空穴结构会逐渐塌陷、堵塞；从化学角度来看，是正负极材料活性钝化，出现副反应生成稳定的其他化合物。物理上还会出现正极材料逐渐剥落等情况，总之最终降低了电池中可以自由在充放电过程中移动的锂离子数目。

过度充电和过度放电，将对锂离子电池的正负极造成永久性的损坏。从分子层面看，可以直观地理解，过度放电将导致负极碳过度释出锂离子而使得其片层结构出现塌陷，过度充电将把太多的锂离子硬塞进负极碳结构中，而使得其中一些锂离子再也无法释放。不适合的温度将引发锂离子电池内部其他化学反应生成不希望看到的化合物，所以在不少的锂离子电池正负极之间设有保护性的温控隔膜或电解质添加剂。在电池升温到一定的情况下，复合膜膜孔闭合或电解质变性，电池内阻增大直到断路，电池不再升温，确保电池充电温度正常。

1.4.3.2 动力电池主要参数

在宏观上，锂离子电池的主要参数由容量、电压、内阻、循环次数等物理量组成。具体如下。

1. 电池容量

电池容量分为标称容量、额定容量、实际容量和剩余容量。各容量的定义如表 1-1 所示。

表 1－1　不同容量参数的定义

容量参数	定义
标称容量	在标准条件下，通过测试获得的容量
额定容量	电池在工艺制造中设定的容量
实际容量	实际工作结束后释放的容量
剩余容量	电池实际工作一段时间后，剩余的可测容量

2. 电池电压

锂离子电池在充放电过程中，其电压可以通过传感器测量等设备直接获取，主要分为标称电压、开路电压以及上/下截止电压。不同电压的定义如表 1－2 所示。

表 1－2　不同电压参数的定义

电压参数	定义
标称电压	是指接入负载工作时，测得的电池两端电压
开路电压	是指无负载时，电池静置后测得的两端电压
上/下截止电压	是指电池最大或最小到达的电压阈值

3. 电池内阻

根据建立的电路模型可知，电池的内阻主要有具有物理特性的极化内阻、欧姆内阻。极化内阻的出现主要在锂离子电池实验工作时，各级材料与电解液发生化学反应时形成的，阻值大小与电池材料相关。欧姆内阻是在工艺制造中形成的，其作用是在离子迁移中产生阻碍。

4. 循环次数

锂离子电池在工作中，其性能特性比如容量参数会不断降低，内阻参数会不断升高，从而降低电池的工作寿命。一般认为，当车载电池容量衰减至 80% 的初始设定值，则认为电池需更换。而循环次数就是指从出厂到更换电池的充放电次数。

5. 充放电倍率

是指锂离子电池在充电放电过程中输出电流的大小，定义如下：

$$C = \frac{I}{Ah} \tag{1-4}$$

式中，C 为充放电倍率，C；I 表示输出电流，A；Ah 为电池容量。

1.4.4 锂离子电池分类

新能源车辆的主要系统由三部分构成：动力系统、控制系统以及能源管理系统。其中，能源管理系统为整车实现运行提供动力支撑，在三个系统中占据核心位置。新能源车辆能源管理系统的优劣直接影响整车的实际性能。当前，各类车企开发的能源管理系统有超级电容，燃料电池和动力电池，其中动力电池常作为当代新能源车辆的动力来源。为了保证使用的动力电池具有很好的安全性能、较好的经济性能和低污染性能，优秀的新能源车辆能源管理系统(Energy Management System，EMS)应包括下列优点：①能量密度特性优越，以保证新能源车辆的续航能力；②输出功率特性优越，以满足新能源车辆在复杂工况下可以很好地进行作业；③剩余寿命特性较好，以减少替换成本；④温度适应特性优越，以应对不同温度、天气变化；⑤安全使用特性较好，以减少新能源车辆事故发生；⑥低污染特性较好，以满足国家及各地政府要求。

随着新能源车辆的不断研发和兴起，动力电池的产量也相应地得到了飞速发展，如图 1－10 所示，在动力电池产量方面，截至 2021 年上半年(1～5 月)，我国动力电池产量累计 59.5GW·h，同比累计增长 227.1%。

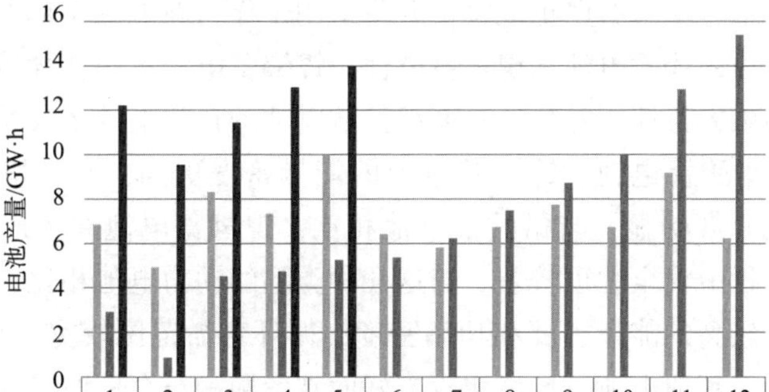

	1	2	3	4	5	6	7	8	9	10	11	12
■2019年	6.77	4.83	8.21	7.32	9.92	6.38	5.72	6.66	7.64	6.67	9.04	6.21
■2020年	2.89	0.9	4.48	4.72	5.2	5.35	6.08	7.45	8.62	9.86	12.73	15.14
■2021年	12.05	9.45	11.28	12.93	13.79							

月份

图 1－10　2019—2021 年动力电池产量数据

现如今，市场上可作为能源管理系统中动力电池按正极材料一般分为铅酸蓄电池、镍蓄电池、锂离子电池。不同正极材料构成的动力电池性能有所不同，表 1－3 展示了各动力电池特性。

表 1 –3　不同类型动力电池性能比较

电池类型	锂离子电池	铅酸电池	镍氢电池
标称电压/V	3.0 ~ 3.7	2	1.2
比功率/(W/kg)	310	55	170 ~ 240
比能量/(W · h/kg)	180 ~ 200	30 ~ 40	70 ~ 80
体积比能量/(W · h/L)	220 ~ 310	75	80 ~ 180
循环次数/百次	≥1500	8	≥1200
电化学原理	离子扩散	氧化还原	氧化还原
自放电率/(%/月)	0 ~ 5	4 ~ 5	30 ~ 35
记忆性	无	无	无
危害性	无	有	无

根据表 1 –3 各动力电池性能分析可知，铅酸蓄电池结构设计简易，能在瞬时间隔内产生较大的输出电流，广泛地应用在通信仪器、船舶机械和电网调峰等多个储能领域中，但缺点是能量密度较小，应用在新能源车辆中，储存一样的能量，铅酸蓄电池相比其他两种类型的电池安装体积大，增加整车重量。除此之外，由于铅酸蓄电池正极材料由铅组成，发生电解时产生铅以及铅酸液等危险物质，对空气、水、土壤有严重危害，并不适用于作为新能源车辆的能源动力。镍蓄电池主要分为镍镉蓄电池和镍氢蓄电池，镍镉蓄电池抗压特性较好，但镉金属对于环境有污染，且使用寿命短；而镍氢蓄电池的自放电效率较小，放电倍率可达 15C，相比铅酸蓄电池，镍氢蓄电池的能量密度更高，对环境基本无污染危害；但劣势也非常明显，与铅酸蓄电池相比，镍氢蓄电池在生产制造成本上较高，在使用过程中安全性也较差。与这几种类型的动力电池相比，锂离子电池的主要优点有：较高的能量密度和功率密度，循环寿命范围较宽、自放电效率低、无记忆性、相对其他电池对环境比较友好而被各国和车企厂商广泛应用于新能源车辆动力元件。工信部、发改委、科技部以及财政部在 2017 年 2 月颁发联合财政部发布的《促进车辆动力电池产业发展行动方案》，该方案指出，利用新的化学材料以及新的系统体系建立的动力电池，争取在 2025 年完成新技术革命和试验。根据高工产研锂电研究所统计的锂电池出货量数据可知，截至 2024 年 6 月，我国锂电池新增的规划产能，已达 772GW · h，远超 2025 年的锂电池出货量期望值。

1.5 电池管理系统

由于锂离子电池在其长寿命内有效且高效地实现了更高的性能，因此必须特别注意其操作条件，以避免任何物理损坏、老化和热流失。因此，迫切需要建立一种高效的 BMS，能够精确测量、估计和调节电池各种参数。目前，BMS 已被各种车辆公司、大专院校广泛使用。BMS 产品已由美国亿利通公司、澳大利亚 EV power 公司、英国 REAP System 公司、北京关键电力技术有限公司、哈尔滨冠拓电力设备有限公司、惠州市爱普威电子有限公司等多家公司开发。一种开发的综合 BMS 已被用于便携式电子模块，如手机、笔记本电脑。然而，BMS 在新能源车辆中的实施仍处于早期阶段。原因是新能源车辆的电池数量是便携式设备的一百倍。此外，新能源车辆被设计为提供高功率、高电压和高电流，这使得 BMS 比便携式电子设备更复杂。

1. 组成

尽管锂离子电池以其较好的综合特性，成为车企主要研发的动力电池，但仍然会滞留一些还未能很好处理的难点，包括同一种电池之间的不一致特性，在成组时会直接影响电池组的整体寿命和安全性能，必须配备相对应的保护电路。在实际工作过程中，锂离子电池对周边环境温度较敏感，温度过高或过低都会影响电池内部特性，导致寿命急剧缩短，进而造成一定的不可逆现象，使得测试电池遭到破坏。目前，在现有的动力电池生产和研发过程中，无法做到电池工艺完美，因此可靠和先进的电池管理系统尤为重要，可以实时地对单体电池和电池组进行监测和管理，将监测的信息发送到大数据平台，以保证新能源车辆的安全性能。车辆中的 BMS 可以由许多部件组成，如由许多模型、算法和信号控制的传感器、控制器、制动器。大体而言，从硬件和软件结构的角度对 BMS 的组件进行了分类，硬件如图 1－11 所示。

为了监测和测量电池参数，如电池电压、电流和温度，BMS 中包含了各种传感器系统。一些研究人员提出利用电化学阻抗谱（Electrochemical Impedance Spectroscopy，EIS）理论监测电池的阻抗。然而，高设备成本和空间限制是在实验室环境之外获得高精度数据的复杂性。有许多安全电路，早已在 BMS 中使用了。然而，需要改进安全电路来准确控制警报，以防止过热、过充电和过放电。充电控制对于控制充放电协议是必要的。

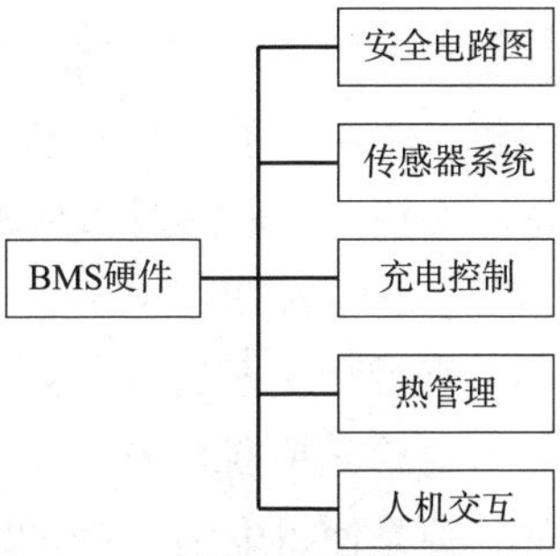

图 1－11 BMS 硬件组成部分

由于电池是通过恒压/恒流法(CV/CC)充电，因此需要恒流器和恒电位仪平衡电池。由于电池之间的温差会影响电池的性能、可靠性、电池不平衡以及BMS内部的热管理模块。蔡等指出了在适当的温度间隔内监测和操作电池的重要性，并强调了减少电池之间温差的必要性。由于BMS模块在独立模式下运行，因此需要在整个BMS中进行数据传输。为了在BMS内进行数据通信，需要一个可控收发器。随着智能电池和无线通信的发展，电池和充电器之间可以进行大量的数据通信。

软件被认为是BMS的中心，因其控制硬件的操作，为所有传感器做出决策和估计状态。电池平衡控制、开关控制、安全电路设计由BMS软件控制。该软件还执行在线数据分析，以持续控制和更新电池功能，这是电池成功运行的关键因素，决定故障识别和状态估计。用户将通过带有所需建议的用户界面从电池中获取信息。

2. 功能

电池管理系统软件部分的主要职责为实时监测单体电池的参数状态、电池运行是否安全、能量控制、监测信息的管理和电池的状态参数估计、均衡管理和故障诊断等。其系统软件功能框架如图1－12所示。

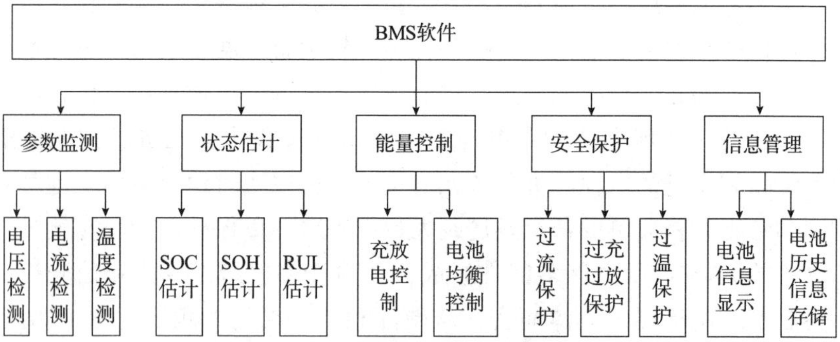

图1－12　电池管理系统软件功能框架图

电池参数的检测包括单电池电压测量(防止过放电和过充电)、总电池电压、总电流、阻抗检测、温度检测、烟雾检测等。电池状态估计包括SOC、SOH和RUL，均基于各种模型和算法设置工作条件，如状态空间模型、神经网络，模糊逻辑等。SOC是使用电压、电流和温度估计。SOH是根据电池的性能退化估计，与容量衰减和功率衰减有关。

电池单元平衡是为了获得更好的性能而不引起任何过充电或过放电。电池平衡的目标是使得电池之间的SOC值尽可能接近。为了识别电池的异常情况和故障分析，需要一个智能数据控制系统，存储历史数据，并在故障发生前提供报警信号。用户将通过用户界面获得所有必要的信息，这些信息将显示在 BMS 的显示器上。根据 SOC 的值，仪表板上将显示可用的行驶里程。此外，还需要更换电池和异常报警，以保护电池不受损坏。

3. 存在的问题

目前，国内的新能源车辆的续驶里程在 100～300km 之间，为了提高车辆的续驶里程，首选的解决方案就是提高锂离子动力电池的比能量。但由于新能源车辆和电池技术的不断升级和发展，比能量的增大往往也会影响到电池的安全特性，增加电池保护难度。同时，新能源车辆中的动力电池都是由单体通过串并联方式形成的，相同的单体电池之间也会出现不一致状态。当单体电池发生一次过充或者过放时，很可能会造成电池组损坏，降低使用寿命和循环次数，严重时还会直接发生爆炸。若某个单体电池发生过充或过放情况，会引发热失控现象，则整个新能源车辆存在一系列的安全风险。根据文献和网上公开数据，表 1－4 给出了近年来因意外造成的新能源车辆事故。这些事故表明，目前新能源车辆的电池管理系统以及电池的安全、高效的管理和使用等一系列重要问题在全球还未能得到充分解决，技术尚未掌握，并成为当前各国最关注的难点之一，迫切需要取得根本性创新。

表 1－4 国内外新能源车辆起火事故统计

编号	时间	地点	新能源车辆事故
1	2021.08	中国	比亚迪 D1 和坠物发生碰撞起火
2	2021.08	中国	比亚迪“汉”行驶过程中突然起火
3	2021.07	美国	特斯拉 Model 3 行驶过程中突然起火
4	2021.07	中国	蔚来 EC6 新能源车辆撞击起火
5	2021.07	中国	奔腾 B30EV 静置起火
6	2021.05	美国	特斯拉 Model 3 行驶中撞树突然起火
7	2021.02	中国	小鹏 P7 新能源车辆静置起火
8	2021.01	澳大利亚	特斯拉 Model 3 撞击起火
9	2021.01	中国	东风 ER30 新能源车辆静置起火
10	2019.02	美国	特斯拉 Model X 失控撞击后起火
11	2018.12	美国	特斯拉 Model S 行驶过程中突然起火
12	2018.01	澳大利亚	特斯拉 Model S 在停车场自燃起火
13	2016.07	意大利	宝马 i3 插电式混合动力车辆发生自燃起火

4. 发展方向

现有的先进电池管理系统属于美国。2015 年，全球著名电池车辆特斯拉拆解了 Model S 车型重 900kg 的电池板，该电池组容量为 85kW · h，由超过 7000 颗的三元锂电池组成，其独特的电池管理系统可以确保电池安全运行，百公里加速为 3. 2s、续航高达 440km。相比之下，我国研究电池管理系统的技术还不是很成熟，目前高校包括清华大学、北京理工大学、西安交通大学等，在研究 BMS 上都取得了长足进步。然而，如果只追求高精度和高计算速率，会增加研发成本，基于此，在满足新能源车辆最基本需求之下，如何对锂离子电池进行系统性的建模和重要状态参数估计，才是当务之急应该研究和探讨的问题。因此为了保障电池安全使用，如何对电池状态进行有效预测，防止事故的发生，是目前先进电池管理系统研究的主要方向。

1.6 本章小结

本章从目前世界化石能源的枯竭到我国新能源车辆和动力电池技术发展的局限性，概括了当前新能源车辆的发展历史和挑战，以此为背景概述了动力电池的发展进程以及目前的战略规划，总结了纯新能源车辆、燃料电池车辆、混合动力车辆及插电式混合动力车辆的特性，以及对动力电池类型及其管理系统的要求，并着重强调了国家“十四五”规划对先进动力电池研发要求。本章详细地阐述了当前动力电池的研究背景、概述了动力电池工作原理以及常用的动力电池类型，并对电池管理系统硬件和软件的基本功能进行了详细分析，总结了目前动力电池管理系统研究的难点和重点。

2 锂离子电池特性测试分析

锂离子动力电池的工作原理是通过内部负责的化学变化，实现电能和化学能互相传递和转换，以储存和释放相应的能量，对其进行系统的研究属于实验科学的范畴。然而，在进行充放电的过程中，锂离子电池内部会产生复杂的电化学反应，其电池特性随工作温度的波动和电池的老化而变化，会导致电池状态向量很难通过简单的在线测量手段而直接获得，包括开路电压、库伦效率、容量定容等，必须先通过前期实验获取相应的电池数据，否则无论是在动态工况还是在真实实验环境，当电池放电时，这些条件无法满足电池参数的精准获取，同时也会受到一些不确定性因素的干扰。因此，在研究和开发电池管理系统时，数据的采集和分析是各类算法研究的基础，而数据能否可靠获取直接对 BMS 的质量、安全起直接作用。因此，完整且准确获得锂离子电池测试的各项数据对 BMS 算法研究和开发至关重要。本章简要介绍电池测试平台组成和动力电池基本实验特性测试及分析。

2.1 动力电池性能分析测试平台

在实验室搭建了动力电池分析测试平台，首先将测试的电池放在设计好的夹具里，充放电设备通过夹具对所测电池进行特性测试实验。温度作为电池特别重要的参数，在反应过程中会对周边温度特别敏感，需要对周边温度进行实时控制，以获得较为良好的实验环境，因此温度箱的作用是根据不同的调节需要提供不同的工作温度。

为获得动力电池特性以便指导动力电池建模及状态估计过程，本章搭建了如图 2－1 所示的动力电池测试系统。该测试系统主要包括上位机、Arbin BT2000 动力电池测试设备和可编程式温湿度三层实验箱等。上位机及 Arbin 软件主要实现对 BT2000 动力电池测试设备与电池的控制并同时接收并记录动力电池的测试数据，而动力电池的控制程序需根据实验目的自行在 Arbin 软件中事先录入。Arbin BT2000 动力电池测试设备通过测试夹具与动力电池连接并实现对电池加载充放电电流。电流可测量程分为 1A、10A、100A，电流最小上升所需要的时间为 0.1～0.25ms。Arbin 仪器可实时地向计算机端发送所测试电池的信息，包括容量、电流、电压等参数。可编程式温湿度温箱用于放置动力电池并控制电池测试工作环境温度和湿度，该实验箱具有高低温恒定、渐变、突变和湿热等功能，且温度可控制在 -70 ~ 180℃，湿度可控制在 10% ~85% RH 之间，具有过温保护、过电流保护和三色灯光报警等功能。各设备详细参数如表 2 - 1 和表 2 - 2 所示。

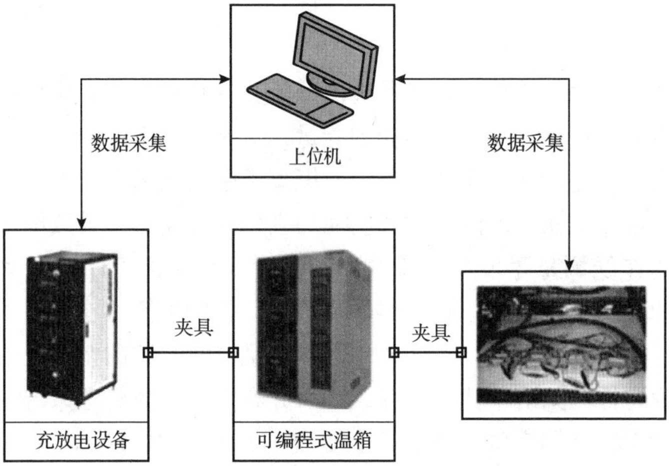

图 2 - 1　动力电池性能分析测试平台

表 2 - 1　Arbin - BT2000 动力电池测试设备的技术参数

编号	基本参数与特征
1	16 个独立的可编程通道
2	每个通道最大充放电电流为 1A/10A/100A 三个量程，精度为 0.05%
3	每个通道的电压范围在 5V 以内，精度可达 0.05%
4	拥有多种可控模式，如恒流充电、恒流转恒压充电、混合脉冲充放电、动态工况模拟仿真等
5	响应速度快
6	可以存储多种所需的物理量

表 2 - 2　温箱的基本参数

编号	基本参数与特征
1	温度范围： -70 ~ 180℃
2	湿度范围：10% ~85% RH
3	总功率：14kW(380V 三相四线 + 接地保护)
4	具有高低温恒定、渐变和湿热等功能
5	具有过温保护、过电流保护等功能
6	规格：1000mm × 1000mm × 800mm

2.2 锂离子动力电池特性测试

从成本、寿命、充放电性能、比能量、比功率和安全性角度综合考量，本章选用 $LiNiMnCoO_2$/(NMC)三元锂离子动力电池为研究对象进行测试，其具体的规格参数如表 2-3 所示。

表 2-3 选用的电池参数

电池类型	额定容量/(A·h)	额定电压/V	上、下限截止电压/V
$LiNiMnCoO_2$/(NMC)	2.4	3.6	4.2/2.8

正如之前描述，在研究和开发电池管理系统时，数据的采集和分析是各类模型和算法研究的基础，通过对选用电池特性测试，获得相应的数据，再对这些数据进行分析，能观察内部特性演变的原理，从而获取一些先进经验，以期提供足够的理论基础。

借助上述实验平台，对选用的电池开展实验测试。在电池制造时，电池包不易拆开，导致无法获取相邻两个单体电池的温度，因此设计了一种简易夹具的设备，夹具设备如图 2-2 所示。

图 2-2 动力电池单体夹具

将动力电池单体安置于如图 2-2 所示的夹具中，通过改变夹具之间的任意连接方式，可组成不同连接形式的电池组。夹具设计中保留一定的间隔，可以很好地绑定传感器测量相关数据。同时，将夹具上下两端打孔，将铜片分别垫在此处。并将螺栓、螺母和垫片三者相互拧紧，以保证电池两端与铜片充分接触，防止虚接，降低数据测量精度。

本章围绕电池模型的建立、SOC 估算以及 SOH 估算三个方面进行研究，重点体现如何结合多算法提升模型的估计能力，锂电池常规电特性试验参考相关标准，常用的车载锂电池测试标准包括美国国家能源部发布的《Freedom CAR 寿命测试手册》《USABC 新能源车辆电池测试手册》，以及我国发布的 GB/T 18385—2016《电动汽车动力性能试验方法》等。综合考虑以上诸多标准，为了获得相应的实验数据，本章系统地设计了测试流程如图 2－3 所示。

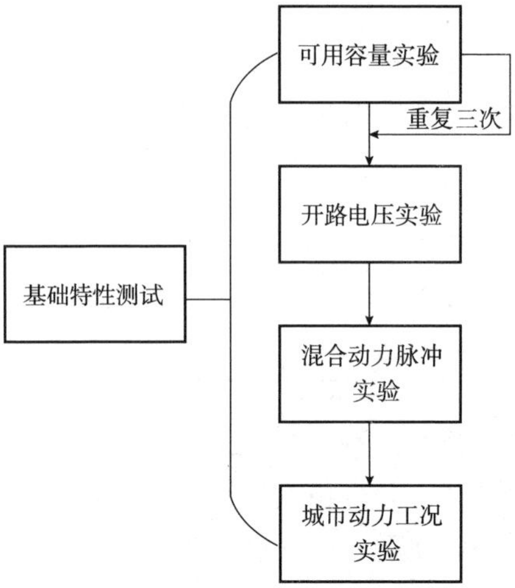

图 2－3　锂电池实验测试流程图

通过图 2－3 对测试电池进行基础特性测试，可掌握该电池的实际容量、混合脉冲曲线、城市动态工况等电池信息，为论文的后续研究工作提供数据支撑。

2.2.1　可用容量测试分析

一方面，电池的可用容量是评价电池性能的关键指标，表示电池在一定条件下可以放出的电量；另一方面，容量也是电池常用的健康因子，在电动车载设备上，一般把容量衰减到额定容量 80% 的电池视为“退役单体”。而在实际测试中，通常会因为电池老化或电池单体间不一致性等各种原因，导致所使用电池组的静态容量与额定容量间有一定差异，因此测量电池组的静态容量即最大可用容量是不可或缺的实验环节。

因此，为了标定电池组的可用容量，本次实验对由 NCM2.4 组成的电池组进行静态容量测试。在电池充电过程中，首先以大电流恒流(Constant Current，CC)充电，其端电压将会率先达到上截止电压，这时电池并没有完全充满；然后采用与上截止电压相等的值对其实施恒压(Constant Voltage，CV)充电，当所充的电流低于阈值后，此时 OCV 则达到其上关断电压，表明电池满充。具体步骤如下：① 电池初始为 SOC＝100% 状态，先静置 2h；② 将电池以 1/3C 的充电电流充至上截止电压，便停止对电池进一步充电，然后采用上截止电压持续充电直至电池充满，记录所充容量，然后静置 2h；③ 静置完成后，以 1/3C 的放电倍率恒流放电至下截止电压后，断开，并静置 2h；④ 重复步骤② ~ ③，将电池组三次投放的容量取平均值，即为当前电池的最大可用容量。

由图 2－4 可知，当只使用 CC 充电，电池端电压到达上截止电压后，便停止对电池进一步充电。这样使得电池只充了最大可用容量的 81%，剩余 19% 的最大可用容量可使用恒压充电完成。

使用 CCCV 充电方式充满电后，让锂电池静置一段时间。当充电突然截止时，活性 Li 在固体颗粒内发生迁移，并在固液相界面处产生堆积，产生电池内电势。表现在外特性上，就是实测的端电压会高于 OCV，因此采取静置使电池内部达到稳定。

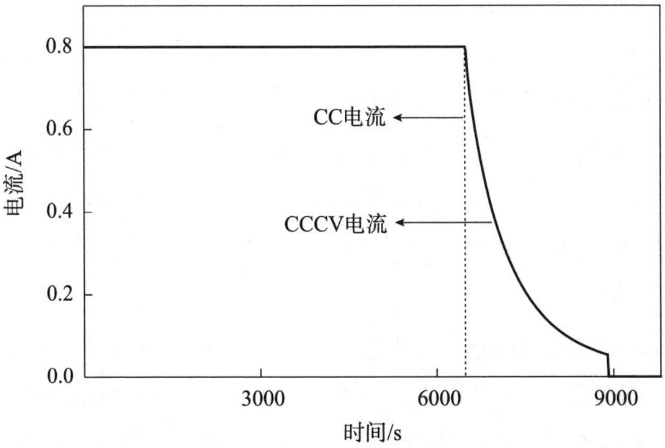

图 2-4 CC-CV 状态下的电流变化特性曲线

根据可用容量测试流程，重复三次，将获得的容量值取均值，即为本章选用电池的可用容量(表 2-4)。

表 2-4 静态容量的测试结果 A·h

第一次	第二次	第三次	平均值
2.3	2.27	2.27	2.28

本小节的动力电池组可用容量测试均在无均衡策略的情况下开展，测试结果主要用于第 5 章动力电池组 SOH 参考值的计算。

2.2.2 开路电压测试分析

锂电池的电动势与 SOC 存在着一种特殊的映射关系，但在实际测量时，无法通过仪器实时获取电池两端的电动势。当静置到平衡状态时，电池两极之间的电位恒定，这时的电动势等价为开路电压(Opening Circuit Voltage，OCV)。因此，开路电压测试的重点是获取 OCV 与电池容量、SOC 等电池参数之间的非线性映射关系，在某一恒定温度下该曲线维持不变。

根据《Freedom CAR 电池测试手册》，在进行 OCV 测试时，选用恒电流间歇测试方法。即在一特殊环境下，采用适当倍率的电流对电池进行测试，并每隔相同的时间进行记录和静置，最后完成测试结果。本次实验中，在 25℃ 下对电池的开路电压特性进行测试，具体步骤如下：①将电池以 1/3C 的放电倍率持续放电至电池电压达到放电截止电压，先静置 2h，将此时的端电压认为是 SOC=0 的 OCV 值；②静置完成后，在恒流恒压模式下，以 1/3C 的充电倍率进行充电，充入 10% 的容量，静置 2h，然后测量此时的端电压，即为 SOC=10% 对应的 OCV

值；③重复步骤②，记录端电压，直到电池完全充满电量，此时把静置后的端电压作为 SOC =100% 时的 OCV 值。

开路电压放电状态下测试步骤如下：①将电池以 1/3C 的充电倍率持续充电至电池电压达到充电截止电压，先静置 2h，将此时的端电压认为是 SOC =100% 时的 OCV 值；②静置完成后，以 1/3C 的放电倍率进行放电，放出的电量约为 10% SOC，充分静置 2h，然后测量此时的端电压，即为 OCV，并将此刻的 SOC 标记为 90%；③重复步骤②，直到电池的 SOC =0，此时把静置后的端电压作为 SOC =0 时的 OCV 值。

取充电状态下所记录的端电压与放电状态下所记录的端电压之和的平均值，作为电池开路电压的测试值。OCV - SOC 曲线作为 SOC 估计算法中至关重要的参数，其准确性直接影响 SOC 估计结果。由于 SOC - OCV 与 OCV 之间存在一一对应的映射关系，因此可以用一些常用的函数表达式进行拟合。根据上述测试步骤获取的实验结果，本节获得较高的拟合结果，选用 6 阶 polynomial 公式对 OCV 和 SOC 数值进行拟合，定义为：

$$OCV = a_1^6x^6 + a_2^5x^5 + a_3^4x^4 + a_4^3x^3 + a_5^2x^2 + a_6^1x + a_7 \tag{2-1}$$

式中，$a_1 \sim a_7$为方程的多项式方程的拟合参数，x 为对应的 SOC，在 MATLAB 中使用 Lsqcurve 函数进行 OCV - SOC 拟合，则所拟合的系数和拟合图如表 2 - 5 所示。

表 2 - 5　基于 6 阶多项式拟合 OCV - SOC 曲线系数

a_1	a_2	a_3	a_4	a_5	a_6	a_7
-5.532	57.185	-134.232	154.379	-94.217	23.549	25.912

2.2.3　复合电流脉冲实验测试

复合电流脉冲实验又称 HPPC 实验（Hybrid Pulse Power Characteristic，HPPC），主要用来分析电池的复合脉冲特性。该实验通过在不同 SOC 点连续加载脉冲电流，以获取电池在不同 SOC 点下的特性。本节以 NCM2.4 组成的电池组为例开展该实验用以辨识电池开路电压、欧姆内阻、极化内阻、时间常数等参数，以 10% SOC 为间隔，分别在 100%/90%……0% 的 SOC 点处加载由 0.5C/1C/2C/3C 组成的脉冲电流，获取电池参数与 SOC 的映射关系，完成电池模型参数的标定。本章采用美国《Freedom CAR 功率辅助型电池测试手册》作为实验标准。HPPC 实验测试流程步骤如下：①将电池充至 SOC =100%，静置 2h。②以 0.5C 放电 10s，静置 40s；然后以 0.5C 充电 10s，静置 60s。③以 1C 放电 10s，静置 40s；然后以 1C 充电 10s，静置 60s。④以 2C 放电 10s，静置 40s；然后以 2C 充电 10s，静置 60s。⑤以 3C 放电 10s，静置 40s；然后以 3C 充电 10s，静置 60s。⑥放电至 SOC 减小 10% 后静置 1h。⑦重复步骤② ~ ⑥，直至电池的下截止电压。

HPPC 工况实验时的电流与端电压变化，如图 2 – 5 所示。

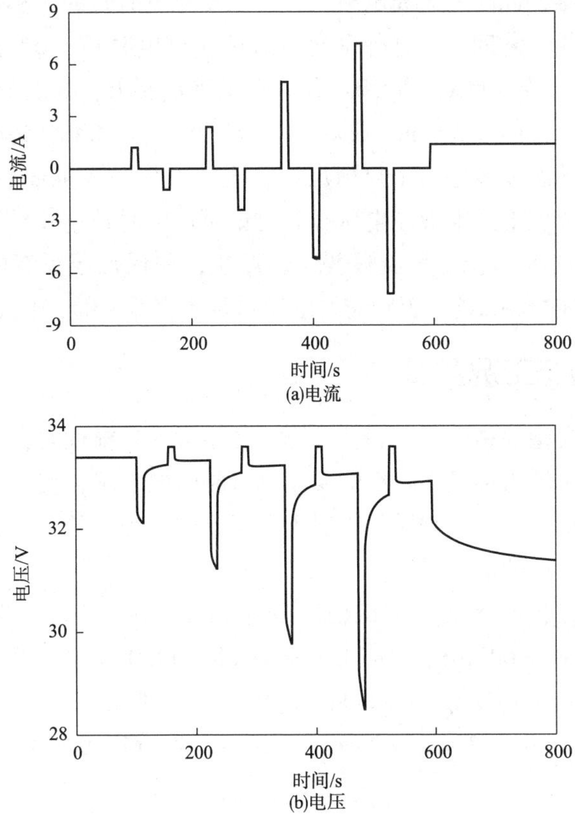

图 2 – 5　HPPC 工况实验时的电流与端电压变化

2.2.4　恒定功率测试

恒定功率测试是指对电池进行恒定功率的充/放电测试，直至电池达到其充/放电截止电压，测试结果可以为电池功率状态估计结果的评价提供参考。在恒定功率测试中，选择的 SOC 测试点包括 30%（低 SOC 点）、50%（中 SOC 点）以及 80%（高 SOC 点）。电池功率状态估计时长，为 ΔT。以设置环境温度点为 10℃，SOC 测试点为 50% 为例，其他 SOC 测试点、环境温度点和电池均与此类似，具体测试步骤如下：①以 1C 电流恒流放电至电池端电压，然后静置 30min；②将环境温度设定为 25℃，将电池在试验箱内静置至电池表面的温度传感器示数满足设定要求，然后保持 30min；③以 1C 电流恒流充电至电池端电压，再以电池的恒压充电至电池端电流，然后静置 30min；④以 1C 电流恒流调整电池至 SOC =50%，静置 30min；⑤将环境温度设定为 10℃，将电池在试验箱内静置至电池表面设定的温度传感器示数，然后静置 30min；⑥采用某一恒定功率对电池持续充电至电池端电压，此时记录充电时长；⑦根据充电时长的大小调整恒定功率的大小，重复步骤④~⑥四次，并保证至少有两次充电时长 $>\Delta T$ 且有两次充电时长 $<\Delta T$，否则需要继续重复步骤④~⑥，直至满足要求；⑧以 1C 电流恒流调整电池至 SOC =50%，静置 30min；⑨将环境温度设定为 10℃，将电池在试验箱内静置至电池表面的温度传感器示数满足设定要求，并保持 30min；⑩采用某一恒定功率对电池持续放电至电池端电压，此时记录放电时长；⑪根据放电时长的大小调整恒定功率的大小，重复步骤⑧~⑩四次，并保证至少有两次放电时长 $>\Delta T$ 且有两次放电时长 $<\Delta T$，否则需要继续重复步骤⑧~⑩，直至满足要求。

2.2.5 动态工况测试

在验证电池模型的精度、状态估计算法的精度和鲁棒性时，为了使电池充放电时的电流、电压较为接近实际新能源车辆行驶时的情况，使用循环工况作为锂电池的充放电准则。车辆行驶循环工况为车辆行驶过程中的工作状况，具体的工况数据是以车辆车速的形式给出。

本章选用常用的动态应力测试(Dynamic Stress Test，DST)驾驶工况、联邦城市驾驶计划(Federal Urban Driving Schedule，FUDS)和城市道路循环工况(Urban Dynamometer Driving Dchedule，UDDS)这三种工况进行状态估计算法的精度验证。图 2-6~图 2-8 为 25℃下 DST 实验、FUDS 实验和 UDDS 实验的负载电流曲线。

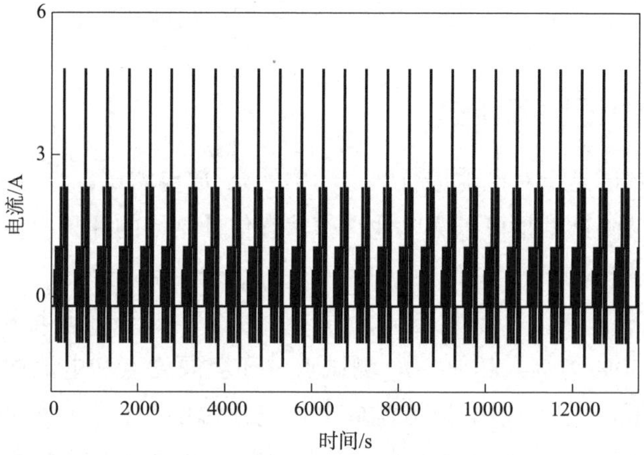

图 2-6 DST 工况电流分布

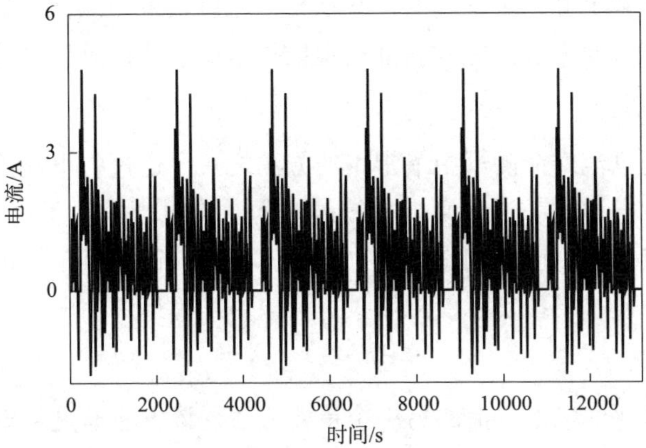

图 2-7 FUDS 工况电流分布

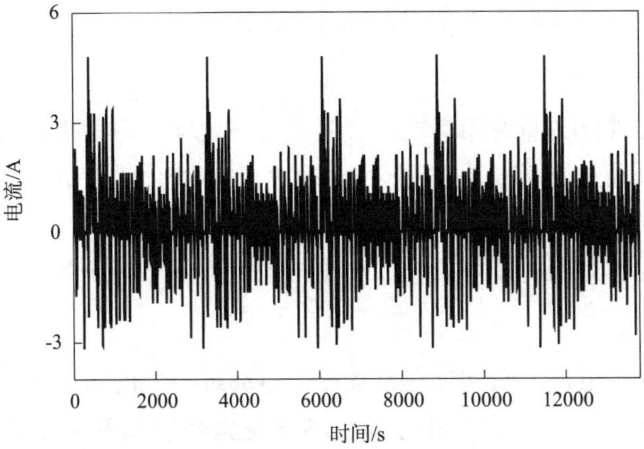

图 2-8 UDDS 工况电流分布

2.2.6 剩余寿命测试

剩余可用寿命可以体现不同工况下的动力电池的耐受能力，特别是在极限应力下，对动力电池的寿命预测与健康状态评估，可以及时对动力电池故障和失效进行预警。

在新能源车辆的实际应用中，作为唯一的动力来源，电池的使用寿命通常要求达到 10 年以上，但相关测试时间以及测试成本需最小化。另外，由于受外界因素的干扰，如温度、噪声、充放电倍率等，导致动力电池在不同应力下容量以及寿命的衰退轨迹不同。相关研究指出，获取测试动力电池衰减曲线，以及不同老化状态下的特性，通过预测电池的剩余可用寿命，是实现电池快速诊断以及预警的可行性方法。

综上所述，本书介绍了常用的一些动力电池剩余寿命测试方案，该实验部分将会为后续的算法研究、建立和验证奠定数据基础。测试具体方法和步骤如下。

1. 放电测试

放电测试是电池寿命测试中最常用的方法之一。通过将电池连接到负载并连续放电，以测量电池在一定时间内的续航时间。当电池容量下降到一定程度时，电池的寿命可以被认为已经到达尽头。此外，放电测试还可了解电池在不同负载下的性能表现。通过模拟实际使用场景。可以更准确地评估电池的寿命和性能。

2. 循环测试

循环测试是评估电池寿命的另一个重要方法。该方法通过将电池在一定时间内反复放电和充电，以模拟电池在长期使用中的情况。循环测试可以确定电池的充放电效率以及在不同循环次数下电池容量的减少情况。通过对电池进行多次循环测试，可以更好地了解电池的寿命和性能。

3. 内阻测试

内阻是电池性能的重要指标之一，对于评估电池的寿命也起着至关重要的作用。内阻测试是通过测量电池在不同负载下的电压变化进行的。内阻越小，电池的性能越好，寿命也相对较长。通过定期进行内阻测试，可以帮助我们发现电池内阻的增加情况，并及时采取措施，如更换电池，以保持设备的正常使用。

4. 温度测试

电池温度对于电池寿命同样非常关键。过高或过低的温度都会对电池的性能和寿命产生不利影响。因此，进行温度测试是电池寿命测试中不可或缺的一部分。温度测试可以通过将电池暴露在不同温度环境下，然后观察电池的性能变化。根据温度测试结果，可以调整使用环境和电池管理策略，以最大限度地延长电池的使用寿命。

5. 充放电速率测试

充放电速率是电池寿命测试中的重要考虑因素之一。在实际使用过程中，电池通常会面临各种不同的负载和充电速率。通过充放电速率测试，可以确定电池在不负载和充电速率下的表现，并评估其寿命。对于高能量密度电池，如锂离子电池，充放电速率通常会缩短其寿命。因此，在实际使用过程中，应该根据电池的特性和需求，合理选择充放电速率，以延长电池的使用寿命。

总结起来，电池寿命测试是确保电池性能和寿命的重要步骤之一。放电测试、循环测试、内阻测试、温度测试和充放电速率测试是常用的几种电池寿命测试方法。通过对电池进行这些测试，可以更好地了解电池的使用情况、性能表现以及预测其使用寿命。通过综合应用这些测试方法，可以制定更科学合理的电池管理策略，延长电池的使用寿命，提高电池的使用效率。

2.2.7 不当充电测试

新能源车辆的安全性往往与动力电池密切相关，由电池故障诱发的热失控是造成起火、爆炸事故的一大主要原因。动力电池的热失控，是指电池内部出现放热连锁反应并引起温升率急剧变化的过热现象，往往会造成电池冒烟、燃烧甚至爆炸的情况。然而，为顺应长续航里程的需求，动力电池单体正朝向高能量密度转变，但现有技术条件下，如何在保证安全性的前提下不断提升电池能量密度仍是一大挑战。此外，为满足车辆行驶的能量及功率需求，车载动力电池系统通常由成百上千的电池单体串/并联构成。由于大量电池的密集排布，任何单体诱发热失控都可能在电池包中扩散，最终演化为严重的起火、爆炸事故，危害人身与财产安全。

作为电池关键数据的来源，合理高效的测试方案在电池管理算法的开发过程中发挥着重要作用。根据不当充电劣化诊断方法研究的需要，所制定的测试方案中应当包含能够反映正常电池与不当充电后电池特性的试验。而为了支撑内短路检测方法的开发与验证，能够模拟电池内短路特性的试验同样不可或缺。

试验用于模拟不当充电的情况并得到劣化后的电池。在本章中，考虑过充电及低温大倍率充电循环两种情况。对于所选用的三元锂电池，在前期的试验中，对4个电池单体进行不同程度的过充电后，电池容量及电化学阻抗谱（Electrochemical Impedance Spectroscopy，EIS）的测试结果分别如图2－9及图2－10所示。

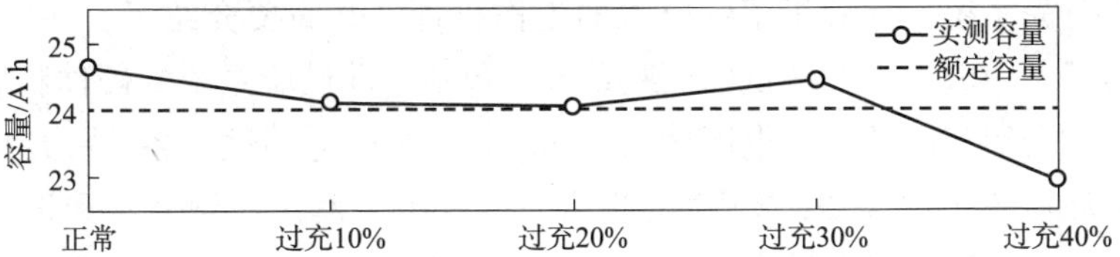

图2－9 不同过充电程度后电池的容量

图2－9显示，随着过充电程度的增加，电池容量的衰减变化并非线性，而是在超过一定程度后（此款电池为40%）发生骤降，表明过充电所引发的副反应加剧，严重影响电池特性。图2－10则给出的不同过充程度电池在各SOC下测量的EIS结果，电池的阻抗突变同样发生在过充40%的电池上。由此可见，对于该款电池而言，过充电量超过40%将造成严重的危害，电池特性大受影响，性能劣化。

因此，在过充电劣化试验中，首先对电池标准恒流恒压充电至100% SOC，

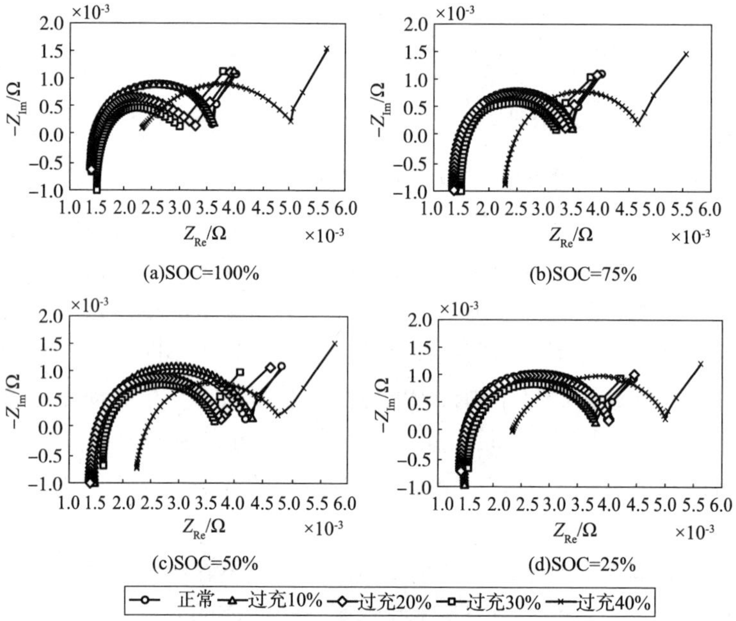

图 2-10　不同过充电程度电池的 EIS

然后以 1/2C 的倍率恒流充入 40% SOC 的电量。将过充后的电池放电至正常 SOC 范围后，标记为劣化状态，进行一轮特性试验以获取劣化后电池的特性。

2.3　本章小结

本章首先系统性地分析了锂电池的工作机理，并简要介绍了一些常用参数。建立锂离子动力电池性能测试的试验系统，包括电池试验系统的硬件和软件；硬件系统由一台用于电池充放电测试的 Arbin 电池充放电测试设备、一台用于提供恒温恒湿环境的快速温变(湿热)试验箱、一台用于发送控制命令和记录保存数据的上位机和待测试磷酸铁锂动力电池组成。软件系统是电池试验系统的后台控制系统，用于工步步骤编辑、测试试验控制、实时数据显示、测试数据记录和数据分析等。最后，进行动力电池的最大可用容量测试、开路电压测试、恒定功率测试、动态工况测试、剩余寿命测试以及不当充电测试。上述实验特性分析为 BMS 算法的设计和验证提供了坚实有力的基础理论，并为后面的算法验证提供了数据支撑。

3 动力电池建模理论

由于电池运行期间的物理和化学变化，电池功能会随着时间的推移而退化，并导致损坏、性能损失或故障。当电池容量低于其标称容量的某个百分比时，此过程会导致整个系统故障。在此之后，电池的容量呈指数衰减。考虑到该领域的文献，电池中最重要的退化因素包括环境温度、放电电流率、充电率、放电深度、完全充电循环之间的时间间隔。

预测与健康管理(Prognostics Health Management，PHM)是一门新兴的科学，使用工具和技术来评估和预防组件或整个系统的故障。电池 PHM 帮助测量和估计电池参数，以改善和预测健康状态。电池的状态和性能主要通过以下性能参数进行评估：荷电状态(State of Charge，SOC)、健康状态(State of Health，SOH)和剩余使用寿命(Remaining Useful Life，RUL)。近年来，预测和健康管理在电池性能评估和预测中的应用越来越广泛。

荷电状态估计测量需要提供蓄电池充电之前的剩余能量(容量)百分比(有效循环的极限)。电池 SOC 定义为剩余容量与当前最大可用容量之比。则有：

$$\mathrm{SOC} = \frac{C_{\mathrm{remaining}}}{C_{\mathrm{maimum}}} \times 100\% \tag{3-1}$$

容量计算如下：

$$C = \int_{t_0}^{t_1} I(t)\,\mathrm{d}t \tag{3-2}$$

式中，t_1 为每个循环的充电和放电结束；I 为电流，A；SOC 估算有助于合理使用电池，避免损坏，延长电池寿命，提高储能系统的稳定性。然而，由于电池是一个非线性、时变的系统，并且存在电化学反应，因此预测和监测该参数非常复杂。

健康状态估计提供有关剩余能量(短期变化)的信息。SOH 定义为描述一般健康状况(长期变化)及其与新健康状况相比提供标称性能的能力的度量。对于 SOH 估计，电池容量衰减度量通常表示为：

$$\mathrm{SOH} = \frac{C_t}{C_0} \times 100\% \tag{3-3}$$

式中，C_t 为时间 t 时的容量估计值，C_0为新电池的标称容量。

RUL 的测量与预测，是指从当前时刻到电池性能首次降至预测故障阈值时的剩余循环次数或时间跨度：

$$N_{RUL} = N_{EOL} - N_{ECL} \tag{3-4}$$

式中，N_{RUL}表示电池 RUL 的循环次数，次；N_{EOL}表示电池寿命结束时的循环次数，次；N_{ECL}表示等效循环寿命，年。

RUL 是在特定运行时间剩余的使用寿命。因此，估算 RUL 对于了解电池的状况、预后和健康管理具有重要意义。

荷电状态和健康状态为电池健康管理提供了有用的信息。健康状态和剩余使用寿命是评价电池健康状况最重要的参数。技术的发展使得电池更便宜、寿命更长。然而，由于环境影响和老化，电池往往会退化。因此，检测(监测)和预测蓄电池参数非常重要。电池监测是指手动读取电压、电解液比重和液位，通过定期容量测试或手动测量电池电阻对电池进行目视检查，通过实时估计电池残留物或磨损实现全自动在线监测。另外，预测可以预测系统/组件何时崩溃或达到不可接受的性能。无论是否从健康监测中提取信息，最好先进行预测。实时诊断和故障检测预测对于确保蓄电池的安全性和可靠性至关重要。

建立锂离子电池模型涉及化学、物理、材料、能源、电子学等众多学科和领域，是锂离子电池研究过程中的重点和难点。目前研究得到的锂离子电池模型的种类较多，具体应用也十分广泛。在实际应用中，往往会结合其使用场所的其他要求，选择合适的电池模型，并根据所选择的电池模型设计出相应的算法嵌入电池管理系统中，实现电池的状态预测与管理。

基于模型的方法和过程的先验知识，将物理理解形式转化为分析和数学模型。通常情况下，电池监测和预测模型通过基本方程表示实际系统，输入参数是描述系统行为所必需的。已经开发了几种基于模型的技术，并将其应用于电池健康监测和故障预测。基于模型的技术可以概括为：电化学建模技术、等效电路模型和阻抗模型。接下来，将重点围绕电池模型进行描述。

3.1 电化学模型

3.1.1 单粒子电化学模型

锂离子电池的数学建模包括指定感兴趣的因变量(如溶液相浓度)和基于第一性原理推导这些因变量的控制方程(基于电池系统的物理)，以及指定边界/初始条件和传输/动力学参数的非线性表达式。Doyle 等开发了锂离子三明治模型，由多孔电极、分离器和集电器组成。该模型以浓溶液理论为基础。这项重要的工作为许多类似的模型铺平了道路，因其足够通用，可以在电池系统中包含进一步的开发。图 3－1 显示了一维模型的锂离子结构。

为了分析和控制混合环境中的锂离子电池(带有燃料电池、电容器或电气元件)，需要在毫秒内模拟锂离子电池的充电状态、健康状态和其他参数。严格的基于物理的模型需要几秒钟到几分钟模拟放电曲线，具体取决于解算器、例程、计算机等。基于电路或经验模型(基于上一次数据)可以在毫秒内模拟。然而，这些模型在各种操作条件下失效，使用这些模型可能会导致滥用或未充分利用电化学电源。本章对基于物理模型的重新建模进行了数学分析，并以此模型为基准对电池厂的充电技术进行了深入研究。

锂离子电池宏观均匀一维电化学模型的状态变量为电解液中的锂浓度 $C_e(x, t)$、正负极中的锂浓度 $C_s(x, r, t)$、电解液中的电势 $\Phi_e(x, t)$、正负极中的电势 $\Phi_s(x, t)$、电解液中的离子电流 $i_e(x, t)$，以及电极中活性物质与电解液之间的摩尔离子通量 $j_n(x, t)$。具体表达如公式(3－5)～公式(3－6)所示。

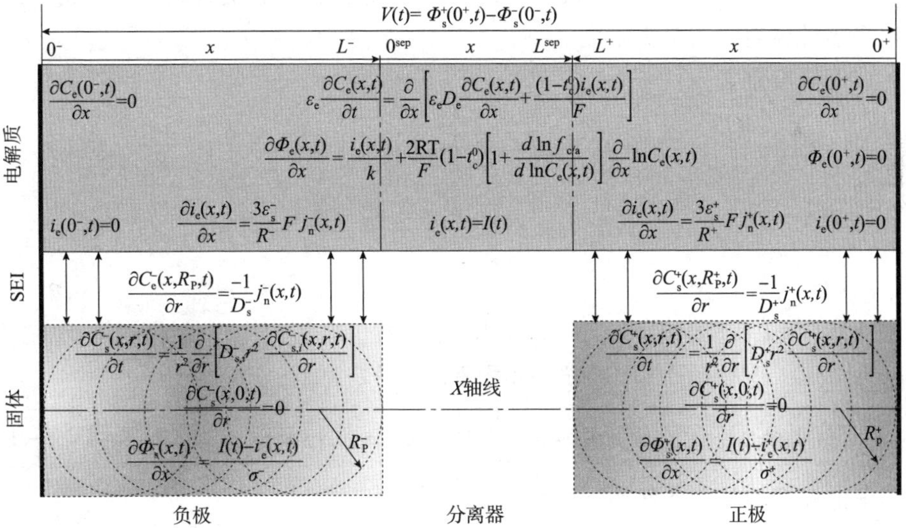

图 3－1　1－D 模型的锂离子结构

$$\varepsilon_e \frac{\partial C_e(x, t)}{\partial t} = \frac{\partial}{\partial x}\left[\varepsilon_e D_e \frac{\partial C_e(x, t)}{\partial x} + \frac{1 - t_+^0}{F} i_e(x, t)\right] \tag{3－5}$$

$$\frac{\partial C_{s,i}(x, r, t)}{\partial t} = \frac{1}{r^2}\frac{\partial}{\partial r}\left[D_{s,i} r^2 \frac{\partial C_{s,i}(x, r, t)}{\partial r}\right] \tag{3－6}$$

仅使用摩尔通量的 1－D 单颗粒形式可进一步简化为：

$$\frac{\partial C_s(t)}{\partial t} = -\frac{3}{R_p} j_n(t) \tag{3－7}$$

$$\frac{\partial \Phi_{\mathrm{e}}(x,\ t)}{\partial x}=-\frac{i_{\mathrm{e}}(x,\ t)}{\kappa}+\frac{2RT}{F}(1-t_{+}^{0})\times\left[1+\frac{\mathrm{d}\ln f_{\mathrm{c/a}}(x,\ t)}{\mathrm{d}\ln C_{\mathrm{e}}(x,\ t)}\right]\frac{\partial \ln C_{\mathrm{e}}(x,\ t)}{\partial x} \tag{3-8}$$

$$\frac{\partial \Phi_{\mathrm{s}}(x,\ t)}{\partial x}=\frac{i_{\mathrm{e}}(x,\ t)-I(t)}{\sigma} \tag{3-9}$$

$$\frac{\partial i_{\mathrm{e}}(x,\ t)}{\partial x}=\frac{3\varepsilon_{\mathrm{s}}}{R_{\mathrm{p}}}Fj_{\mathrm{n}}(x,\ t) \tag{3-10}$$

$$j_{\mathrm{n}}(x,\ t)=\frac{i_0(x,\ t)}{F}\left[\mathrm{e}^{\frac{x_aF}{\mathrm{RT}}\eta(x,t)}-\mathrm{e}^{\frac{x_cF}{\mathrm{RT}}\eta(x,t)}\right] \tag{3-11}$$

在公式(3-11)中，主要反应的交换电流密度 $i_0(x,\ t)$ 和过电位 $\eta(x,\ t)$ 被建模为：

$$i_0(x,\ t)=r_{\mathrm{eff}}C_{\mathrm{e}}(x,\ t)^{\alpha_{\mathrm{c}}}\left[C_{\mathrm{s}}^{\max}-C_{\mathrm{ss}}(x,\ t)\right]^{\alpha_a}C_{\mathrm{ss}}(x,\ t)^{\alpha_{\mathrm{c}}} \tag{3-12}$$

$$\eta(x,\ t)=\Phi_{\mathrm{s}}(x,\ t)-\Phi_{\mathrm{e}}(x,\ t)-U(C_{\mathrm{ss}})-FR_{\mathrm{f}}j_{\mathrm{n}}(x,\ t) \tag{3-13}$$

式中，$C_{\mathrm{ss}}(x,\ t)=C_{\mathrm{s}}(x,\ R_{\mathrm{P,t}})$，$U[C_{\mathrm{ss}}(x,\ t)]$ 为活性材料的开路电位，$C_{\mathrm{s}}^{\max}$ 是每个电极活性材料中的最大浓度。

内部温度定义为：

$$\rho_{\mathrm{avg}}c_{\mathrm{p}}\frac{\mathrm{d}T(t)}{\mathrm{d}t}=h_{\mathrm{cell}}[T_{\mathrm{amb}}(t)-T(t)]+I(t)V(t)-\int_{0^-}^{0^+}\frac{3\varepsilon_{\mathrm{s}}}{R_{\mathrm{p}}}Fj_{\mathrm{n}}(t)\times\left\{U[\bar{c}_{\mathrm{s}}(x,t)]-T(t)\frac{\partial U[\bar{c}_{\mathrm{s}}(x,t)]}{\partial T}\right\}\mathrm{d}x \tag{3-14}$$

式中，T_{amb} 为环境温度,℃；F 为法拉第常数，C/mol；ρ^{avg} 为材料平均密度，mol%；$\bar{c}(x,\ t)$ 表示固相中颗粒的体积平均浓度，mol，定义为：

$$\bar{c}_{\mathrm{s}}(x,t)=\frac{3}{R_{\mathrm{p}}^3}\int_0^{R_{\mathrm{p}}}r^2C_{\mathrm{s}}(x,r,t)\mathrm{d}r \tag{3-15}$$

电池模型的初始条件如下所示：

$$C_{\mathrm{e}}(x,\ 0)=C_{\mathrm{e}}^0(x),\ C_{\mathrm{s}}(x,\ r,\ 0)=C_{\mathrm{s}}^0(x,\ r),\ T(0)=T^0 \tag{3-16}$$

并且边界条件由下式给出：

$$\frac{\partial C_{\mathrm{e}}(0^-,\ t)}{\partial x}=\frac{\partial C_{\mathrm{e}}(0^+,\ t)}{\partial x}=0 \tag{3-17}$$

$$C_{\mathrm{e}}(L^-,\ t)=C_{\mathrm{e}}(0^{\mathrm{sep}},\ t),\ C_{\mathrm{e}}(L^{\mathrm{sep}},\ t)=C_{\mathrm{e}}(L^+,\ t) \tag{3-18}$$

$$\varepsilon_{\mathrm{e}}^-D_{\mathrm{e}}\frac{\partial C_{\mathrm{e}}(L^-,\ t)}{\partial x}=\varepsilon_{\mathrm{e}}^{\mathrm{sep}}D_{\mathrm{e}}\frac{\partial C_{\mathrm{e}}(0^{\mathrm{sep}},\ t)}{\partial x} \tag{3-19}$$

$$\varepsilon_{\mathrm{e}}^{\mathrm{sep}}D_{\mathrm{e}}\frac{\partial C_{\mathrm{e}}(L^{\mathrm{sep}},\ t)}{\partial x}=-\varepsilon_{\mathrm{e}}^+D_{\mathrm{e}}\frac{\partial C_{\mathrm{e}}(L^+,\ t)}{\partial x} \tag{3-20}$$

$$\frac{\partial C_s(x, 0, t)}{\partial r}=0, \frac{\partial C_s(x, R_p, t)}{\partial r}=-\frac{j_n(x, t)}{D_s} \tag{3-21}$$

$$\Phi_e(L^-, t)=\Phi_e(0^{sep}, t), \Phi_e(L^{sep}, t)=\Phi_e(L^+, t) \tag{3-22}$$

$$\Phi_e(0^+, t)=0 \tag{3-23}$$

$$i_e(0^-, t)=i_e(0^+, t)=0, i_e(x^{sep}, t)=-I(t) \tag{3-24}$$

$$i_e(L^-, t)=-i_e(L^+, t)=-I(t) \tag{3-25}$$

式中，$x^{sep}\in[0^{sep}, L^{sep}]$表示电池的整个分隔域。

通常情况下，很难为电池模型提供一致的初始条件，因此总是在某个平衡状态下初始化模型，在该平衡状态下很容易获得一致的初始状态。

在上述公式中，ε_e，ε_s，σ，R，R_p，α_α，α_c，ρ_{avg}，c_p，h_{cell}以及t_+^0都是模型参数并且在电池每个区域中均是恒定的，并且κ，$f_{c/a}$和D_e具有如下形式类似阿伦尼乌斯的温度依赖性：

$$\Theta(T)=\Theta_{T_0}e^{A_\theta\frac{T(t)-T_0}{T(t)T_0}} \tag{3-26}$$

式中，T_0为某一标准温度，A_θ为常数。电压由电极边界处固相中的电位差给出：

$$V(t)=\Phi_s(0^+, t)-\Phi_s(0^-, t) \tag{3-27}$$

Doyle 等和 Fuller 等发表了锂离子电池的物理模型，该模型已被其他人使用或修改。将这些模型视为电池模拟的潜在最佳候选模型在计算上非常昂贵。因此，已发表了对其模型的一些简化，以减少与锂离子在固相中扩散相关的计算时间。此外，Subramanian 等开发了一个实时仿真模型，该模型结合了微扰技术、体积平均和基于直觉的简化。虽然他们的单过程实时仿真模型的计算时间约为100ms，但要用这种方法推导低阶模型，需要进行预处理，并事先了解系统在不同条件下的行为，这使得他们的方法不够灵活。其他方法也用于推导锂离子电池的 ROM，包括 Chebyshev 多项式方法和剩余分组方法。通过不同切比雪夫多项式的线性组合逼近状态变量，然后将一个近似模型投影到由这些正交切比雪夫多项式构成的空间上，形成 ROM，然后对截断表达式中的未知系数求解该模型。Smith 等利用残基分组方法，建立了面向控制的一维电化学模型。其传递函数用具有相似特征值的分组参数的截断级数表示。

3.1.2 P2D 模型

P2D 模型基于多孔电极和浓溶液理论，描述了电池正极、负极、隔膜、电解液、活性颗粒五个主要部分之间的物理和化学过程。具体整个电池放电反应过程为：锂离子从负极活性材料的颗粒内部反应脱出，由于颗粒内部和颗粒表面的浓度差发生固相扩散过程，负极固相界面周围的液相锂离子浓度增大，而在电解液中发生液相的扩散过程。然后锂离子穿过隔膜到达正极附近，在正极周围发生液相扩散。有的锂离子会在电极颗粒表面嵌入正极颗粒中，由于正极颗粒表面固相锂离子浓度增大，因此浓度梯度又导致离子由颗粒表面向内部进行扩散，这样就完成了放电过程，充电过程则相反。

P2D 模型认为，电化学反应只沿着电极方向和固相颗粒半径方向进行，不考虑其他方向的反应。模型是基于假设：①电池反应不产生气体；②将电极固相粒子视为大小相同的球体；③不考虑双电层效应；④反应过程中固液相的体积比例不变。P2D 模型由沿着半径方向的固相扩散、沿着厚度方向的液相扩散，以及活性颗粒表面的电化学反应组成，其中描述电极活性颗粒固液相界面上电化学反应的巴特勒 – 福尔摩(Butler – Volmer，BV)方程将扩散过程和电势耦合。放电时 P2D 模型的示意如图 3 – 2 所示。

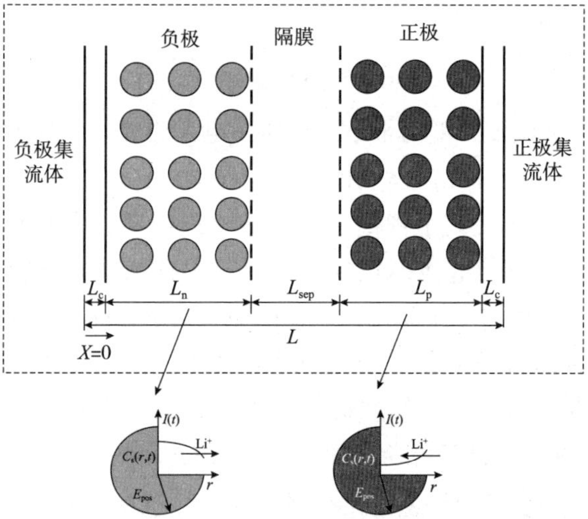

图 3 – 2　P2D 模型示意图

1. 固相扩散

固相扩散即锂离子在电极活性颗粒内部由于浓度差产生的物质迁移过程。不同于 P2D 模型，单粒子模型最基本的假设就是将电极活性材料视为单个球形，于是沿着电极厚度方向的电流是均匀的。以颗粒中心为原点，建立球坐标系，那么用 Fick 第二定律描述这个过程就可以表示为：

$$\frac{\partial c_{s,j}}{\partial t} = \frac{D_{s,j}}{r^2}\frac{\partial}{\partial r}\left(r^2\frac{\partial c_{s,j}}{\partial r}\right) \tag{3-28}$$

式中，$C_{s,j}$为活性颗粒中的固相锂离子浓度；$D_{s,j}$为固相扩散系数，是温度的函数，但在本模型中不考虑温度的影响，将温度视为常数，因此不考虑固相扩散系数随温度的变化；t 为时间，s，r 为半径方向坐标，下标 j 代表电极正负。

最大固相锂离子浓度由电池本身的性质决定。

$$c_{s,j}(t=0)=c_{s,ini,j} \tag{3-29}$$

由于活性颗粒的对称性，颗粒中心的锂离子摩尔通量为 0，得到如下边界条件：

$$D_{s,j}\frac{\partial c_{s,j}}{\partial r}\lim_{x\to\infty}\bigg|_{r=0}=0 \tag{3-30}$$

同时有活性颗粒表面的边界条件表示如下：

$$D_{s,j}\frac{\partial c_{s,j}}{\partial r}\bigg|_{r=R_j}=-J_j \tag{3-31}$$

式中，J_j表示电极颗粒表面锂离子摩尔通量，表示单位面积内每秒通过物质的量。

$$J_p=\frac{I}{FS_p} \tag{3-32}$$

$$J_n=-\frac{I}{FS_n} \tag{3-33}$$

式中，I 是加在电池上的总电流，A。在本章中规定，充电电流为正，放电电流为负。

S_j是各电极活性颗粒的表面积，表示为：

$$S_j=\frac{3\varepsilon_j A_j L_j}{R_j} \tag{3-34}$$

式中，ε_j 是电极 j 的固相体积分数，%；A_j 是电极 j 的表面积，m^2；L_j 是电极 j 的厚度，m。

在此引入电极荷电状态的概念，也叫电极嵌锂率，电极 j 的荷电状态为局部锂离子浓度除以最大锂离子浓度。

$$x_j=\frac{c_{s,j}}{c_{maxs,j}} \tag{3-35}$$

同时得出电极的初始荷电状态和表面荷电状态，表示为：

$$x_{ini,j}=\frac{c_{ini,s,j}}{c_{maxs,j}} \tag{3-36}$$

$$x_{surf,j}=\frac{c_{s,j}\big|_{r=R_j}}{c_{maxs,j}} \tag{3-37}$$

从公式(3-36)中可以看出，初始荷电状态 x_{ini}是一个常数，初始荷电状态也称为初始嵌锂率。由于在反应过程中 $c_{s,j}$会随时间变化，表面荷电状态 $x_{surf,j}$也会随时间变化。

电池的 SOC 可表示为：

$$SOC=\frac{x_{\mathrm{surf,j}}(t)-x_{\mathrm{surf,j}}(0)}{x_{\mathrm{surf,j}}(100\%)-x_{\mathrm{surf,j}}(0)} \tag{3-38}$$

式中，$x_{\mathrm{surf,j}}(0)$为 SOC 等于 0 时的电极表面荷电状态，$x_{\mathrm{surf,j}}(100\%)$为 SOC 等于 100% 时的电极表面荷电状态。

2. 液相扩散

液相扩散即锂离子在电池内部正负极和隔膜的电解液中由于浓度差产生物质迁移的过程，传统的单粒子模型没有考虑这个过程，将电解液中的锂离子浓度视为常数。液相电势可以由外施电压以及溶液内电荷和物质的转移共同决定，同样根据 Fick 第二定律可以描述这个过程，表达式为：

$$\varepsilon_{\mathrm{j}}\frac{\partial C_{\mathrm{e}}}{\partial t}=D_{\mathrm{e}}\frac{\partial^2 C_{\mathrm{e}}}{\partial x^2}+a_{\mathrm{j}}(1-t_{+})j_{\mathrm{j}} \tag{3-39}$$

$$a_{\mathrm{j}}=\frac{3\varepsilon_{\mathrm{s}}}{R_{\mathrm{s}}} \tag{3-40}$$

公式(3-40)描述电极区域的液相扩散，可以看出液相锂离子浓度变化是由于扩散作用和固液相界面的电化学反应。

式中，C_{e}为电解液中的液相锂离子浓度，ε_{j} 和 ε_{s} 为电极区域和隔膜区域溶液的液相体积分数，%；a_{j}为溶液的液相扩散系数；R_{s}为电极颗粒比表面积，m^2；t_{+}为溶液中的离子液相转移系数。

边界条件为：

$$D_{\mathrm{e}}\frac{\partial C_{\mathrm{e}}}{\partial x}\bigg|_{x=0,L}=0 \tag{3-41}$$

$$D_{\mathrm{e}}\frac{\partial C_{\mathrm{e}}}{\partial x}\bigg|_{x=L_{r2}^{-}}=D_{\mathrm{e}}\frac{\partial C_{\mathrm{e}}}{\partial x}\bigg|_{x=L_{r2}^{+}} \tag{3-42}$$

$$D_{\mathrm{e}}\frac{\partial C_{\mathrm{e}}}{\partial x}\bigg|_{x=L_{r2}+L_{\mathrm{sep}}^{-}}=D_{\mathrm{e}}\frac{\partial C_{\mathrm{e}}}{\partial x}\bigg|_{x=L_{\mathrm{sep}}^{+}+L_{r2}} \tag{3-43}$$

式中，L_{r2}为负极厚度，m；L_{sep}为隔膜厚度，m。

3. 固相欧姆定律

P2D 模型认为电极活性颗粒内电势的分布符合欧姆定律，如式(3-44)所示。

$$\sigma^{\mathrm{eff}}\frac{\partial \Phi_{\mathrm{s}}}{\partial x}=-i_{\mathrm{s}} \tag{3-44}$$

式中，$\sigma^{\mathrm{eff}}=\sigma_{\mathrm{s}}^{1.5}$ 为活性颗粒有效电导率，i_{s}为活性颗粒中的电流密度。电极与集

流体交界面处的边界条件为：

$$-\sigma^{\mathrm{eff}}\frac{\partial \Phi_{\mathrm{s}}}{\partial x}\bigg|_{x=0}=-\sigma^{\mathrm{eff}}\frac{\partial \Phi_{\mathrm{s}}}{\partial x}\bigg|_{x=L}=\frac{I(t)}{A} \tag{3-45}$$

电极与隔膜交界处的边界条件为：

$$\sigma^{\mathrm{eff}}\frac{\partial \Phi_{\mathrm{s}}}{\partial x}\bigg|_{x=L_{r2}}=\sigma^{\mathrm{eff}}\frac{\partial \Phi_{\mathrm{s}}}{\partial x}\bigg|_{x=L_{r2}+L_{\mathrm{sep}}}=0 \tag{3-46}$$

4. *液相欧姆定律*

考虑电解液上的电压降落，沿电极方向液相电势的分布如下：

$$k^{\mathrm{eff}}\frac{\partial \Phi_{\mathrm{e}}}{\partial x}=k^{\mathrm{eff}}\frac{2RT}{F}(1-t_{+})\frac{\partial \ln C_{\mathrm{e}}}{\partial x}-i_{\mathrm{e}} \tag{3-47}$$

式中，$k^{\mathrm{eff}}=k_{\mathrm{e}}^{1.5}$ 为液相有效电导率；R 为摩尔气体常数，取 8.3143；F 为法拉第常数，取 96487；T 为温度，℃；t_{+}为转移系数；i_{e}为溶液内的电流密度，$\mathrm{A/m^2}$；C_{e}为局部电流密度，$\mathrm{A/m^2}$。

边界条件如下：

$$\frac{\partial \Phi_{\mathrm{e}}}{\partial x}\bigg|_{x=0}=\frac{\partial \Phi_{\mathrm{e}}}{\partial x}\bigg|_{x=L}=0 \tag{3-48}$$

$$-k_{\mathrm{n}}\frac{\partial \Phi_{\mathrm{e}}}{\partial x}\bigg|_{x=L_{r2}^{-}}=-k_{\mathrm{sep}}\frac{\partial \Phi_{\mathrm{e}}}{\partial x}\bigg|_{x=L_{r2}^{+}} \tag{3-49}$$

$$-k_{\mathrm{p}}\frac{\partial \Phi_{\mathrm{e}}}{\partial x}\bigg|_{x=L_{\mathrm{sep}}^{+}+L_{r2}}=-k_{\mathrm{sep}}\frac{\partial \Phi_{\mathrm{e}}}{\partial x}\bigg|_{x=L_{\mathrm{sep}}^{+}+L_{r2}} \tag{3-50}$$

式中，k_{n} 为负极有效电导率；k_{p} 为正极有效电导率；k_{sep}为隔膜有效电导率。

5. Bulter - Volmer *方程*

固液相界面的锂离子进出是一个电化学反应过程，这个反应可以通过 Butler - Volmer 方程来描述，与电极表面的荷电状态 $x_{\mathrm{surf,j}}$和过电位 η_{j}有关。

$$j_{\mathrm{j}}=k_{\mathrm{j}}c_{\mathrm{maxs,j}}c_{\mathrm{e}}^{0.5}(1-x_{\mathrm{suff,j}})^{0.5}x_{\mathrm{surf,j}}^{0.5}\left[\exp\left(\frac{0.5F}{RT}\eta_{\mathrm{j}}\right)-\exp\left(-\frac{0.5F}{RT}\eta_{\mathrm{j}}\right)\right] \tag{3-51}$$

式中，k_{j}为与温度相关的反应速率常数。

过电势 η_{j}定义如下：

$$\eta_{\mathrm{j}}=\Phi_{\mathrm{s,j}}-\Phi_{\mathrm{e,j}}-U_{\mathrm{j}}-\frac{R_{\mathrm{SEI}}}{a_{\mathrm{s}}}j_{\mathrm{j}} \tag{3-52}$$

式中，$\Phi_{\mathrm{s,j}}$是固相电势，kW；$\Phi_{\mathrm{e,j}}$是液相电势，kW；$\frac{R_{\mathrm{SEI}}}{a_{\mathrm{s}}}j_{\mathrm{j}}$ 为 SEI 膜产生的压降；U_{j} 为开路电压，开路电压取决于电极活性颗粒的表面荷电状态。

3.1.3 参数辨识案例

由于电池的工作过程是复杂的物理和电化学过程，即使对电池模型进行了很多简化和近似，得到的模型中依然包含了很多参数。电池模型的参数主要分为结构参数、固定参数、性能参数。对于结构参数，如电极厚度、电极面积、隔膜厚度、活性颗粒半径等，可以通过拆解电池后通过特殊设备测量得到，或通过厂家直接提供获取。由于结构参数不能定量地反映出电池的健康状态、荷电状态等性能信息，因此不再过多讨论结构参数，本章中使用的结构参数是文献中的参数。固定参数是常数，如法拉第常数、摩尔气体常数等。性能参数反映了电池的状态和性能，是研究者最关注的参数，如固相扩散系数、固液相锂离子浓度等。通过研究性能参数可以获取电池的健康状态、荷电状态等信息，而这些性能参数的获取，往往不能通过实验设备直接测量得到，为了在不损坏电池的情况下获取性能参数，需要通过各种数学方法结合电池外部特征进行参数辨识。电化学模型是输入为电流、输出为电压的单输入单输出系统。参数辨识是指给模型输入电流工况，通过优化算法调节待辨识参数拟合模型电压与实际实验的电压，使模型电压和实验电压的均方根误差最小，得到的参数即为辨识结果。

1. 开路电压曲线拟合

在电池的电化学模型中，开路电压是一个非常重要的参数，开路电压的准确性直接影响了模型的精度，所以要首先进行开路电压曲线的拟合。两个电极的开路电压由电极活性颗粒表面的固相锂离子浓度决定，即开路电压由电极材料决定。

由于电极的开路电压仅受电极材料的影响，不受其他外界因素的影响，这为拟合开路电压带来了便利。不同正极材料电池的开路电压也有所不同。通常获取准确开路电压需要制作半电池，但这种方法会破坏电池，不适用于获取大量电池的参数。获取开路电压的实验方法主要分为静置法和小倍率法，静置法是指将电池控制在某个 SOC 点，并经过静置消除极化作用后，测量电池的端电压即为电池的开路电压。这种方法只能获得指定 SOC 点的开路电压，难以获得连续的开路电压曲线且效率低。小倍率法是指通过小电流倍率对电池进行充放电，由于电池的极化作用和充放电电流呈正相关，因此认为小倍率时极化作用很弱，可以忽略，此时电池的电压曲线约等于开路电压曲线，同时对小倍率充放电的电压曲线取平均值来消除误差，即得到开路电压。为了得到完整连续的开路电压曲线，本章采用小倍率法进行实验。电极表面荷电状态就是电极活性颗粒表面锂离子浓度和最大锂离子浓度的比值。开路电压是电池电极的固有属性，正负极开路电压之差即为电池开路电压，电极开路电压是电极表面荷电状态的函数。

具体实验步骤如下：

①在25℃恒温箱中，用1C倍率对锂离子电池进行恒流充电，当电压达到3.6V时变为恒压充电，直到电流降为0.05C时停止，搁置1h，然后用1C倍率恒流放电，直到达到放电截止电压2V，之后静置1h；

②用0.05C倍率恒流充电工况将电池充电到截止电压3.6V，然后搁置1h；

③用0.05C倍率恒流放电工况将电池放电到截止电压2V；

④将步骤②~③得到的充放电电压曲线的相同SOC点的电压取平均值即为该SOC点的开路电压，绘制整条曲线的电压均值即为开路电压曲线。

2. 模拟退火算法

本章使用的参数辨识优化算法是模拟退火算法。模拟退火算法(Simulated Annealing，SA)是来自固体退火的基本原理和优化问题计算过程中的共同之处，是由Metropolis等提出来的。当固体升温后再慢慢降温，在这个过程中内部颗粒先内能变大，熵增变为无序，之后随着降温，颗粒逐渐有序，直到变为平衡态。由于该算法的特点是可以在求优化问题的局部最优解的过程给寻优过程一个变化并逐渐减小到零的概率以跳出局部，并一直搜索直到求出全局最优解，因此该算法是一种依靠概率执行的算法。在寻优过程中，如果此次迭代的值较上一次好，则接受此次迭代的值；如果此次迭代的值不如上一次的值，则以一定的概率接受当前的值，这个概率随着时间的推移逐渐减小。这个概率是通过Metropolis接受准则引入，这个概率为：

$$\exp(-\Delta E/kT) \tag{3-53}$$

式中，E为内能，J；k为玻尔兹曼常数；T为颗粒的温度，℃。

通过这样的基本方法，算法实现了跳出局部最优解，但为了防止在寻优过程中陷入局部最优，还需要给各参数设定参考范围。SA算法的执行步骤大致如下：

①在解空间中设定一个足够大的初始温度T_0、初始解$x(0)$以及最大迭代次数。

②在初始值$x(0)$附近随机产生$x(1)$，并计算能量值即优化目标值，再算f。

③先判断是否$\Delta f \leqslant 0$，若满足，则接受新值，令$x^{(1)}=x^{(0)}$，若不满足，则再根据一定概率接受新值，若$\exp(-\Delta f/(kT))>\mathrm{rand}(0,1)$则接受，否则不接受。

④判断目标函数是否小于一定阈值，若是则跳出循环完成求解得到辨识结果，若不是则再判断迭代次数是否满足最大值，若满足则完成优化目标得到最优解，若不满足则跳转到步骤②。

电池参数辨识的过程在MATLAB中进行，大致过程如图3-2所示，先利用输入的电流以及模型参数的参考值输出模型的端电压，再将模型的端电压与实验电压的误差作为优化目标，利用优化算法不断迭代调节待辨识的参数，当达到迭代次数要求时停止迭代，则认为待辨识参数的当前值即为辨识结果。

参数辨识的优化目标是整个放电区间的模型和实验电压的误差，这里使用均方根误差(Root Mean Square Error，RMSE)的概念，表达式如下：

$$\text{RMSE}=\sqrt{\frac{\sum_{i=1}^{n}\left[V_{\text{sim}}(i)-V_{\text{exp}}(i)\right]^{2}}{n}} \tag{3-54}$$

式中，i 为模型的仿真计算步长，同时也等于实验数据的采样间隔，n 为总的数据点个数，V_{sim}为模型输出电压，mV；V_{exp}为实际电压，mV。

参数辨识的大致流程如图 3－3 所示。

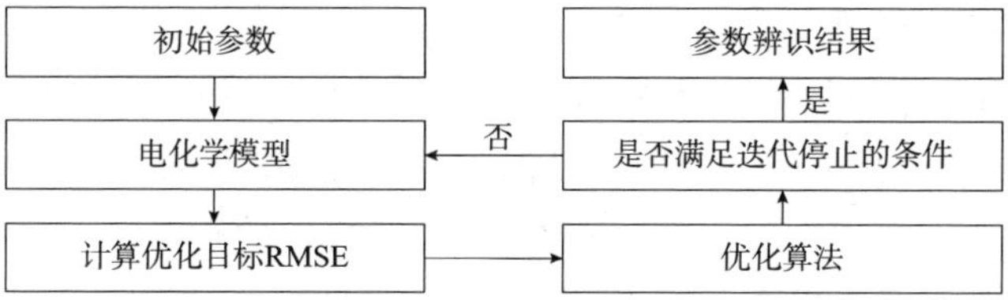

图 3－3　参数辨识过程

3. 模型及参数验证

本小节使用的模型为单粒子模型，在前文提出了利用传统的优化目标对模型参数辨识的方法，并对模型的参数进行了辨识，为了验证电化学模型的准确性和参数辨识结果的准确性，使用恒流工况对模型及参数辨识结果进行了验证。在MATLAB 中搭建的电化学模型是一个单输入单输出的模型，输入为电流，输出为电压，参数辨识结果验证的方法是将得到的参数替换模型中原本的参考参数，通过对比模型输出电压与实验数据的误差验证参数，如果模型输出的端电压与实验电压误差值足够小，则认为参数辨识结果较准确。

为了验证模型和参数的准确性，将辨识的参数结果代入原模型替换掉原参数，并分别输入电流为 0. 1C、0. 3C、0. 5C、2C 的恒流放电工况，分别得到模型的输出电压。再将电池放在 25℃ 的恒温箱中，并分别设定放电倍率为 0. 1C、0. 3C、0. 5C、2C，按照 1s 为时间间隔对数据采样，得到实际实验的电压数据，对比模型输出电压和实验电压的误差。

在实际实验过程中，当电流倍率小于 0. 5C 时，由于设备采样精度不够，虽然设定采样时间间隔为 1s，但少数点的时间间隔可能为 2s，这时需要使用插值法补全缺少的数据点，防止数据采样问题影响参数辨识的精度。

由图 3－4 可知，随着放电倍率的增大，电压误差也逐渐变大，当放电倍率为 0. 1C 时，电压最大误差为 49. 9mV；当放电倍率为 2C 时，电压误差达到最大，其最大误差可达 70. 8mV。

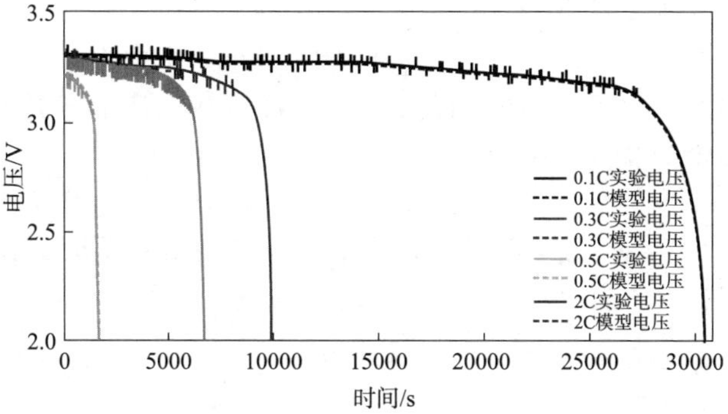

图 3－4　恒流工况模型电压与实验电压对比

3.2　等效电路模型

等效电路模型是用电阻、电容、电压源等电路元件构成电路，用来模拟锂离子电池动态特性的锂离子电池性能模型。该模型已广泛应用于新能源车辆和储能系统的相关研究。研究新能源车辆和储能系统的锂离子电池性能模型对于此类车辆和系统的仿真以及 SOC 估计和锂离子电池的正确管理具有重要意义。对锂离子电池模型的研究多从锂离子电池使用和管理的角度进行，而不是从设计和生产的角度。因此，通过电路和数学方法的应用，在分析中一般采用等效电路模型，因此成为应用最广泛的锂离子电池模型。文献介绍了几种典型的等效电路模型，提出了一种通用的电池模型。文献在典型模型的基础上提出了一种改进的等效电路模型。

电池等效电路模型是根据电池工作原理，通过电路网络描述锂离子电池的工作特性。因此，这些模型可用于进一步分析各种类型的电池。为了满足模拟技术的需要，开发了许多锂离子电池等效电路模型。文献将现有的建立等效电路模型的方法分为时域和频域两类。时域分析模型主要采用锂离子电池电压和电流数据，而频域分析模型主要采用锂离子电池阻抗测量的奈奎斯特图和波德图。最常用的等效电路模型是通过时域分析建立的。本章重点介绍了 RC、PNGV、戴维南和改进的戴维南模型。

3.2.1　RC 模型

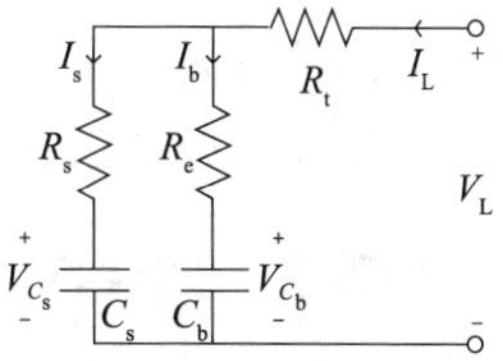

图 3－5　RC 模型

RC 模型由两个电容和三个电阻组成，如图 3－5 所示。大电容 C_b 描述了锂离子电池存储电荷的能力，小电容 C_s 表示锂离子电池的表面容量和扩散效应，R_t 是端电阻，R_s是表面电阻，R_e是端电阻。

两个电容两端的电压 V_{C_b}和 V_{C_s}是状态变量，端子电流 I_L是输入变量，端子电压 V_L是输出变量。公式(3－55)和公式(3－56)是基于基尔霍夫定律制定的，从中推导出 RC 模型的状态空间方程。

$$\begin{bmatrix}\dot{V}_{C_b}\\ \dot{V}_{C_s}\end{bmatrix}=\begin{bmatrix}-\dfrac{1}{(R_e+R_s)C_b} & \dfrac{1}{(R_e+R_s)C_b}\\ \dfrac{1}{(R_e+R_s)C_s} & -\dfrac{1}{(R_e+R_s)C_s}\end{bmatrix}\begin{bmatrix}V_{C_b}\\ V_{C_s}\end{bmatrix}+\begin{bmatrix}\dfrac{R_s}{(R_e+R_s)C_b}\\ \dfrac{R_e}{(R_e+R_s)C_s}\end{bmatrix}I_L \tag{3-55}$$

$$V_L=\begin{bmatrix}\dfrac{R_s}{R_e+R_s} & \dfrac{R_e}{R_e+R_s}\end{bmatrix}\begin{bmatrix}V_{C_b}\\ V_{C_s}\end{bmatrix}+\left(\dfrac{R_eR_s}{R_e+R_s}+R_t\right)I_L \tag{3-56}$$

文献使用 RC 模型建立了扩展卡尔曼滤波器，文献使用 RC 模型开发了用于锂离子电池 SOC 估计的滑模控制器。

3.2.2 Thevenin 模型

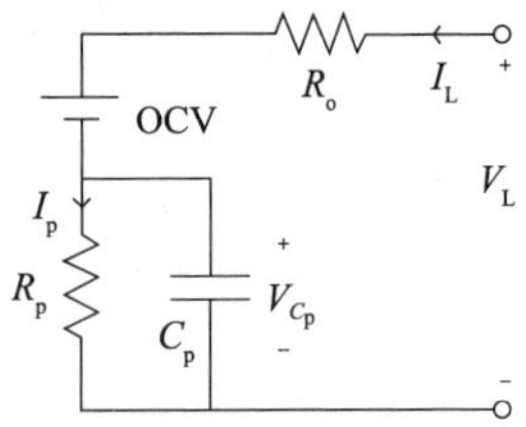

图 3－6 Thevenin 模型

图 3－6 所示的 Thevenin 模型是一种常用的模型。该模型通过理想电压源描述了锂离子电池的开路电压，并使用串联电阻 R_o 和 RC 并联网络(R_p 和 C_p)预测锂离子电池在一定 SOC 下对瞬时负载的响应。

电容 C_p两端的电压 V_{C_p}是状态变量，端子电流 I_L是输入变量，端子电压 V_L是输出变量。然后根据基尔霍夫定律公式推导出 Thevenin 模型的状态空间方程。

$$\dot{V}_{C_p}=-\frac{1}{R_pC_p}V_{C_p}+\frac{1}{C_p}I_L \tag{3-57}$$

$$V_L=V_{C_p}+R_oI_L+\mathrm{OCV} \tag{3-58}$$

由于其可比的简单性和满足锂离子电池基本要求的能力，Thevenin 模型得到了广泛的应用。然而，如果 OCV 不随 SOC 变化，则该模型只能用于描述锂离子电池在一定 SOC 下的临时响应。相应地，该模型既不能用于描述锂电池的稳定电压变化，也不能用于预测其运行持续时间。该模型未能描述电池的 OCV 和 SOC 之间的关系，也未能预测其运行寿命和充放电管理。某些类型的微分电路，如电容器，可以通过在电路中添加一些组件来形成，以获得改进的模拟效果。

3.2.3 PNGV 模型

PNGV 模型是通过将电容器 C_o添加到 Thevenin 模型中获得的，如图 3－7 所示。该模型具有明显的物理意义，理想电压源 OCV 表示锂离子电池的 OCV。电阻 R_o是电池的欧姆内阻，电阻 R_p 是极化内阻，电容 C_p 是极化容量，I_L是负载电流，I_p 是极化电流，V_L是端子电压，电容 C_o是指负载电流 I_L及时积分引起的 OCV 变化。当锂离子电池处于充电或放电状态时，电流随时间的积累会改变 SOC，这反过来又会进一步改变电池的 OCV，由电容器 C_o上的电压变化表示。在该模型中，电容 C_o不仅代表锂离子电池的容量，还代表其直流响应，从而弥补了 Thevenin 模型的不足。

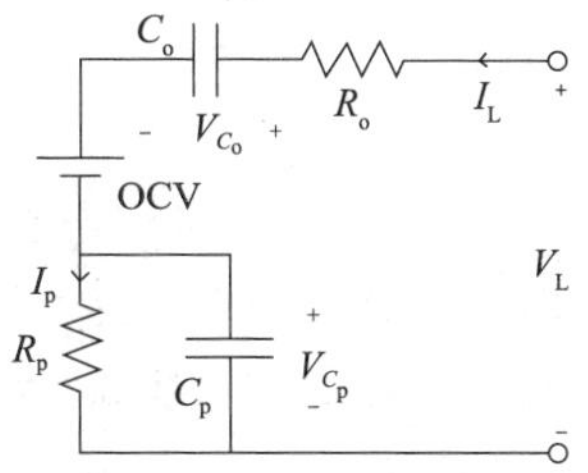

图 3－7　PNGV 模型

电容 C_o两端的电压 V_{C_o}和电容 C_p两端的电压 V_{C_p}是状态变量，端子电流 I_L是输入变量，端子电压 V_L是输出变量。然后基于基尔霍夫定律推导 PNGV 模型状态空间方程如公式(3－59)和公式(3－60)所示。

$$\begin{bmatrix}\dot{V}_{C_o}\\ \dot{V}_{C_p}\end{bmatrix}=\begin{bmatrix}0 & 0\\ 0 & -\dfrac{1}{R_pC_p}\end{bmatrix}\begin{bmatrix}V_{C_o}\\ V_{C_p}\end{bmatrix}+\begin{bmatrix}\dfrac{1}{C_o}\\ \dfrac{1}{C_p}\end{bmatrix}I_L \tag{3-59}$$

$$V_L=[1\quad 1]\begin{bmatrix}V_{C_o}\\ V_{C_p}\end{bmatrix}+R_oI_L+\mathrm{OCV} \tag{3-60}$$

3.2.4 改进的戴维南模型

锂离子电池的单极模型不能总是满足动态性能的要求，因此，研究人员引入了许多双极和多极模型。在该模型中，理想电压源代表锂离子电池的 OCV，电阻 R_o是欧姆内阻，电阻 R_e是电化学极化内阻，电容 C_e是电化学极化电容，电阻 R_c 是浓度极化内电容，电容 C_c是浓度极化电容，V_{C_e}是电化学极化电压，V_{C_c}是浓度极化电压，I_L是负载电流，V_L是端子电压(图 3－8)。

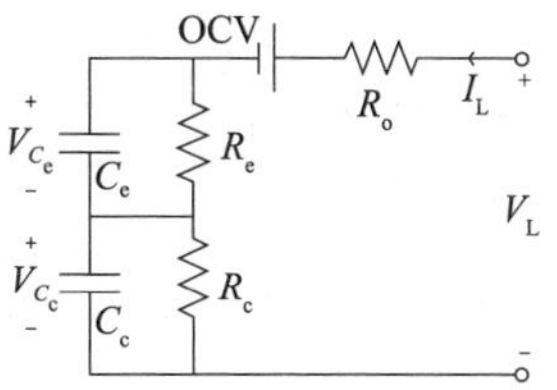

图 3－8　改进的 Thevenin 模型

电化学极化电压 V_{C_e}和浓度极化电压 V_{C_c}是状态变量，端电流 I_L是输入变量，端电压 V_L是输出变量。修正的 Thevenin 模型状态空间公式如下所示。

$$\begin{bmatrix}\dot{V}_{C_e}\\ \dot{V}_{C_c}\end{bmatrix}=\begin{bmatrix}-\dfrac{1}{R_eC_e} & 0\\ 0 & -\dfrac{1}{R_cC_c}\end{bmatrix}\begin{bmatrix}V_{C_e}\\ V_{C_c}\end{bmatrix}+\begin{bmatrix}\dfrac{1}{C_e}\\ \dfrac{1}{C_c}\end{bmatrix}I_L \tag{3-61}$$

$$V_L = [1 \quad 1]\begin{bmatrix} V_{C_e} \\ V_{C_c} \end{bmatrix} + R_o I_L + OCV \tag{3-62}$$

改进的 Thevenin 模型的极化包括电池动态特性的精确演示。由于对锂离子电池性能的要求越来越高，该型号的使用越来越多。然而，与原始版本类似，修改后的 Thevenin 模型未能描述由负载电流 I_L 的及时积分引起的 OCV 变化。如果 Thevenin 模型中的 OCV 是一个变量，那么锂离子电池 OCV－SOC 关系等效可以取代 PNGV 模型中的电容 C_0。尽管存在不足，但 Thevenin 模型及其修改版本仍然具有重要的现实意义。

3.2.5 其他模型

文献详细介绍了恒相元件 CPE。该等效电路部件可用于描述基于阻抗的等效电路模型。CPE 阻抗有多种定义，其中一种定义如下所示。

$$Z_{CPE} = \frac{1}{T\,(j\omega)^{\phi}} \tag{3-63}$$

式中，T 为常数，ϕ 与复平面上纯电容线的旋转角度有关。一般情况下，$\phi = 1$ 表示纯电容，$\phi = 0.5$ 表示无限 Warburg 阻抗，$\phi = 0$ 表示纯阻抗，$\phi = -1$ 表示纯电感。

文献建立了一个基于阻抗的通用等效电路模型，如图 3－9 所示。在该模型中，L 是寄生电感，R_o是欧姆内阻，C_{DL}表示双电极层，R_{CT}是电荷转移，Z_W是表示扩散的 Warburg 阻抗。这种基于阻抗的通用等效电路模型仅适用于由于阻抗测量或从频率到时域的转换困难而导致频率已经固定或已知的情况。

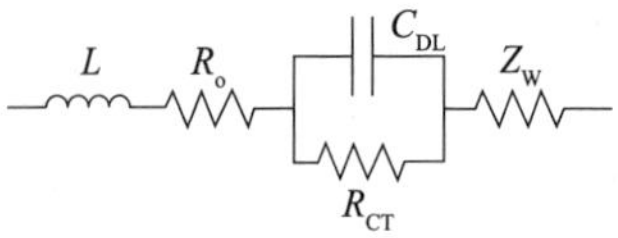

图 3－9　阻抗等效电路模型

文献介绍并比较了几种二阶和三阶等效电路模型，其工作原理与改进的 Thevenin 模型相似。文献提出了一种 Randle 等效电路模型。该模型将 Thevenin 模型的极化电阻一分为二，并根据其物理意义分别描述了其功能。文献介绍了 Massimo－Ceraolo 等效电路模型，这是一种具有自放电电阻的改良 Thevenin 模型，类似于文献中的 GNL 模型。

3.2.6 参数辨识方法研究现状

现有的锂离子电池模型参数辨识方法大致可分为两类。属于第一类的方法通过计算方程确定模型参数，并且仅适用于特定的模型。相比之下，属于第二类通过数据拟合获得模型参数，适用于大多数模型。尽管如此，这两种方法只能通过辅助实验来采用。以下详细解释三种模型识别方法。

1. 参数辨识方法1

文献详细解释了RC模型的计算。其机制将在随后的段落中解释。首先，应计算电容C_b。储能电容C_b可以通过0SOC和100% SOC下的OCV确定，并且等于锂离子电池的额定容量Q_{rated}。则有：

$$C_b = \frac{2Q_{rated}V_{100\%SOC}}{V_{100\%SOC}^2 - V_{0SOC}^2} \tag{3-64}$$

其次，应识别电容C_s。进行了如图3-10所示的脉冲放电实验；在空载时可以假设为近似为$V_1 = V_3 + (V_4 - V_3)(1 - e^{t/\tau})$并且可以推导出时间常数$\tau$。给定时间常数$\tau = (R_e + R_s)C_s$，其中$C_s = \frac{\tau}{R_e + R_s}$。

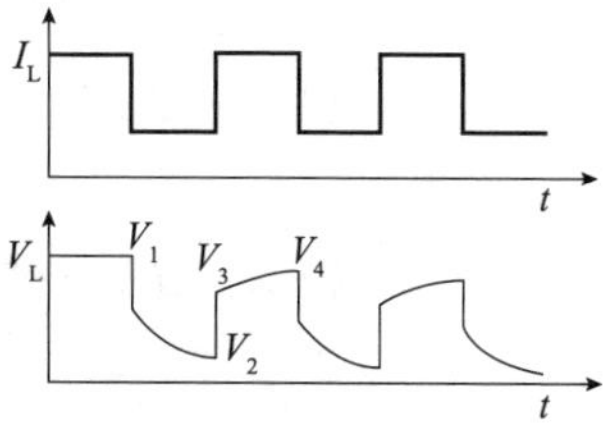

图3-10　放电脉冲实验图

最后，应估计电阻R_t、R_e和R_s。假定R_e等于R_s，并且包括总电阻的80%。R_t、R_e和R_s可以从测量的总电阻中计算出来。前款所述的鉴定方法较粗糙，但可以满足一般要求。

2. 参数辨识方法2

文献详细介绍了PNGV模型中采用的参数识别方法，具体步骤如下。

①进行HPPC实验。通过等间隔SOC的HPPC实验可以获得时间t_k、端电流$I_{L,k}$和端子电压$V_{L,k}$。终端电流接通时间的积分$(\sum I_L \Delta t)_k$可以用公式(3-65)计算。这个积分是指电荷与其初始状态相比的变化。

$$\left(\sum I_L \Delta t\right)_k = \left(\sum I_L \Delta t\right)_{k-1} + \frac{I_{L,k} + I_{L,k-1}}{2} \cdot \Delta t \tag{3-65}$$

②进行多元线性回归分析。估计了极化时间常数τ，并使用公式(3-66)计算了极化电流$I_{p,k}$。$(\sum I_L \Delta t)_k$和$I_{p,k}$是自变量，以及$V_{L,k}$为因变量。基于公式(3-67)进行多元线性回归分析，从中推导出模型参数OCV、$1/C_o$、R_o和R_p以及拟合确定系数R_2。

$$I_{p,k} = \left(1 - \frac{1 - e^{-\Delta t/\tau}}{\Delta t/\tau}\right) \cdot I_{L,k} + \left(\frac{1 - e^{-\Delta t/\tau}}{\Delta t/\tau} - e^{-\Delta t/\tau}\right) \cdot I_{L,k-1} + e^{-\Delta t/\tau} \cdot I_{p,k-1} \tag{3-66}$$

$$V_{L,k} = OCV + (1/C_o) \cdot \left(\sum I_L \Delta t\right)_k + R_o \cdot I_{L,k} + R_p \cdot I_{p,k} \tag{3-67}$$

③确定模型参数。改变极化时间常数τ以重复上述过程，直到获得最大拟合确定系数R_2，从中推导出τ值下的模型参数OCV、C_o、R_o、R_p和C。

这种识别方法适用于PNGV模型、Thevenin模型、修正的Thevenin模型和其他极化模型。

3. 参数辨识方法3

文献介绍了通过 z 变换方法识别模型参数，具体步骤如下。

①应该获得 s 域方程。对于图 3－7 所示的 PNGV 模型，OCV 是一个常数，并且是一个新的端子电压 $V'_{\mathrm{L}} = V_{\mathrm{L}} - \mathrm{OCV}$，当常数去掉电路时可以得到。电路的 s 方程为：

$$V'_{\mathrm{L}}(s) = \left(\frac{R_{\mathrm{p}}}{sR_{\mathrm{p}}C_{\mathrm{p}}} + \frac{1}{sC_{\mathrm{o}}} + R_{\mathrm{o}}\right) \times I_{\mathrm{L}}(s) \tag{3-68}$$

②应该得到离散的 s 域方程。对得到的 s 域公式进行 z 变换，可以得到以下离散差分公式：

$$v'(k) = av'(k-2) + bv'(k-2) + ci(k) + di(k-1) + ei(k-2) \tag{3-69}$$

其中 $a = 1 + \mathrm{e}^{-\theta T}$，$b = -\mathrm{e}^{-\theta T}$，$c = -R_{\mathrm{o}}$，$d = -2R_{\mathrm{p}} - (1 - \mathrm{e}^{-\theta T})(R_{\mathrm{o}} + R_{\mathrm{p}}) - T/C_{\mathrm{o}}$，$e = R_{\mathrm{p}} - (1 - \mathrm{e}^{-\theta T})(R_{\mathrm{o}} + R_{\mathrm{p}})\mathrm{e}^{-\theta T} + \mathrm{e}^{-\theta T}T/C_{\mathrm{o}}$，$\theta = 1/R_{\mathrm{p}}C_{\mathrm{p}}$，$T$ 为采样时间。

③应确定参数 a、b、c、d 和 e，并计算模型参数。公式(3－69)可以改写为：

$$\nu'(k) = \varphi^{T}(k)\lambda \tag{3-70}$$

$$\varphi^{T}(k) = [v'(k-1) \quad v'(k-2) \quad i(k) \quad i(k-1) \quad i(k-2)] \tag{3-71}$$

$$\lambda = [a \quad b \quad c \quad d \quad e]^{T} \tag{3-72}$$

递归最小二乘可以表示如下：

$$\hat{\lambda}_{k+1} = \lambda_{k+1} + G_{k+1}[u_{k+1} - \varphi_{k+1}^{T}\lambda_{k}] \tag{3-73}$$

其中，$G_{k+1} = \dfrac{P_{k}\varphi_{k+1}}{1 + \varphi_{k+1}^{T}P_{k}\varphi_{k+1}}$和 $P_{k+1} = P_{k} - G_{k+1}\varphi_{k+1}^{T}P_{k}$ 在用递归最小二乘法获得 a、b、c、d 和 e 之后，可以根据已知数据通过计算获得模型参数。

文献还介绍了具有加权因子的递归最小二乘法，并作为补充，描述了该方法应用的一些细节。

4. 其他参数辨识的方法

文献都通过考虑电路对脉冲电荷的响应并进行放电实验确定模型的欧姆内阻。然后，这些研究使用最小二乘法基于其他电路关系拟合模型参数。文献提出了一种 CPE 模型参数计算方法，文献使用小信号方波确定 CPE 模型的时域参数。文献提出 Randle 模型的欧姆电阻随着放电而线性变化，其余两个电阻与放电时间呈指数关系。通过放电实验和非线性最小二乘法对模型参数进行了识别。

3.2.7 案例分析

基于上述所讲述的参数辨识方法，本节选用基于遗传算法对等效电路模型进行辨识。遗传算法，在参数辨识算法中被经常使用的方法之一，是根据大自然适者生存的进化理论建立的理论体系对模型参数进行搜索的求解算法。其特点是具有很好的全局寻优能力，与此同时还可以很好地辨识一些高度非线性系统的模型参数，对于一些模型较为复杂的、规模较大的或者待辨识的参数较多时更适用，能够避免出现参数局部最优现象发生。图 3－11 为遗传算法的具体流程。

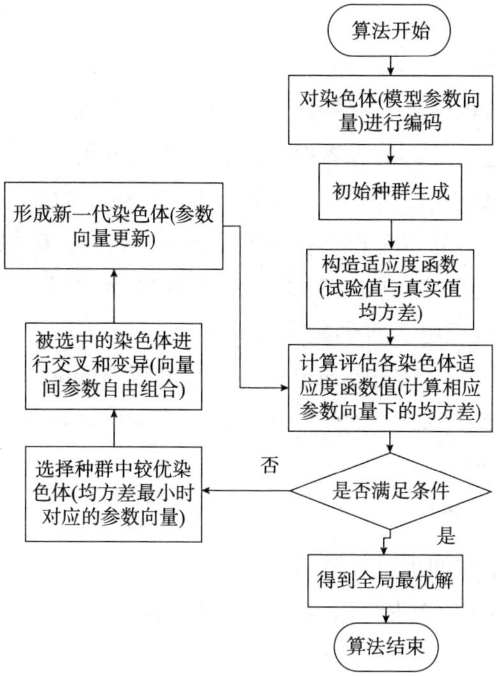

图 3－11　遗传算法流程图

由于生物是遵循优胜劣汰法则的，适应周围环境的能够继续生存下来，而不适应环境的只能被大自然淘汰，显示了大自然对动植物的选择作用，也体现了动植物对大自然的适应程度，是相互作用、相互约束的结果。遗传算法在参数辨识过程中，很好地利用了这一法则演示了参数在目标函数的约束下的自我选择更替过程，一直将目标函数的约束力作用于参数集，直到满足误差需求，最终得到的参数集正是全局最优的参数集合，也是被选择胜出而适应环境的个体，在此基础上，遗传算法还有独特而又严谨的高精度操作即对参数集进行选择再交叉，最后再进行变异操作。一代又一代进行以上遗传优胜劣汰过程，使所得参数集都比先前的更适应环境，即更加满足约束函数，无限接近最优解。

1. 遗传算法

辨识的具体步骤：①给出待辨识参数的上下界，设置种群特性参数，包括种群个体量，代数上限，交叉率，还有变异率。将个体量定为 80，迭代代数上限定为1000，取交叉率为0.7，变异率设为0.4；

②生成初始种群；

③计算种群个体适应度；

④对种群进行选择、交叉、变异，获得子代；

⑤返回步骤③。

2. 容量标定实验

室温下，对所选电池进行实验，全过程共七个步骤：

①先将电池组达到足够的静置时间，得到充分静置；

②用起始放电电流 -1.375 进行放电，当放电电压为2.5V 时停止放电操作；

③接下来继续进行静置工作，这里要求静置30min，确保充分静置；

④开始充电操作，充电电流大小和放电电流大小一致，取放电电流为1.375A 对电池组进行充电，直到截止电流为止；

⑤继续静置操作，让充完电的电池组充分静置30min；

⑥回到步骤②开始循环，依此循环次数达三次后循环结束，然后跳出循环；

⑦最后再静置2min。

3. HPPC 实验步骤

①使用容量标定完的电池，静置1h；

②以 -1.35A 的 CCCV 脉冲10s，然后静置40s，接下来以1.35A 的 CCCV 脉冲10s，然后静置1min；

③以 -2.7A 的 CCCV 脉冲10s，然后静置40s，接下来以2.7A 的 CCCV 脉冲10s，然后静置1min；

④以 -5.4A 的 CCCV 脉冲10s，然后静置40s，接下来以5.4A 的 CCCV 脉冲10s，然后静置1min；

⑤以 -8.1A 的 CCCV 脉冲10s，然后静置40s，接下来以8.1A 的 CCCV 的脉冲10s，然后静置1min；

⑥以 -1.375A 的电流放电，放电量为10% SOC；

⑦静置1h；

⑧返回步骤②，循环九次跳出。

为了更细化 SOC 的辨识区间并减小后期各模型参数拟合插值过程中的误差，选择10个 SOC 单点进行相关脉冲实验，即 SOC 具体值分别为100%、90%、80%、…、10%、0时的单点情况下进行相关脉冲实验。图3-12是工况 HPPC 的电流电压响应图以及单体在 SOC =80% 单点下的脉冲电流与端电压响应，其中图3-12(a)是 HPPC 工况下的脉冲电流响应图，图3-12(b)是 SOC =80% 单点下的脉冲电流响应放大图，图 3－12(c)是 HPPC 工况下的脉冲电压响应图，图 3－12(d)是 SOC＝80%单点下的脉冲电压响应放大图。

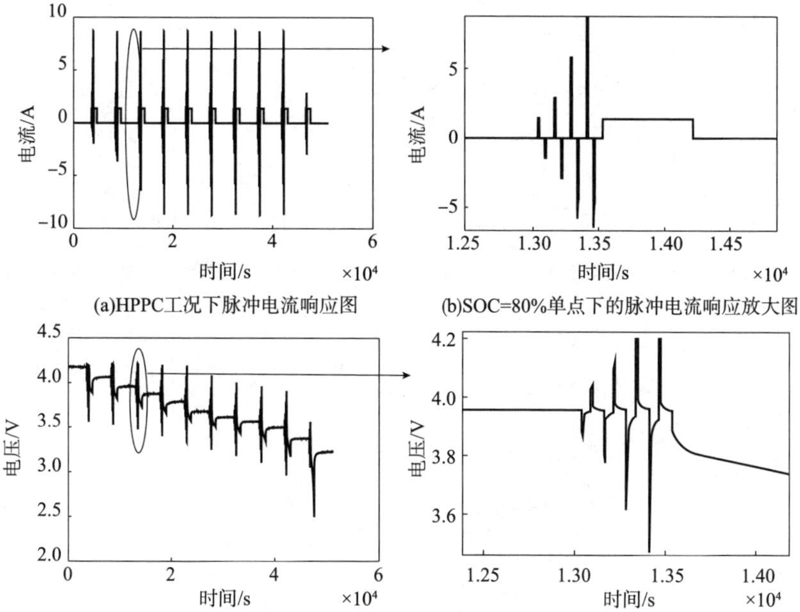

(a)HPPC工况下脉冲电流响应图　(b)SOC=80%单点下的脉冲电流响应放大图

(c)HPPC工况下脉冲电压响应图　(d)SOC=80%单点下的脉冲电压响应放大图

图 3－12　HPPC 电流电压及 SOC＝80%单点下的脉冲电流与端电压响应图

对 Thevenin 模型 HPPC 参数辨识结果进行分析，为了更全面地了解和掌握动力电池在不同电量状态时的具体表现，在 10%～100%的 SOC 单点分布数列中，挑选出最具代表性的三项单点值，并对相应的状态物理量值进行分析，图 3－13(a)是 SOC 单点为 100%时实验电压与预测电压对比曲线，图 3－13(b)是 SOC 单点为 50%时实验电压与预测电压对比曲线，图 3－13(c)是 SOC 单点为 10%时实验电压与预测电压对比曲线。

在动力电池 SOC 单点间隔为 10%的跨度区间设置好具体 SOC 单点分布值，具体数值分别为 100%、90%、80%、…、10%、0，分别利用 HPPC 工况下的大数据进行参数辨识并得到各个参数的具体数值，这些参数包括电池内部极化反应的极化电阻R_p、极化电容C_p、充电欧姆电阻R_{ch}以及放电欧姆电阻R_{dch}如表 3－1 所示。从表中数据分析可知，RC 网络由极化电阻R_p和极化电容C_p组成，充电欧姆电阻R_{ch}，以及放电欧姆电阻R_{dch}这四个参数都有两个极端情况，即当 SOC 单点分别为 100%和 10%时的参数值反常于其他单点区间，而中间单点区间段参数值相对较平稳。比如R_p在 SOC 为 100%时参数值为 0. 099，而当 SOC 为 10%时为 0. 035；再如极化电容C_p在 SOC 单点为 10%时仅为 364. 69，可见 SOC 单点对参数值影响很大。

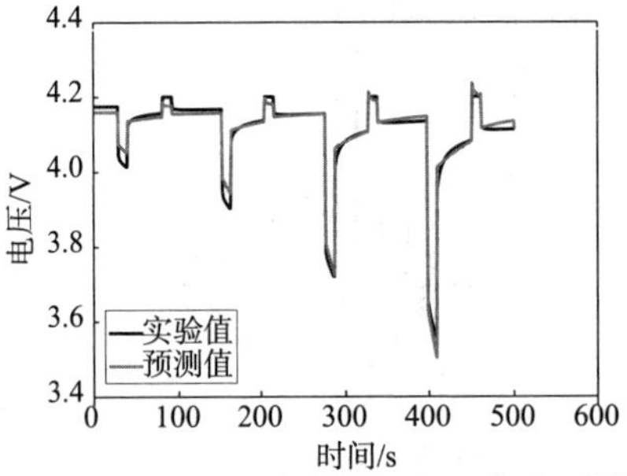

(a)SOC=100%时实验与预测电压值对比曲线

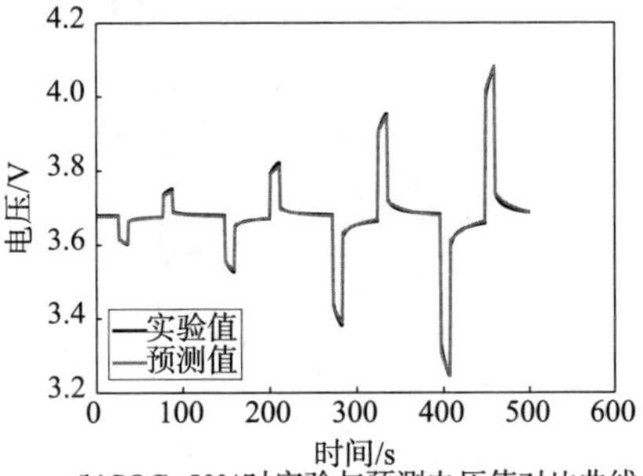

(b)SOC=50%时实验与预测电压值对比曲线

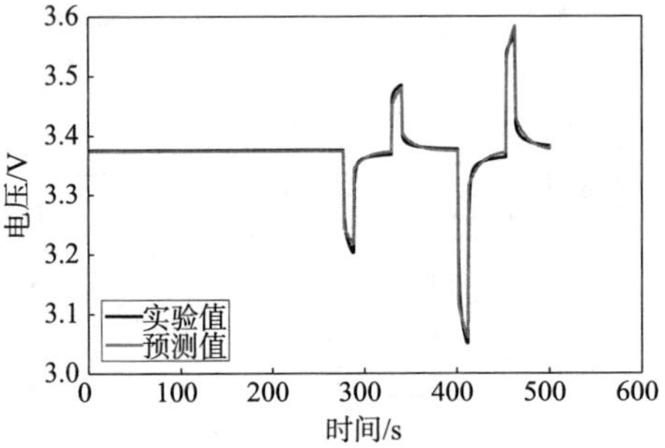

(c)SOC=10%时实验与预测电压值对比曲线

图 3－13　SOC＝100%、50%、10%时实验与预测电压值对比图

表 3－1　HPPC 测试实验数据计算得到的各项参数值

SOC	R_{ch}	R_{dch}	R_p	C_p
1	0. 078	0. 059	0. 099	641. 48
0. 9	0. 058	0. 052	0. 053	709. 83
0. 8	0. 046	0. 047	0. 037	837. 35
0. 7	0. 043	0. 045	0. 034	911. 17
0. 6	0. 042	0. 044	0. 037	961. 93
0. 5	0. 040	0. 042	0. 021	1140. 24
0. 4	0. 040	0. 043	0. 020	1181. 56
0. 3	0. 041	0. 045	0. 022	1152. 83
0. 2	0. 043	0. 053	0. 026	1018. 13
0. 1	0. 05	0. 089	0. 035	364. 69

分析改进后的 Thevenin 模型预测结果。图 3－14(a)是 SOC 单点为 100%实验与模型预测电压对比曲线，图 3－14(b)是 SOC 单点为 50%实验与模型预测电压对比曲线，图 3－14(c)是 SOC 单点为 10%电压与模型预测电压对比曲线，图

3 - 14(d)为改进前后模型总体误差对比曲线。

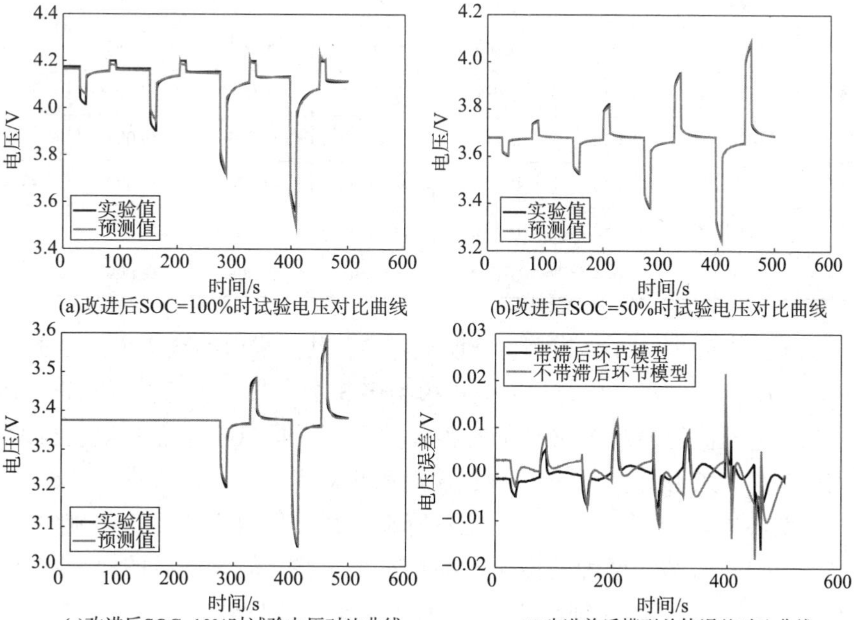

(a)改进后SOC=100%时试验电压对比曲线
(b)改进后SOC=50%时试验电压对比曲线
(c)改进后SOC=10%时试验电压对比曲线
(d)改进前后模型总体误差对比曲线

图 3 - 14 改进后 SOC = 100%、50%、10% 时电压对比图及前后总体误差曲线

由图 3 - 14(d)分析可知模型改进前后的模型误差变化很大，改进前的误差最小值为 0.2%，最大值为 2.1%；而改进后带有滞后模块的模型误差得到了提升，最小误差可达到 0.1%，最大误差降低为 1.6%。同理在 SOC 单点数值分别为 100%、90%、80%、…、10%、0 利用 HPPC 工况下的大数据进行参数辨识并得到各个参数的具体数值，改进后的新模型在此基础上增加了区分充放电时的欧姆电阻和滞后模块，所有改进前需要辨识参数不变的同时增加电池在充电状态时的欧姆电阻R_{ch}；电池在放电状态时的欧姆电阻R_{dch}；电池在充电状态时的滞后模块D_{ch}；电池在放电状态时滞后模块D_{dch}；以及衰减因子 ε，各项参数值如表 3 - 2 所示。

表 3 - 2 改进后模型 HPPC 测试计算得到的各项参数值

SOC	R_{ch}	R_{dch}	R_p	C_p	ε	D_{ch}	D_{dch}
1.0	0.072	0.057	0.033	624.85	0.005	0.099	-0.099
0.9	0.057	0.050	0.019	656.45	0.007	0.010	-0.067
0.8	0.046	0.046	0.013	778.51	0.006	0.011	-0.083
0.7	0.042	0.044	0.012	904.83	0.005	0.099	-0.088

续表

SOC	R_{ch}	R_{dch}	R_p	C_p	ε	D_{ch}	D_{dch}
0.6	0.042	0.044	0.033	950.47	0.001	0.015	-0.058
0.5	0.042	0.043	0.100	837.37	0.008	-0.056	0.079
0.4	0.040	0.042	0.009	1113.17	0.003	0.097	-0.083
0.3	0.041	0.045	0.009	1094.92	-0.003	0.099	-0.086
0.2	0.042	0.052	0.010	912.86	-0.004	0.099	-0.085
0.1	0.052	0.084	0.022	192.30	0.008	0.099	-0.069

相比未改进的 Thevenin 模型参数明显增多，共需辨识参数 7 个，分别是R_{ch}、R_{dch}、D_{ch}、D_{dch}、ε、R_p、C_p。比未改进模型多 3 个参数，但精度得到很大改善。实验与预测电压值的误差与 SOC 值有很大关系，不同 SOC 单点其误差也发生改变，无论是高 SOC 段还是低 SOC 段，误差都相对大一些，而改进后的模型在高 SOC 段和低 SOC 段对误差起到了一定的降低作用。但效果并不是特别明显。而在 30% ~70% SOC 段，两种模型误差都相对小一些，但改进后的模型在此阶段对误差也得到了小幅度的降低，图 3-14(d)为改进前后模型总体误差曲线图。

通过对传统的 Thevenin 模型进行充放电欧姆电阻加以区分和辨识，以及对滞后模块的充放电区分，首先，有效地降低了电池因不同充放电状态欧姆电阻和滞后弥补值不同带来的误差，但模型参数却由 4 个增加到 7 个，参数辨识过程将冗杂。其次，滞后环节的设计整体上对模型的全局误差都起到了修正作用，对电池极化效应带来的电压滞后现象起到及时补偿效果，但也给模型计算量带来难度，SOC =50% 时带滞后最大误差为 1.73%，不带滞后最大误差为 2.17%，将误差提高了 0.44%，但在两个极端 SOC 段误差并没有得到有效改善，修正效果没有全局性。

3.3 数据驱动模型

数据驱动的方法需要执行大量的历史数据。该系统的历史数据和在线监测信息用于培训先进的数据驱动的机器学习工具，用于电池性能预测、检测或评估。SOC、SOH 和 RUL 可以使用各种数据驱动技术(如机器学习)进行测量。随着人工智能技术的发展，机器学习方法越来越多地应用于电池状态评估中。与基于模型的方法相比，数据驱动的估计方法需要有限的电池内部特性知识和更少的设计时间。使用数据驱动模型的优点是集成了多个参数，但数据质量、数量和可用性起着关键作用。有许多数据驱动的 SOC 估计技术。主要的数据驱动 SOC 估计方法有前馈神经网络(Feed Forward Neural Network, FFNN)、分类和回归、概率、递归神经网络(Recurrent Neural Networks, RNN)、基于规则、贝叶斯网络(Bayesian Network, BN)和汉明神经网络(Hamming Neural Network, HNN)算法。这些方法也用于 SOH 和 RUL 估计。

3.3.1 前馈神经网络

前馈神经网络(FFNN)模型使用输入、隐藏和输出层。FFNN 由神经元层组成。第一层是输入层，最后一层是输出层，中间层是隐藏层，如图 3-15 所示。

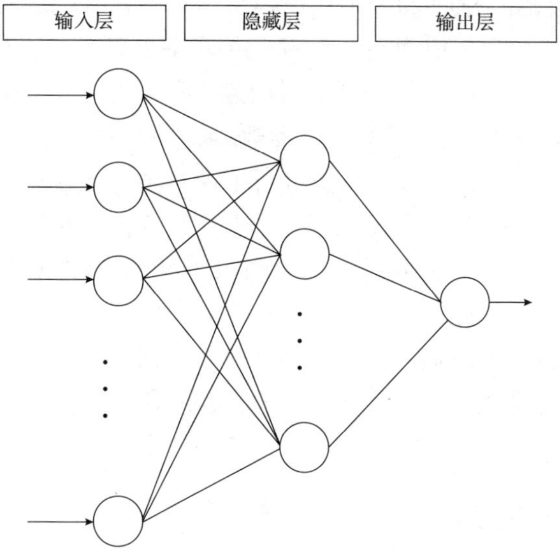

图 3-15 前馈神经网络

输出层使用隐藏的神经层数据估计 SOC、SOH 和 RUL。关于文献中是否有足够的隐含层存在着不同的观点。一些研究人员认为，有两个隐藏层产生的神经元比只有一个隐藏层的网络产生的神经元要少，从理论上证明了这一点。另外，文献资料表明，只有一个隐藏层可以实现更好的网络，因为有几个隐藏层的网络容易陷入较差的局部极小值。文献资料提出了一种带前馈-反向传播的三层人工神经网络来预测电池的荷电状态。通过选择非常规输入变量进行估计。通过线性相关分析、非参数相关分析和部分相关分析，从基本变量(如放电电流、放电时间和蓄电池端子电压)中选择非常规输入。作者指出，使用非常规投入估算 SOC 更准确(绝对误差小于 5%)。采用前馈多层人工神经网络，采用 Levenberg-Marquardt 反向传播模型进行神经网络训练。该结构利用并训练一个分类神经网络对电池输入进行预处理，并对电池空闲、充放电等节点进行分类。该方法的平均准确率为 3.8% 或 2.6%，比其他神经网络更准确。提出的神经网络模型几乎可以使用任何电池的操作数据训练，而不是必须使用特定数据集训练的基于等效电路的方法。然而，该模型没有考虑应用环境中的温度变化和电池退化。文献采用 FFNN 和径向基函数神经网络对 $LiFePO_4$ 电池进行荷电状态估计。提出的 SOC 估计方法输入终端电压、放电电流和电池温度数据。输出是 $LiFePO_4$ 电池在不同放电条件下的 SOC 估计值。利用改进的 FFNN 方法对 SOC 进行精确估计，提出了一种优化和改进的 FFNN。作者在恒温条件下对磷酸铁锂电池进行了测试。实验结果表明，该方法能够在实际运行条件下对电池 SOC 进行估计，神经网络算法的估计误差小于 3%，满足行业最大误差 5% 的要求。在文献中，应用反向传播技术估计铅酸蓄电池的 SOC 和 SOH。该模型考虑了输入端的实时电池电压和电流以及输出端的 SOC 和 SOH 估计。实验和仿真结果表明，该模型估计误差约为 1.2%，计算时间短。SOH 估计需要长时间连续和电池老化数据。该方法不考虑温度，为了提高估计精度，应考虑温度参数。提出了一种基于 FFNN 和重要性抽样的锂离子电池 RUL 在线估计方法，分析了锂离子电池在充电过程中的端电压曲线。实验结果表明，FFNN 结合采样的重要性，提高了精度估计，实际操作误差小于 5%，与 FNN 和 CNN 分别为 58% 和 46% 相比，LSTM 技术具有较低的记忆质量(25%)。结果表明，FFNN 比 CNN 能更好地估计电池性能退化。当数据集包含再生现象或时间序列数据时，不建议应用 CNN。LSTM 表示 RNN 的变体。LSTM 是一种用于根据输入(如电流、电压和温度)估计电池参数(如 SOC、SOH 和 RUL)的技术。

3.3.2 分类回归机器学习算法

分类回归机器学习算法是解决过拟合问题，并允许在大数据集的情况下进行更精确的参数估计。分类技术能够估计目标类别。由输入的目标类别组成，即一个训练数据集，其中必须包含对一组预测值进行分析的对象。输出(目标类)是一个将每个对象与特定标签(类别)关联的模型。一方面，利用分类算法查找预测器值与目标标签之间的关系；另一方面，利用回归技术预测数值。这些技术对包含对象(输入)的训练数据集具有鲁棒性。每个对象基于一组预测值进行评估，而输出(目标类)是一个将特定值与每个对象关联的模型(分类器)。分类和回归算法允许构建一个模型，该模型能够通过观察一组标记实例预测看不见的输出。电池监测中最常用的分类和回归算法是支持向量机(Support Vector Machine，SVM)。SVM 算法是目前机器学习的主流算法之一。该算法的潜力在于能够很好地解决非线性和高密度条件，利用核函数将非线性问题转化为线性问题。例如，应用 SVM 估计大规模锂离子聚合物电池组的充电状态。均方根误差为 2.5%，最大误差为 3%。通过比较 SVR 和 ANN，估计锂电池的 SOC。与 ANN 相比，SVM

的训练过程更快、结构更简单、估计更精确。通过 SVMAP 方法建立大容量 $LiFeMnPO_4$ 电池 SOC 预测模型。实验结果表明，该模型具有较高的预测精度，均方根误差为 0.71%，可用于电池电压的准确预测。然而，SMV 计算量大、数据量充足、实际应用困难。因此，最小二乘支持向量机(LS - SVM)方法可以将二次规划问题转化为线性方程问题。应用支持向量机模型对锂离子电池的动态特性进行建模。采用基于稀疏 LS - SVM 的 UKF 滤波器估计锂离子电池 SOC。将该模型应用于混合动力脉冲功率特性(HPPC)和 federalurban 驱动调度(FUDS)数据集，验证了该模型的准确性，并在文献中对混合动力车辆镍氢电池组的 SOC 进行了估算。在这两种应用中 SOC 估计使用的是以下输入参数：电压、电流和温度。Feng 等提出了一种基于 LS - SVM 的 SOC 评估方法，使用 SVM 估计锂离子电池的 SOH。对两种工业锂离子电池[正极为 $Li(NiCoMn)1/3O_2$，负极为石墨]进行了验证和测试。实验结果表明，该算法估计电池的 SOH，误差小于 2%。支持向量机还可用于预测电池接近寿命结束时的剩余电量。文献结合新的训练和基于负载集合的测试数据处理，提出了 SVM 估计 SOH 和 RUL。该方法已在老化至不同程度的锂离子动力电池上实现。LI 等提出一种集成支持向量机分类和回归属性的机器学习技术，用于实时 RUL 估计。利用支持向量机建立电池退化模型，并对实际电池循环次数进行预测。利用 SVM 算法对电压导数和终端电压进行训练，建立回归模型。实验结果表明，与神经网络方法相比，所建模型具有较高的精度和较短的计算时间。文献指出，支持向量机方法存在不确定性管理和稀疏性问题。因此，使用相关向量机(Relevance Vector Machine，RVM)技术研究电池健康的预测和诊断。RVM 算法基于贝叶斯稀疏学习理论，RVM 基于非统计概率分布，有效地处理了预测的不确定性。作为有监督学习理论，RVM 从一组输入数据和相应的目标向量开始。预测基于输入空间中定义的函数，而学习是推断该函数参数的过程。RVM 学习能力强、培训过程简单。RVM 与 SVMin 的不同之处在于，RVM 允许对结果进行概率解释。由于其高稀疏性，RVM 的计算效率高于 SVM 的。因此，与 SVM 相比，RSV 降低了计算成本，实现了能够提供概率结果的高稀疏性。在文献中，RVM 被用作非线性时间序列预测模型预测未来的 SOH 和电池剩余寿命。

3.3.3 概率算法

概率算法是一种非参数数据驱动的复杂非线性系统参数估计方法。PA 网络的结构类似于反向传播，但 PA 中的激活函数被一类函数取代。训练阶段是在单通道上发展起来的，是基于与训练样本数成比例的贝叶斯决策界。与反向传播模型相比，使用 PA 的优点之一是降低了计算成本。文献提出了一种融合多个等效电路模型(戴维南模型、双极化模型和第三电阻-电容器(RC)模型)的方法描述锂离子电池的动态电压。LIU 等采用概率神经网络(Probabilistic Neural Network, PNN)对锂离子电池的 SOH 进行估计，并以 110 块锂离子电池为例验证了该模型的准确性。结果表明，预测误差为 0.28%，PNN 的计算时间为 62.5ms。文献提出了一种集成电池容量和串联等放电电压差时间间隔两类健康指标的综合预测方法，使用单调回声状态网络算法预测电池退化模式。通过比较不同的预测技术，对 SOH 预测进行了研究。结果表明，高斯过程回归模型优于线性回归、支持向量机和相关向量机，其最大绝对误差和均方误差分别小于 1% 和 1.3%。探地雷达是通过将多变量高斯分布推广到无限维获得的，用于模拟连续函数。文献还提出了一种基于部分随机电荷和稀疏探地雷达的数据驱动方法，用于估计 SOH。结果表明，与其他数据驱动方法相比，稀疏探地雷达具有更好的估计精度，对于三种不同电池类型，其最大绝对误差分别为 2.88%、2.52% 和 1.51%。

3.3.4 递归神经网络

递归神经网络(Recurrent Neural Networks, RNN)使用历史输入、隐藏和输出状态。RNN 具有很高的效率和计算量，能够预测非线性系统和处理时间序列问题。传统的 RNN 对动态载荷有很强的适应性，但其估计精度会受到输入向量初值的影响，产生梯度消失或梯度问题。因此，提出了长短期记忆网络(Long Short-Term Memory network, LSTM)和递归门控单元(Gate Recursive Unit, GRU)两种能够长期保留信息的方法。GRU 往往显示出比 LSTM 网络更简单的结构和更小的参数，并且被认为是 SOC 估计的良好解决方案。因此，GRU 用于解决长期依赖性问题，并且由于 GRU 不受输入序列长度的影响，因此 GRU 在估计 SOC 方面具有优异的性能。由于收集了历史信息，GRU 在处理时序问题方面表现良好。文献提出了一种具有选通递归单元的递归神经网络(GRU-RNN)。该方法在两种主流锂离子电池上进行了动态负载试验。均方误差在估计 SOC 的 3.5% 以内。该模型适用于可变和未经训练的温度。定义了一个由 RU RNN 和库仑计数法组成的 SOC 估算模型。库仑计数法可以计算释放的电池电量，并将电池放电电流与时间变量积分，而无须进行复杂的计算。该估算模型将电池退化过程、电压、电流和温度作为输入数据。计算了三种不同工况下的 SOC 估计，结果表明，所提出的神经网络的平均误差小于 3%。HUANG 等提出了一种将 GRU-RNN 与去噪自编码神经网络(DAE-NN)相结合的神经网络方法，旨在增加输入维数(电压、电流和温度)，只提取有用的特征，并降低输入数据的噪声。为了估计 SOC，GRU-NN 的输入是 DAE-NN 的输出。将这两种技术结合起来的方法在估计 SOC 时具有更好的准确性和鲁棒性。文献还定义了一种用于锂离子电池 SOC 估算的卷积选通递归单元(CNN－GRU)模型。训练 CNN－GRU 对电压、电流、温度等测量信号进行映射和识别。此外，系统允许在各种环境条件下估算 SOC，并减少估算误差。文献定义一个延迟递归神经网络来估计锂离子电池的 SOC。锂离子磷酸镁($LiFeMgPO_4$)电池的估算误差小于1%。使用时钟工作递归神经网络(Clock Work Recurrent Neural Network，CWRNN)估计蓄电池的 SOC。该模型将隐藏层划分为单独的模块，并指定特定的时钟速度来解决长期依赖关系。使用 CWRNN 的优点是，该模型只在指定的时钟周期内计算参数，而不是在每个时间步长更新和计算参数。采用该模型降低了训练和计算成本，估计的均方误差小于1.29%。文献提出了 LSTM－RNN 估计电池的 SOC，模型的输入参数为电压、电流和温度，采用无迹卡尔曼滤波器对噪声进行滤波，减小估计误差。在不同温度下，SOC 的估算误差约为 1%。递归神经网络(RNN)技术也用于电池 SOH 处理和预测。VENUGOPAL 比较和分析了 SOH 预测模型的不同 RNN 技术(简单 RNN、长短时记忆(LSTM)和递归门控单元(GRU)，并提出了一种使用独立递归神经网络(IndRNN)的 SOH 估计方法。该方法基于从锂离子电池收集的数据。IndRNN 可以考虑电池复杂的非线性特性，使网络能够学习容量退化之间的长期依赖关系。作者进行的测试表明，这种方法将误差降低到2.6%，并提出了基于深度学习的电池 RUL 预测方法。将 LSTM 和 RNN 相结合，分析锂离子电池容量退化的长期相关性。使用 LSTM－RNN 的优点是学习时间序列数据的长期依赖性。因此，作者应用蒙特卡罗模拟生成 RUL 的概率预测。这种技术能够将不确定性传播到预测不确定性中。所开发的方法可以独立于离线数据和有离线数据时预测电池 RUL。这种方法具有较低的计算时间。文献提出了一种用于系统动态预测的自适应递归神经网络(Adaptive Recurrent Neural Network，ARNN)，建立了预测锂离子电池 RUL 的神经网络模型。SONG 等为了自适应地优化 ARNN 模型的权值和收集系统的动态条件，利用递归 Levenberg－Marquardt(RLM)。

3.3.5 基于规则

基于规则(Rule base，RB)的算法不使用历史电池数据，但依赖于启发式或人类专业知识。RB 算法计算复杂度低、简单、灵活；但需要最优控制和无数次的尝试实现精确的性能。QIN 等认为基于规则的分类器是一种使用“if…then…”规则集合分类记录的技术。MALKHANDI 认为基于 RB 的 SOC 估计可分为模糊逻辑和自适应神经模糊推理系统算法，利用模糊逻辑估计铅酸蓄电池的 SOC。该模型的优点是能够在特征随时间变化时了解电池的性质，最大限度地提高估计的准确性；该系统在学习过程中自动创建新的模糊规则库，并用新的规则库替换旧的规则库。因此，CAI 等认为在 SOC 估计中考虑学习能力可以在几个放电和充电周期内减小估计误差。开发一种自适应神经模糊推理系统估计 SOC。传统的输入变量是从三种不同的相关分析技术(线性相关分析(LCA)、非参数相关分析(NCA)和偏相关分析(PCA)中选择的。与 ANN 相比，ANFIS 具有更好的预测性能和更低的估计误差。文献提出了一种基于 ANFIS 的混合动力车辆镍氢电池参数估计方法，ANFIS 模型的三个主要输入是电压、电流和两次采样之间的变化率。仿真结果表明，ANFIS 方法具有良好的自适应性，不需要确定 SOC 的初始值。将库仑计算法(电流积分法)与模糊逻辑法相结合，对锂离子电池的 SOC 和 SOH 电池进行估算，由于库仑计算法对无缺陷电流测量准确，故采用库仑计算法获得了对电池寿命有很大影响的精确 SOC 估计值。利用模糊逻辑分析阻抗谱和光谱计数技术获得的数据，对锂硫氧化物和镍金属杂化材料的 SOC 和 SOH 进行了预测。

3.3.6 贝叶斯网络

贝叶斯网络(Bayesian Network，BN)是一种无监督数据驱动的电池参数估计方法。无监督数据驱动方法可以从数据集中发现隐性知识(如未知故障和未知运行模式)。使用这些模型的困难在于需要大量的数据，因为结果取决于训练数据的质量。

传统的 SOH 估计方法是确定性的，由于电池制造过程中固有的不一致性，不允许捕捉电池老化的随机性。结果表明，基于深度贝叶斯和谐搜索的预测模型可以代替目前耗时、昂贵的实验，获得更准确的预测结果。然而，该模型需要对复杂的锂离子电池模型进行一些模拟，以识别在线参数。DONG 等提出了一种非确定性过程的概率图形化建模方法，利用 BN 捕捉电池退化。然而，该方法仅基于历史操作数据估计电池 SOH。文献提出了一种基于动态贝叶斯网络(DBN)的电池失效概率建模方法，利用 DBN 研究 SOH 与提取特征之间的相关性，并用概率方法描述电池退化动态。实验结果表明，该方法具有良好的自学习能力，具有较高的估计精度。然而，该模型未考虑与实际应用场景相对应的电荷分布随时间的变化和温度变化。KONG 等提出了一种基于动态贝叶斯网络的锂离子电池 SOH 在线估计方法。采用一种前向算法对 SOH 进行实时估计，并证明了 SOH 估计是准确的。该方法还需要改进，将电流和温度变化作为输入，BHALAJI 提出一种深度卷积神经网络与双层短时记忆相结合的健康电池在线监测预测方法。在讨论过程中，认为操作条件是恒定的，因此应重复研究，用动态试验代替恒定的温度，用季节变化代替恒定的环境温度。训练 BN 预测电池 RUL。实验结果表明，与传统的回归模型相比，该方法能够较好地捕捉数据中的不确定性，具有较好的准确性和有效性。

汉明神经网络(Hamming Neural Network, HNN)是一个模型，用于查找哪个向量最接近输入向量，然后通过比较内积定义哪个代表性模型最接近当前模型。该模型集成了前馈神经网络和电流神经网络。HNN 结构简单、存储容量大，但检索率较低。HNN 由两层神经元组成：第一层(L1)用于发现输入模型和原型模型之间的相关性，即计算两个模型之间的汉明距离；而第二层(L2)基于最小距离规则确定所存储的模型中哪一个更接近输入模型，如图 3－16 所示。

文献研究基于模式识别的 HNN，用于不同温度下的高精度荷电状态估计/容量和健康状态预测。HNN 用于识别最接近于在任何温度下测量的任意电池模型的代表性模型。基于此设计并开发了前馈神经网络、分类与回归、概率、递归神经网络、基于规则的贝叶斯网络和汉明神经网络等数据驱动技术，用于模拟和估计电池的荷电状态、健康状态和剩余使用寿命。

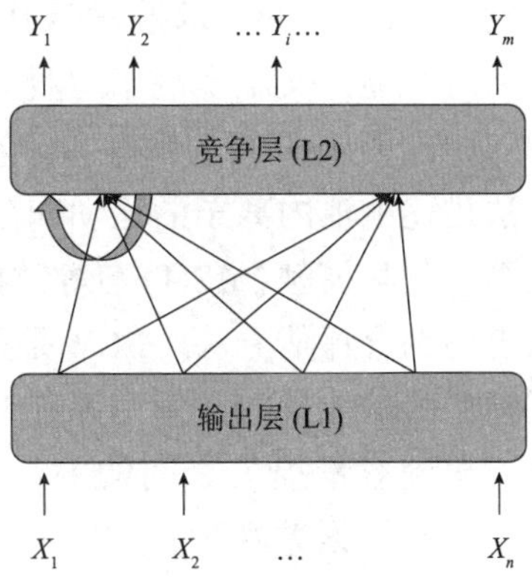

图 3－16　经典 Hamming 神经网络的结构

与模型驱动方法相比，数据驱动方法利用电池数据估计 SOC、SOH 和 RUL。然而，其主要缺点是训练可靠模型所需的大量数据，而训练结果的准确性取决于训练数据和传感器测量的质量。信号是在线测量，可能受到噪声、干扰和精确度的影响，导致错误的结果。传感器故障对电池估计的影响和可能的影响可在传感器故障的情况下过充电。

3.3.7 混合模型

有的作者提出了结合两种或多种技术的混合方法。串联文献综述，现有的混合方法主要分为串联方法和并联方法。串联方法将基于模型的方法与有关过程的先验知识和数据驱动模型相结合。数据驱动模型有助于估计未知且难以测量的工艺参数状态。并联方法可以受益于基于物理的模型和数据驱动模型的优点，因此得到的混合模型的输出比单个模型的更精确。

在蓄电池健康监测和预测中，混合方法可分为以下几种：

① MMþMM：两个或多个基于模型技术的组合；

② MMþDD：基于模型与数据驱动技术的结合；

③ DDþDD：两种或两种以上不同数据驱动技术的组合。

针对第一类混合方法(MMþMM)，文献提出了一种新的锂离子电池混合状态估计方法，用于捕获电池的容量和电压参数。采用指数衰减粒子群算法(Exponential Decay Particle Swarm Optimization, EDPSO)在线辨识模型参数。最后利用比例积分观测器估计 SOC，利用开路电压估计最大可用容量，这直接影响到不同老化状态下 SOC 的估计。等效电路模型只能反映电池电压的动态特性，而没有考虑电池容量的非线性特性，将误差转移到下一步的估计中，导致精度下降。该模型考虑了电池容量的动态特性，较好地模拟了电池特性。另外，通过在线辨识的模型参数直接估计电池容量，减少了估计过程中误差的影响。EDS-PO 算法具有较高的局部搜索能力，可用于更精确的参数，而 PI 观测器允许更好的实时性能。文献实现了一种基于模型的 SOC 和 SOH 同时评估方法。分别考虑：EMT 具有较高的精度和计算量；相反，尽管 ECM 具有较高的估计精度，但无法描述电池内离子的运动和分布。因此，提出将两种模型相结合，形成一种极简电化学模型(MEM)与等效电路模型相结合的锂离子电池充电状态和健康状态的综合评估方法。ECM 是采用在线递推最小二乘法描述电池动态特性。辨识模型的输入参数，采用无迹卡尔曼滤波估计电池状态。EMT 描述和定义了 SOH 与电池容量损失之间的关系。在锂离子电池上进行的实验表明，电池的 SOH 估计平均误差在 2% 左右。

对于第二种混合方法类别(MMþDD)，定义了一种将数据驱动最小二乘支持向量机与基于模型的无迹粒子滤波相结合的方法，以提高 SOC 和 SOH 估计精度。由于输入参数的不同，SOC 和 SOH 的联合在线估计较复杂。此外，考虑到锂离子电池在线动态运行条件在实际应用中是复杂的，即所需功率必须适应不断变化的运行条件。这会导致模型失配，降低估计精度。因此，提出了一种避免模型失配引起的估计误差，提高模型对变工况适应性的模型，该模型采用了粒子滤波算法，比现有模型中的卡尔曼滤波算法更适用。此外，该方法中的观测值是数据驱动方法，在实际应用过程中更容易更新和识别模型参数。集成基于指数回归算法的在线参数估计器识别 ECM 参数。模型参数的变化会影响电池状态估计的准确性。使用在线估计器的优点是考虑温度和老化等因素，以便更准确地估计电池的 SOC 和 SOH。设计了一种自适应滑模观测器，通过减小输入变化和提高估计精度估计 SOC 和 SOH 参数。在不同温度条件下，估计误差小于 1.3%。文献提出了一种基于模型和数据驱动的锂离子电池 SOH 估算模型。作者使用戴维南模型量化电池容量分级，并将欧姆电阻作为健康指标。此外，该模型采用卡尔曼滤波来定义蓄电池容量退化。作者通过实验证明，在不同温度下，卡尔曼滤波器的最大误差为2.12%。文献提出了一种基于最小二乘支持向量机误差补偿模型的锂离子电池 SOH 预测方法。该方法将经验退化模型与数据驱动技术相结合，并将所提出的模型与 RBF 和 LSTM 方法进行了比较，结果表明，所提出的模型具有更高的精度。与 SVR 方法相比，该方法计算量小，具有更好的性能。此外，该模型还可以识别 OCV 电池难以获取的参数。此外，使用粒子群优化算法可以找到最优的全局解。采用混合方法预测锂离子电池的 RUL。采用经验方法模拟电池老化趋势。相反，数据驱动模型用于实时更新测量值。该方法将粒子滤波作为概率密度的函数预测电池 RUL，与常用的随机游走粒子滤波相比，该模型获得了更可靠的 RUL 预测结果。文献提出一种预测锂离子电池剩余使用寿命的混合模型。该模型集成了经验指数和多项式回归模型。使用粒子滤波方法在线调整模型参数。与传统的经验模型相比，所提出的模型在整个电池寿命期内具有更好的回归特性。LIAD 等提出了一种基于伪邻域法的混合神经网络，用于计算预测所需的滑动窗口大小，并设计了一种用于训练和预测的混合神经网络，通过实验测试模型的有效性，以预测不同标称容量下电池的剩余使用寿命，并在锂离子电池上对模型进行了测试，结果表明，该模型具有较高的规则估计精度。

考虑到第三类混合方法(DDþDD)，利用 DBN，adeep 学习算法克服数据驱动方法的局限性。当电池在极端情况下工作时，由于模型结构和适应性的不足，基于数据的方法的精度估计可能会降低。结果表明，最显著的平均估计误差小于 2.2%。文献提出了一种将扩展卡尔曼滤波和自适应神经模糊推理系统相结合的混合方法。神经模糊系统接收扩展卡尔曼滤波的输入数据。结果表明，SOC 估计的误差降低了 70%。文献定义了一种用于零排放电池研究活动(ZEBRA)电池 SOC 估计的混合神经网络模型。本章考虑了老化效应(通过 SOH)和放电效率(DE)参数对 SOC 的估计。SOC、SOH 和 DE 参数之间的关系复杂且非线性。因此，采用基于混合群智能神经元的机器学习方法，SOC 误差为 1.7%。通过二阶 ECM 估计蓄电池的 SOC。针对老化和温度变化的特点，采用粒子群优化算法进行参数优化。还集成了 LSTM－RNN 以高精度预测电池容量。由于平方根卡尔曼滤波具有较高的实时数据滤波潜力，因此所有参数都被用来估计 SOC。文献提出了一种结合卡尔曼滤波、递推最小二乘法和支持向量机学习的 SOC 和 SOH 估计方法。利用卡尔曼滤波器进行 SOC 和 SOH 估计。递推最小二乘法可以实时获得电池组阻抗的等效滤波器。支持单元容量演化的计算。SOC/SOH 估计器提供电池单元容量，并向 SOC/SOH 估计器提供等效电阻，以获得更精确和更稳健的数据。采用基于径向基函数的两级 SVM 框架对电池的 SOH 进行精确估计。该方法在 $LiFePO_4$ 电池上进行了测试，电池容量估计误差小于 1%，验证了基于 SVM 的估计方法的有效性。文献提出了一种采用前向神经网络、支持向量机和相关向量机三种机器学习技术的模型。作者对模型进行了检验，结果表明，最大平均绝对百分比误差为 1.95%。利用支持向量机结合径向基函数对 SOH 进行估计。将 SVM 方法与 RBF 方法相结合，提出了一种数据驱动的 SVM 方法，该方法需要大量的输入数据，并以 RBF 为核函数，建立了基于部分充电电压数据的 SOH 估计方法。SVM 模型的输入是三个特征向量(能量信号、标称容量和温度)。实验结果表明，该方法能有效地预测在线 SOH，误差小于 2%。文献提出了一种数据驱动的混合方法，用于准确预测锂离子电池的健康状态和剩余使用寿命。该混合模型提高了估计精度，克服了实现容量问题。该模型基于极限学习机和随机向量函数链集成。实验结果表明，该方法能够准确、一致地估计 SOH 和预测 RUL，且预测误差较小。文献结合经验模式分解(Empirical Mode Decomposition，EMD)和长 - 短期反向传播神经记忆(B - LSTM)建立 SOH 估计和 RUL 预测模型。通过 EMD 方法对 SOH 进行估计，以最小化容量回归的影响。然后用 B - LSTM 神经网络对 RUL 进行预测。该方法的优点是计算复杂度低、精度高。SOH 估计的误差为 0.02，约为简单 RNN 的 4 倍。为了减小 RUL 的估计误差，文献提出将退化过程解耦为两种类型：容量再生和正常退化。提出了一种基于相关向量机和灰色模型算法的混合预测方法。GM 算法允许测量考虑其发展趋势的因素之间的相关性。实验结果表明，该方法能够准确地建立退化模型，对 RUL 估计具有较好的性能。文献提出了一种将自适应无迹卡尔曼滤波与遗传算法优化支持向量回归相结合的集成算法。有效提高电池 RUL 的预测精度。混合模型反映了电池的退化，并允许从数据集获得更多关于电池健康状态的信息。使用混合动力模型估计 RUL。该模型将广义学习系统(Generalized Learning System，GLS)与相关向量机(RVM)相结合。从 EMD 中提取输入数据特征，并在 GLS 网络中进行训练。预测数据是输出，转换成矩阵，并在 RVM 中用于训练网络。最后，RVM 的输出就是模型的 RUL 预测。将该模型在三种来源的锂离子电池上进行测试，实验结果表明，GLS - RVM 具有较高的精度(估计误差约为 0.01)，是一种适合长期预测且易于推广的模型。尽管混合方法具有许多优点和潜力，但主要的障碍是缺乏混合方法的代理框架。

3.3.8 参数辨识案例

3.3.8.1 神经网络的推导过程

基于 3.2 小节中介绍的参数辨识方法，本节选取数据驱动方法中的 BP 神经网络进行参数辨识。BP 神经网络的学习算法简称 BP 算法，在寻找参数过程中判断参数适应性的依据是通过计算网络输出值与理想输出值误差，且误差最小时其均方差也最小，满足这样的条件时才认为此时的参数为所求。

神经网络的中间层每个神经元都有相应的权值，在梯度下降法的作用下可以调整权值，使得各权值符合标准，以上两种功能常被定义为神经网络的正向传播和反向传播。具体数学推导过程如下所示：

1. 正向传播

隐含层的输入为：

$$x_j(k) = \sum_i \omega_{ij}(k)x_i(k) + b_j \tag{3-74}$$

式中，$x_j(k)$代表输入隐含层的量，$\omega_{ij}(k)$代表输入层与隐含层的权值，$x_i(k)$代表输入层的量，b_j代表隐含层各个神经元的阈值。

隐含层的输出为：

$$x'_j(k) = f(x_j(k)) = \frac{1}{1+\mathrm{e}^{-x_j(k)}} \tag{3-75}$$

式中，$x'_j(k)$表示隐含层的输出，$x_j(k)$表示隐含层的输入。

输出层的输出为：

$$y_n(k) = \sum_j \omega_{jo}(k)x'_j(k) + b_o \tag{3-76}$$

式中，$y_n(k)$代表网络的输出，ω_{jo}代表隐含层与输出层的权值，$x'_j(k)$代表隐含层的输出，b_o代表输出层各个神经元的阈值。

BP 网络的真实值与预测值的误差为：

$$e_{(k)} = y_o(k) - y_n(k) \tag{3-77}$$

式中，$y_o(k)$为网络输出即预测值，$y_n(k)$为真实值，$e(k)$为真实值与预测值的误差。

其均方差函数为：

$$E = \frac{1}{2}e_{(k)}^2 \tag{3-78}$$

2. 反向传播

反向传播是算法用来自动调整各神经元相应的权值，输出层和隐含层的连接权值ω_{jo}学习算法为：

$$\Delta\omega_{jo} = -\eta\frac{\partial E}{\partial w_{jo}} = \eta \cdot e(k) \cdot x'_j(k) \tag{3-79}$$

式中，η为学习速率，$\eta \in [0, 1]$，则$k+1$时刻网络的权值为：

$$\omega_{jo}(k+1) = \omega_{jo}(k) + \Delta\omega_{jo} \tag{3-80}$$

隐含层与输入层连接权值w_{ij}学习算法为：

$$\Delta\omega_{ij} = -\eta\frac{\partial E}{\partial w_{ij}} = \eta \cdot e(k) \cdot x'_i(k) \tag{3-81}$$

则$k+1$时刻网络的权值为：

$$\omega_{ij}(k+1) = \omega_{ij}(k) + \Delta\omega_{ij} \tag{3-82}$$

由于权值在学习途中是不稳定的，且权值的收敛速度往往较慢。因为这两个因素使得在权值学习中有必要全面考虑各因素，要将历史权值变化考虑进来，这里引入参考动量系数 α，更新后的权值在考虑了历史权值变化及动量系数下的表达式如下：

$$\omega_{jo}(k+1)=\omega_{jo}(k)+\Delta\omega_{jo}+\alpha[\omega_{jo}(k)-\omega_{jo}(k-1)] \tag{3-83}$$

$$\omega_{ij}(k+1)=\omega_{ij}(k)+\Delta\omega_{ij}+\alpha[\omega_{ij}(k)-\omega_{ij}(k-1)] \tag{3-84}$$

3.3.8.2 常用的激活函数

由于传统的神经网络算法对非线性系统存在一定的局限性，激活层具有激活层函数，可将线性系统非线性化，可提高模型鲁棒性，非线性表达能力，缓解梯度消失问题，将特征图映射到新的特征空间，加速模型收敛等问题。下面介绍几个常用的激活函数。

1. sigmoid 函数

sigmoid 函数是常用的激活函数，其计算公式(3－81)其函数图像为图 3－17(a)：

$$\mathrm{sigmoid}(x)=\frac{1}{1+\mathrm{e}^{-x}} \tag{3-85}$$

sigmoid 函数的导数如式(3－85)，其图像为图 3－17(b)：

$$[\mathrm{sigmoid}(x)]'=\frac{\mathrm{e}^{-x}}{(1+\mathrm{e}^{-x})^2}=\mathrm{sigmoid}(x)[1-\mathrm{sigmoid}(x)] \tag{3-86}$$

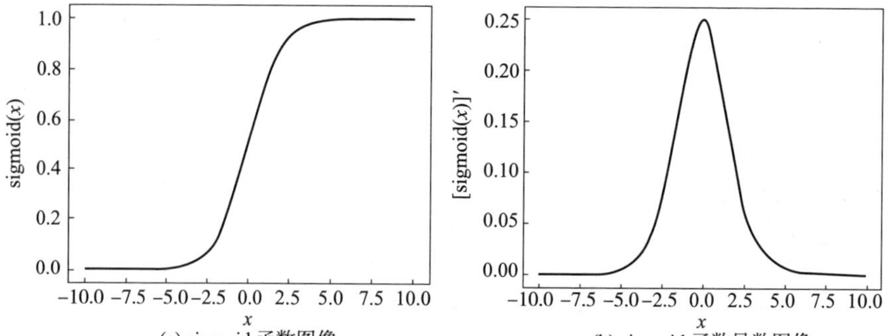

(a) sigmoid 函数图像　　(b) sigmoid 函数导数图像

图 3－17　sigmoid 函数及其导数图像

2. tan $h(x)$ 函数

tan $h(x)$ 函数称为双曲正切函数，其计算公式为式(3－87)，其图像为图 3－18(a)：

$$\tan h(x)=\frac{\sin h(x)}{\cos h(x)}=\frac{\frac{\mathrm{e}^{z}-\mathrm{e}^{-z}}{2}}{\frac{\mathrm{e}^{z}+\mathrm{e}^{-z}}{2}}=\frac{\mathrm{e}^{z}-\mathrm{e}^{-z}}{\mathrm{e}^{z}+\mathrm{e}^{-z}} \tag{3-87}$$

tan $h(x)$函数的导数为式(3－88)，其图像为图 3－18(b)：

$$[\tan h(x)]' = 1 - \tan h^2(x) \tag{3-88}$$

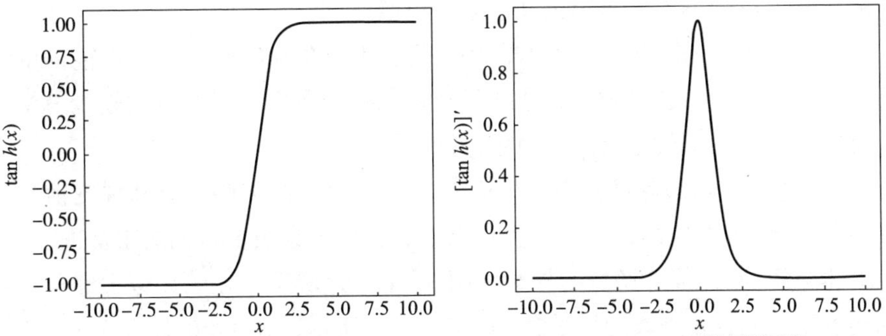

(a) tan $h(x)$ 函数图像　　(b) tan $h(x)$ 函数导数图像

图 3－18　tan $h(x)$函数及其导数图像

3. Relu 函数

Relu 函数是一个分段的函数，计算公式为式(3－89)，其图像为图 3－19(a)：

$$f(x) = \begin{cases} x & if \quad x \geqslant 0 \\ 0 & if \quad x < 0 \end{cases} \tag{3-89}$$

Relu 函数的导数为式(3－90)，其图像为图 3－19(b)：

$$f(x)' = \begin{cases} 1 & if \quad x \geqslant 0 \\ 0 & if \quad x < 0 \end{cases} \tag{3-90}$$

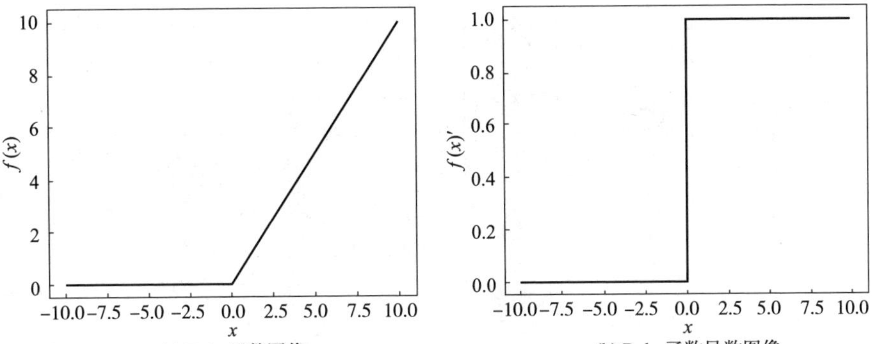

(a) Relu 函数图像　　(b) Relu 函数导数图像

图 3－19　Relu 函数及其导数图像

选择一个合适的激活函数至关重要，一般考虑时包括了以下五个因素。

(1)非线性：这一点是使用神经网络时必须重视的网格基础，只有保证了函数是非线性的才能确保整个网格不会向单层简单的线性系统降级，也正是神经网络解决非线性问题的关键。

(2)处处可微：要求激活函数可微可以保证算法在优化过程中的梯度可进行计算，如图3－7可知Relu函数是分段函数，其在有限个点处是不可微的，但对算法的精确度影响不大，可谓是几乎处处可微。

(3)计算简单：非线性函数的形式是很多的，在神经网络算法中前向的计算也就是正向计算与所选的神经元个数是成正比的，所以为了有效的较少算法计算量，就要求非线性函数尽可能地简单易计。

(4)非饱和性：饱和性是指在梯度下降过程中，在某些区间其梯度值趋近于0，即梯度逐渐消失的情况，会使其在求参数过程中参数更新无法正常进行，

上述介绍的sigmoid函数的导数如图3－17(b)所示，在正无穷大和负无穷大时都接近于0，Relu函数的导数如图3－19(b)所示，在$x \geqslant 0$时恒为1，所以在$x \geqslant 0$区域不会饱和，但在$x < 0$区域时，其导数值恒为0，这时就出现了饱和现象。

(5)输出范围有限：这一约束条件是为了很好地保证当输入较大时输出也能相对稳定。

经综合分析，选择tan h函数为输入层与输出层之间的激活函数。

上一节对神经网络结构的基本参数进行了设置和确定，模型输入为电池组温度T、端电压OCV、电流I三个要素，输出为SOC，确定误差最小的隐含层节点数为10，选择tan h函数为输入层与输出层之间的激活函数。整体上形成三输入，隐藏层具有十个神经元，一个输出结构。图3－20为具体结构可视化。

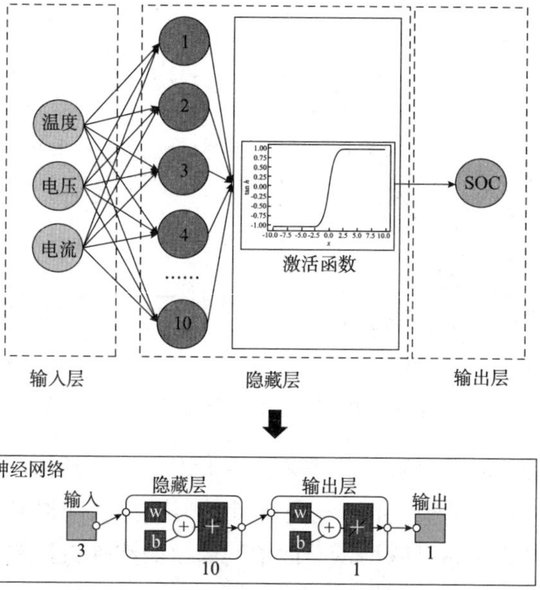

图3－20　神经网络算法具体结构可视化

3.3.8.3 实现流程

基于 MATLAB 进行程序编写，将第二章实验平台所获取的数据即 HPPC 和 DST 工况作为数据来源，并对数据进行试验和验证两部分合理划分，再结合 MATLAB 内部的神经网络工具箱对基于 BP 神经网络算法的动力电池 SOC 进行建模仿真。

算法的初步实现先将实验获取的数据导入，然后对所建立的网络模型进行训练，依据算法损失函数也就是期望的误差允许范围对算法的输出结果进行判断和筛选，输出的误差同时也作为各神经元权值更新激励，依此进行算法循环，直至找寻到合理可行的各神经元权值，图 3－21 为神经网络算法的具体实现流程。

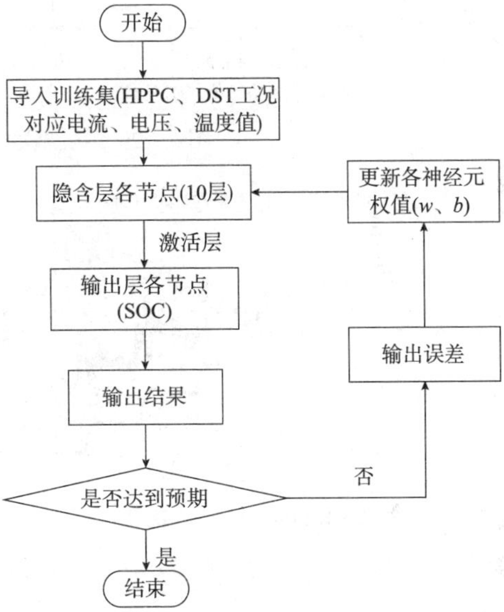

图 3－21 神经网络算法的具体实现流程

1. HPPC 工况下

在 HPPC 工况下做相应算法测试具体步骤如下。

(1) HPPC 工况下将 50000 个训练集测试样本拆分，将总样本拆分成两部分，一部分作为训练集，另一部分作为测试集，训练集取前 20000 个样本，测试集取后 30000 个样本，随机运行预估三次。图 3－22、图 3－23、图 3－24 分别是此样本拆分下三次随机预估结果及其相应的误差曲线。

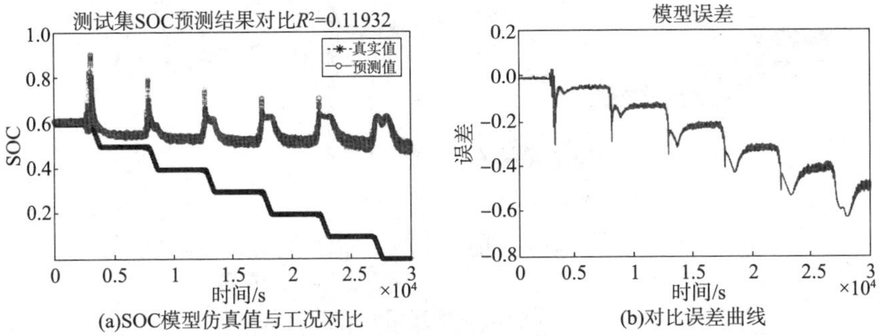

图 3－22 第一次预估结果及其误差

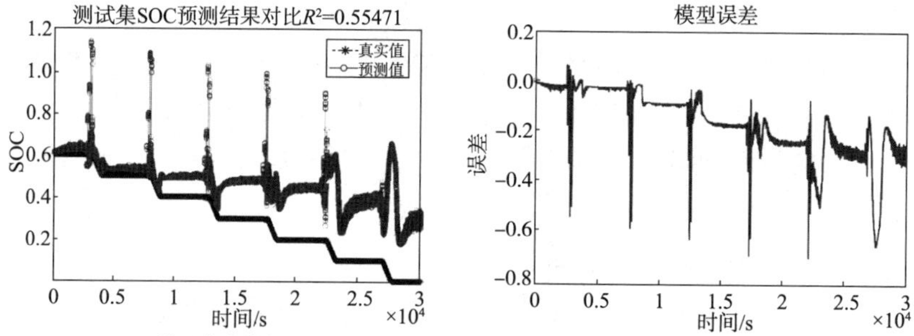

(a)SOC模型仿真值与工况对比　　(b)对比误差曲线

图 3-23　第二次预估结果及其误差

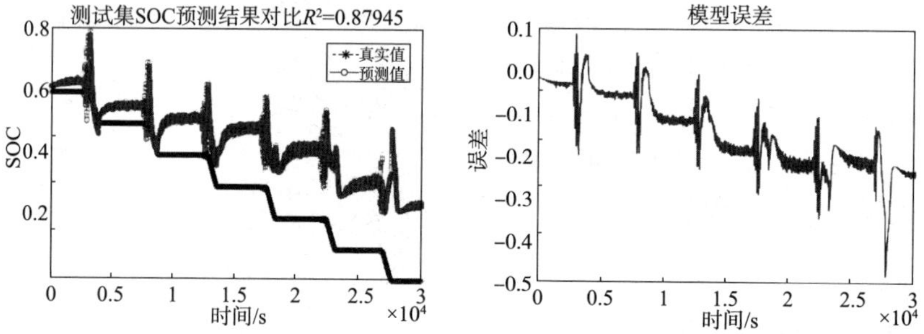

(a)SOC模型仿真值与工况对比　　(b)对比误差曲线

图 3-24　第三次预估结果及其误差

(2)HPPC 工况下将 50000 个训练集测试样本进行拆分，同样，将总样本拆分成两部分，一部分作为训练集，另一部分作为测试集，训练集取前 40000 个样本，测试集取后 10000 个样本，与此同时随机运行预估三次。图 3-25 是此样本拆分下一次随机预估结果及其相应的误差曲线。

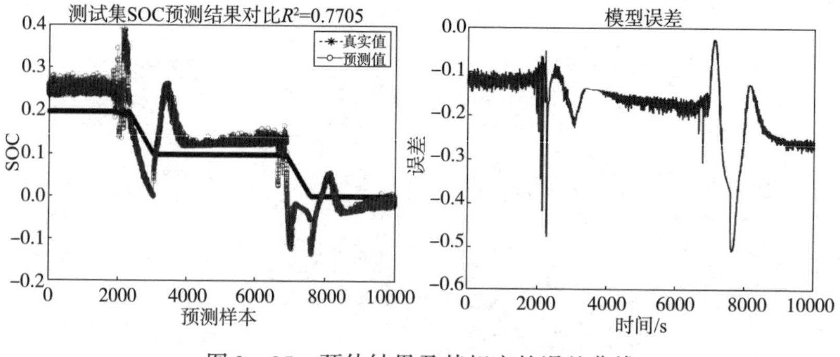

图 3-25　预估结果及其相应的误差曲线

2. DST 工况下

在 DST 工况下做算法相应验证仿真的具体步骤如下。

(1)为了避免单独工况下预估的不可靠性和随机性，另行再对 DST 工况同样进行以上的验证试验预估工作。DST 工况下将 15000 个训练集测试样本进行拆分，将总样本拆分成两部分，一部分作为训练集，另一部分作为测试集，训练集取前 10000 个样本，测试集取后 5000 个样本，随机运行预估三次。图 3－26、图 3－27、图 3－28 分别是此样本拆分下随机预估结果及其相应的误差曲线。

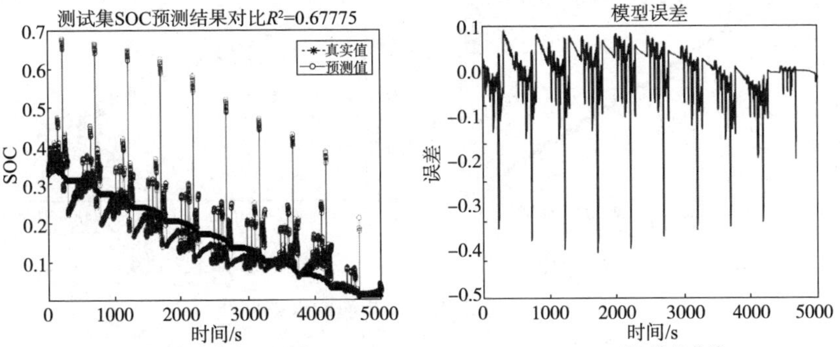

(a)SOC模型仿真值与工况对比　　(b)对比误差曲线

图 3－26　第一次预估结果及其误差

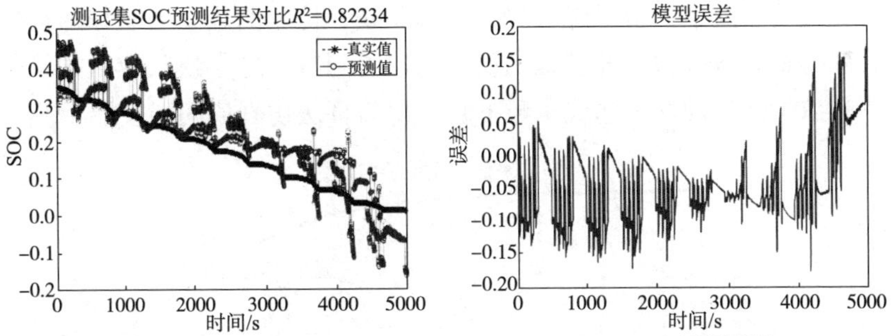

(a)SOC模型仿真值与工况对比　　(b)对比误差曲线

图 3－27　第二次预估结果及其误差

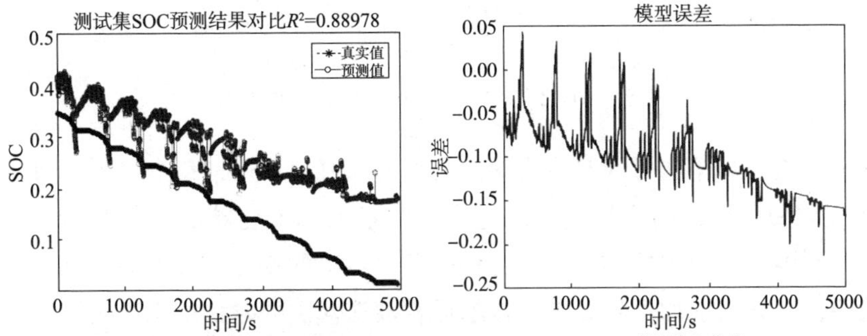

(a)SOC模型仿真值与工况对比　　(b)对比误差曲线

图 3－28　第三次预估结果及其误差

(2) DST 工况下将 15000 个训练集测试样本进行拆分，同样，将总样本拆分成两部分，训练集取前 5000 个样本，测试集取后 10000 个样本，与此同时随机运行预估一次，图 3-29 是此样本拆分下一次随机预估结果及其相应的误差曲线。

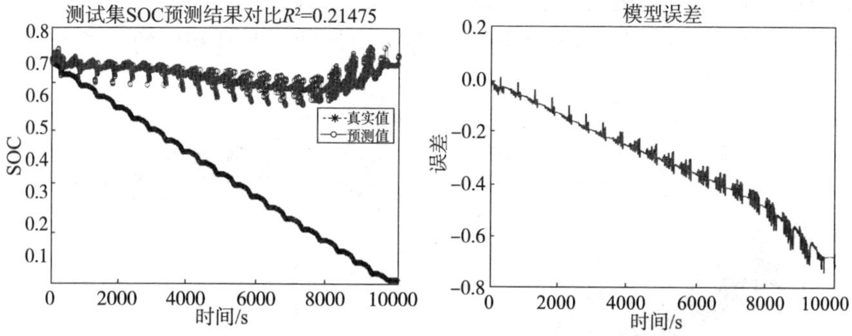

(a)SOC模型仿真值与工况对比　(b)对比误差曲线

图 3-29　预估结果及其相应的误差曲线

对比以上试验所在工况 HPPC 下的仿真结果，将此时的算法各个特性曲线进行绘制分析，Performance 图解可以得到训练结果分析如图 3-30 所示，从图中可以看到训练误差曲线整体呈下降趋势，训练曲线、仿真曲线以及跟踪的最佳测试曲线最后都得到有效收敛，即训练的误差迅速得到减小并很快收敛，并可得到最佳收敛点为 107 代，即这个迭代次数下真实值与算法仿真值间误差最小。

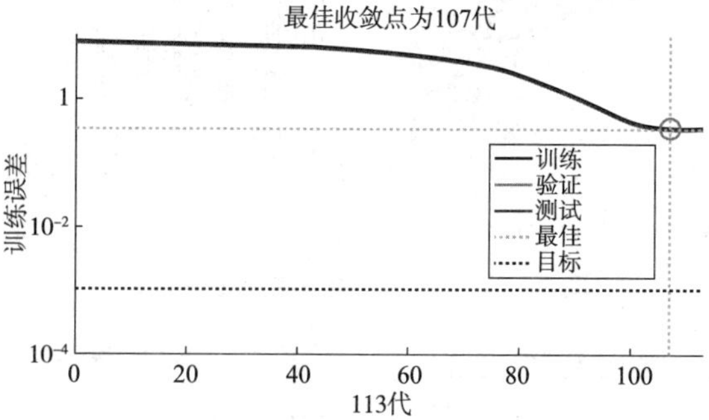

图 3-30　试验 Mean Squared Error 曲线图

神经网络工具箱也可同时得到算法训练过程中 Training State 图解，如图 3-31 所示，方便对神经网络算法训练过程中的参数的变化特点进行分析。在图解中可以得到训练过程中的梯度变化趋势以及学习率的变化。其趋势为梯度整体呈下降趋势，在算法前期下降缓慢，在趋近收敛迭代次数时梯度下降迅速，并有收敛趋势。算法学习率也慢慢增加，在趋近收敛迭代次数时上升速度加剧，一般根据观察误差曲线来找寻合适的学习率，误差曲线下降越快，学习率越合理。而检查次数默认为6echo，系统会将得到的误差进行判断。为了避免过学习，需要判断是否在连续6次检验后曲线有没有下降趋势，有无下降趋势可以表明 Training set 训练的误差走势，如果没有下降趋势说明此时误差已经稳定不会再下滑，可当即停止训练，否则算法会陷入过学习，反之，如果曲线还有下降的趋势，说明曲线还有下降的空间或者还未达到收敛最佳点，这时可继续保持训练直到曲线没有下降趋势。

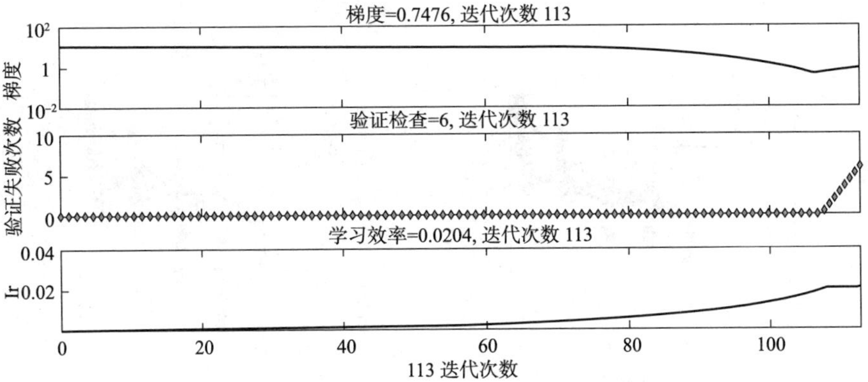

图 3－31　试验 lr、失败次数、梯度曲线图

通过 Regression 图解可以从图 3－32 看到训练好的测试数据的整体表现，R 值越接近 1，拟合效果越好。为了防止过拟合，把原始数据进行划分，分成三部分，分别是 training、validation 和 test，作用分别是训练、验证和测试，其中只有 training 的数据参加训练，validation 和 test 部分不参与训练，而是用来检验的。当四幅图仿真值都处在对角线上时说明此时算法精确度很高。

从预估结果和误差曲线图(图 3－22～图 3－32)对比分析可得到以下试验结论：

①同一训练样本数每一次的预估结果略有不同，预估结果具有不稳定性；

②不同训练样本数预估结果亦不同，训练样本数越多，预估精度越高；

③多次进行不同训练样本数的预估试验中发现最优预估网络模型。

结合仿真结果分析以上结论可知，该算法在大量训练集训练模型时只能学习训练样本的大概走势，即一些基本行为跃动，对 SOC 存在的周期性拐点无法达到学习跟随效果，学习效率低下，使得结果具有极大的波动和跳跃现象，同时，当训练集较少时所训练的模型误差更大，且表现出距训练数据越远预估结果误差越大，且呈增长形势，可见神经网络模型的准确性大大依赖训练数据，训练集越庞大预估准确性越高。

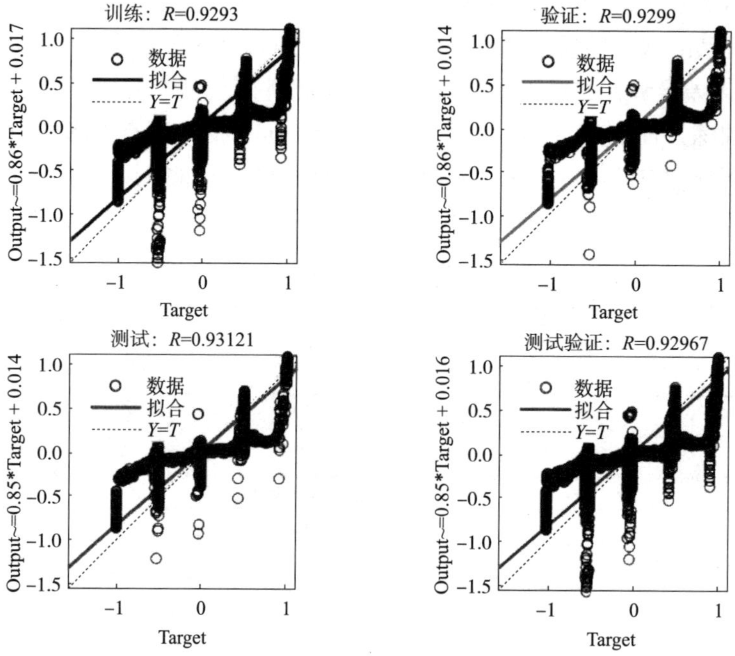

图 3－32　试验拟合性能评估曲线

3.4　本章小结

电池性能包括荷电状态、健康状态和剩余使用寿命。本章总结并比较了电池预测和健康管理技术，为选择最佳方法提供了有益的启示。其中预测精度的三种主要方法是基于模型、数据驱动和混合。每种方法都在一个特定的部分进行了分析，以评估和修改优化技术的特点、优点和缺点。

（1）基于模型和数据驱动的技术主要用于 LIBs 的 SOC 监测和预测。虽然有几种方法被明确地发展用于锂离子电池的状态估计，但大多数先进的技术在应用于不同的电池系统时都存在不足。一方面，现有的方法对电池的重视程度远远超过了对电池组或模块的重视程度。另一方面，对于其他类型的电池，在电池监测和预测方面的实例和应用很少。

（2）RUL 是电池预测和防止电池故障的最关键参数。然而，鲜有研究从 RUL 估计、可用数据、训练算法和标准操作条件方面解决有关电池早期 RUL 预测的问题。

（3）混合方法解决了基于模型和数据驱动方法的弱点。然而，文献中很少开发和讨论尝试。

(4) 由于指标定义不明确，在一定条件下比较同类技术，确定哪种技术最适合是较复杂的。如被分析的论文没有用相同的评价指标衡量估计误差，而是引用了不同的指标，如 RMSE、MAE、平均估计误差等。根据 SOC、SOH 和 RUL 的特点和适用条件，对现有的 SOC、SOH 和 RUL 估计方法进行了分类和评估。总之，要提高状态估计指标在不同电池应用中的可靠性和准确性，还需要大量的研究工作。

随着数字技术的兴起，未来的研究工作有望深化数据驱动技术，以促进电池监测和预测。目前，数据驱动在这一领域的应用都是基于小样本数据的，因此，研究这一方面对于提高数据驱动模型的精度和效率具有重要意义。

4 锂离子电池荷电状态估计方法研究

为了最好地利用电池储能系统（Battery Energy Storage Systems，BESS）的潜力，准确监测和管理电池容量至关重要。电池可用容量通常由初始充电状态表示，该状态量化了在任何给定情况下可用的名义容量的百分比。根据电池应用，准确了解SOC对于电池的最佳能量管理至关重要。此外，电池需要保持在制造商规定的SOC频段内，以确保其可靠高效运行。此外，众多文献还研究了电池的容量衰减过程如何取决于在电池充电和放电过程中如何保持SOC。由于SOC是目前已知的优化电池性能和延长电池寿命的最重要状态之一，文献中报道了几种SOC估计方法。然而，在过去的几十年里，对高准确性、实时估计、化学不可知性和易于实现性等特征的追求推动了该领域的持续研究。从更广泛的意义上讲，现有的电池SOC估计方法可以分为以下几类：①使用电池可测量之间关系的方法；②查表法；③数据驱动或基于机器学习的方法；④基于数学模型的方法；⑤混合方法。第一类方法使用SOC和电池的可测量电池量之间的区别，如开路电压（OCV）、内部阻抗等。这些关系是使用查找表、曲线拟合、机器学习方法等从电池的实验或历史数据中实现的。然而，这些方法不适合实时实现；如准确测量OCV需要电池的大量休息时间。此外，OCV－SOC关系随着电池的操作条件（速率和温度）而变化。一方面，对于一些电池化学物质（如 $LiFePO_4$ 电池），在OCV－SOC关系中存在平坦区域，这可能导致电池SOC估计不准确；另一方面，基于阻抗测量的电池SOC估计方法虽然具有较高的精度；这是一种离线方法，需要额外的电路。另外，这种方法的准确性受到温度变化的影响。记账方法由于其易于实现和化学不可知的性质，被广泛用于电池SOC估计，是通过计算电池在给定时间段内存储或提供的电荷量开发的。计算机、手机等现实设备中的大多数电池能量管理系统使用这种方法进行相关的电池SOC估计。然而，这些方法的准确性在很大程度上受到测量误差、初始电池SOC知识的误差、电池库仑效率的变化和电池老化的影响。为了克服阻碍记账方法准确性的问题，多年来出现了基于数学模型的估计方法，如卡尔曼滤波器、扩展卡尔曼滤波器、无迹卡尔曼滤波器、基于自适应卡尔曼滤波器的方法。基于模型的方法保证了更高的精度，并克服了测量噪声和不准确的问题。但这些方法需要一个合理准确的电池模型，且计算成本高昂。近年来，随着数据分析和机器学习的革命和进步，对这些方法进行了研究，以寻求无模型电池 SOC 估计方法的发展。然而，这些方法需要大量的数据集进行训练，以学习数据集中的基本特征与电池 SOC 之间的关系。

文献中报道了大量具有不同实时实现复杂性和准确性的电池 SOC 估计方法。由于为了最大限度地利用电池储能，促进可再生能源在电网中的高吸收，并提高可欺诈性，准确实时的电池 SOC 估计是必不可少的。适用于电网应用的电池 SOC 估计方法具有高精度、低复杂度、接近实时的估计能力、化学不可知性等特点。因此，需要对文献中的这些 SOC 估算方法进行全面综述。然而，现有对电池 SOC 估计方法的审查要么集中在新能源车辆中的电池操作上，要么非常笼统，并且没有在电池与可再生能源联合应用的背景下对这些方法进行批判性分析。如文献提供的综述仅从新能源车辆的角度阐述了电池 SOC 估计方法，并且这些审查文件仅限于选择性的现有方法。例如，参考文献中的综述仅对两种基于自适应学习的 SOC 估计技术进行了比较，即自适应滑模观测器（Adaptive Sliding Mode Observer，ASMO）和自适应无迹卡尔曼滤波器（Adaptive Unscented Kalman Filter，AUKF）。尽管研究表明，与 ASMO 相比，AUKF 具有更好的计算精度和收敛性，ASMO 具有更好的运算速度和对参数不确定性的鲁棒性。然而，这项研究一方面，非常有限，不包括 SOC 估计方法的最新趋势，如数据驱动方法、计算机智能方法和基于神经网络的 SOC 估计。另一方面，文献的研究仅关注基于模型的 SOC 估计，而没有回顾基本和先进的 SOC 估算技术，如查表法、基于观测器和基于卡尔曼滤波器的 SOC 估值方法。文献给出的研究对电池 SOC 估计技术进行了有限的概述，不包括 SOC 估计方法，如经验模型、H 无穷大和基于阻抗谱的 SOC 估计技巧。此外，文献中只有少数综述论文涵盖了可再生能源系统中 SOC 估计的观点，特别是在太阳能光伏和电网应用的情况下。RIVERA－BARRERA 提出的论文概述了考虑智能电网应用的 SOC 估计技术，概述仅集中在电池容量的在线估计上，并没有完全涵盖 SOC 估计方法的所有类别。相比之下，文献综述涵盖了有限数量的 SOC 估计技术在太阳能光伏应用中的应用。本章不涵盖 SOC 估计方法，如基于模型、记账和基于计算机智能的 SOC 评估方法。此外，为了评估 SOC 估算方法的计算和操作复杂性，需要操作和算法流程图，而文献中的评论并没有恰当地解决上述观点。

从上述评估中可以明显看出，前人关于 SOC 估计技术的研究仅限于分析，并没有涵盖 SOC 估计方法的所有主要类别。此外，这些研究大多基于电池在交通部门的应用，特别是在电池通常处于完全充放电循环的新能源车辆行业。然而，可再生能源太阳能光伏系统中的电池运行情况不同，因为电池正在经历部分充放电方案。部分充电和放电循环严重影响电池的预期使用寿命。由于，为了准确估计电池的充电状态，必须准确估计由于老化而导致的电池容量衰减。因此，在新能源车辆行业至关重要的 SOC 估计技术可能无法在太阳能光伏应用中给出准确的结果。为了从并网太阳能光伏系统的角度讨论 SOC 估计技术，本研究综述了现有 SOC 估计的所有主要类别，并根据其实现、计算复杂性、数据存储要求、实时估计能力和测量精度等对其进行了批判性分析。讨论并列出了并网太阳能光伏发电系统的运行机制、优点、缺点和适用性的要点。此外，如何准确地建立一个模型实现较高精度的 SOC 估算是一个研究问题。

4.1 电池参数

为了理解电池容量估计的过程，了解电池容量的初步信息以及测量电池容量的术语或单位是很重要的。因此，在本小节讨论电池容量、充电状态的基本知识以及电池容量估计对电池管理系统的重要性。

1. 电池容量

电池从充满电状态到切断电压状态所能提供的电量称为电池容量。然而，由于电池的内部老化机制，电池容量不是恒定的，并且会随着使用时间的推移而下降。影响电池老化过程的因素有充放电电流、工作温度，电池放电深度和充放电循环次数等。然而，目前还没有关于电池容量的一致定义，以下定义在文献中普遍使用。

2. 额定容量

电池的标称容量是指电池在使用寿命开始时的额定容量或容量。标称容量由电池制造商在电池数据表中定义，该数据表在标称额定条件下有效，如标称温度为25℃和1C 的条件下放电电流率。电池的标称容量是制造商承诺的电池容量，以在电池操作开始时提供特定的充电容量。需要注意的是，电池充电容量会随着使用时间的推移而变化，这种电池容量下降的机制被称为电池容量衰减，如图 4－1 所示。

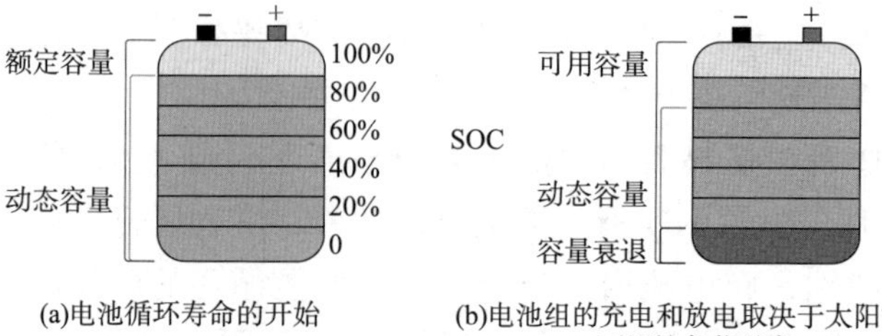

(a)电池循环寿命的开始　(b)电池组的充电和放电取决于太阳能的可用性负载需求

图 4－1　蓄电池参数示意图

3. 可用容量

可用容量是电池在电池寿命的任何给定时刻的瞬时可用容量。由于电池容量会随着使用时间的推移而变化，因此可用容量基本上是在电池使用寿命的给定时刻可以从电池中提取的电池的剩余充电容量。在电池寿命开始时，电池标称容量和电池可用容量是相同的，这意味着没有观察到电池容量下降或电池因老化而退化。电池寿命基本上是衡量电池完整充电和放电循环的指标。当电池从完全充电状态(即100%SOC)变为完全放电状态(即0SOC)，当再次完全充电至100%SOC时，电池将经历一个完整的充电和放电循环。在正常的电池操作中，电池在部分SOC状态下工作，在0SOC水平下对电池放电是不利的。

4. 动态容量

电池输送电荷的瞬时容量称为动态容量。电池的动态容量是依赖的，随着充电和放电周期的变化而变化。充电周期增加了动态容量，而放电周期增加了静态容量。电池动态容量的示意如图4－1(b)所示。

4.2　SOC估计方法

在本节中，考虑到该主题的最新趋势和已发表的文献，全面回顾了现有的SOC估计技术。这些SOC估计技术主要分为直接和间接SOC估计方法，并根据其操作复杂性进行进一步分类。这些SOC估计技术的分类如图4－2所示。

4.2.1　直接方法

基于直接方法的SOC估计利用物理电池特性，如电流、开路电压、内部阻抗和电池温度来估计电池SOC或容量估计。在这些直接SOC估计方法中开发了表示SOC和电池物理特性之间关系的方程，利用这些关系通过将电池SOC与输入参数相关估计SOC。相关性是通过查找表或使用记账方法开发的。直接SOC估计技术将在以下章节中进行解释。

1. 查表法

在SOC估算的查找表法中，建立了电池SOC与电池外部参数(如电压、电阻和阻抗)之间的关系。这些值是以离散的间隔计算的，以形成SOC和电池其他参数之间的关系。因此，对于每个外部参数值，必须反映一定的电池容量指示，该指示可用于估计电池SOC。当其他直接或间接技术用于SOC估计时，基于查找的电池SOC估计器通常用作调谐或校准方法，以消除过时的SOC估计。在下面的章节中，介绍了SOC估计的可查找方法。

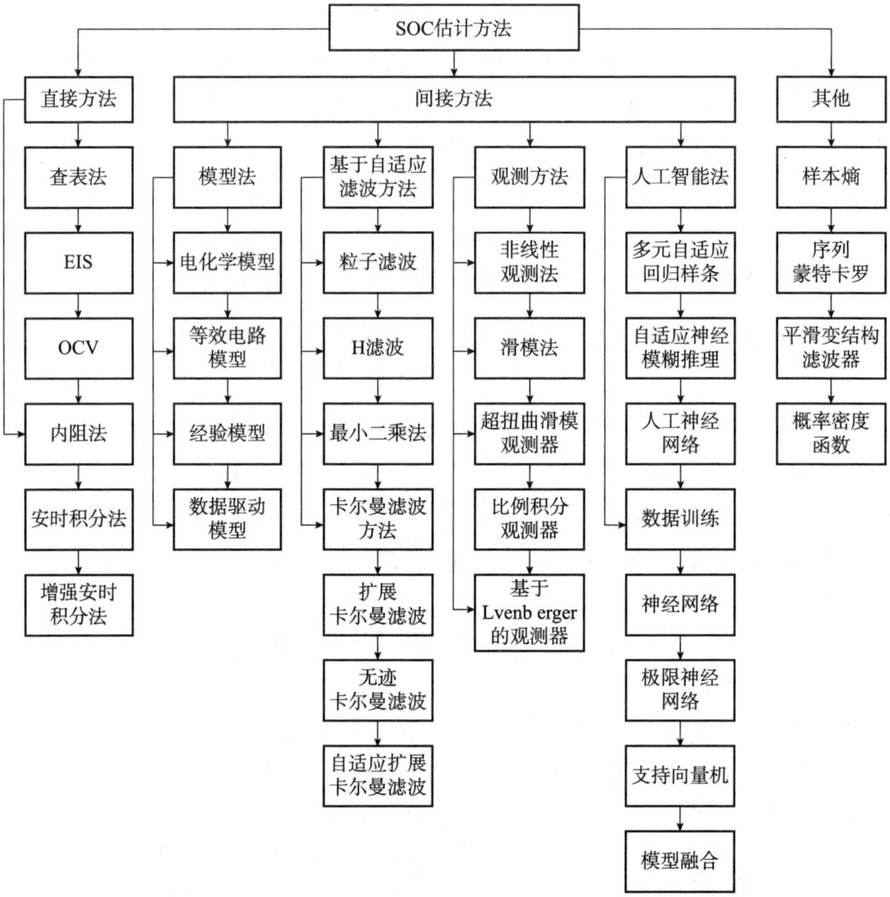

图 4 – 2　SOC 估计技术的类别

2. 阻抗谱学法

阻抗谱学(Impedance Spectroscopy，IS)是专门为实验室实验而开发的，由于难以处理大型电池参数测量数据集，因此在电池表征方面的实际应用较少。阻抗谱缓解了频谱范围内阻抗的确定，可用于解释电池对 SOC 估计的影响。对于基于 IS 的 SOC 估计，使用在不同激励频率下激励正弦波形开发阻抗测量系统，其中记录电池电压和电流。然后将记录的电压和电流的复商计算为电池 SOC 估计中使用的电池单元阻抗，且可以通过公式(4 – 1) ~ 公式(4 – 3)计算。

$$V_D = V_{max}\sin(\omega t + \theta_v) \tag{4-1}$$

$$I_D = I_{max}\sin(\omega t + \theta_v) \tag{4-2}$$

$$Z(f) = \frac{V_{max}}{I_{max}}\exp^{-\theta} \tag{4-3}$$

其中，V_D为电池的动态电压 V；V_{max}是电池的最大电压极限 V；$\sin(\omega t+\theta_v)$是生成角度正弦波形的函数，f为频率，t是时间段。I_D和 I_{max}是电池的动态和最大电流，A；$Z(f)$是电池在频率下的阻抗谱，θ为相位角，(°)。

SOC 是通过奈奎斯特图的参数值估计的。不同频率下锂离子电池充电和放电的奈奎斯特图如图 4-3(a)和(b)所示。由于电池交流阻抗与 SOC 之间是已证明的关系，基于阻抗的电池动态模型，使用阻抗确定光谱学被广泛应用在基于模型的电池 SOC 测定方法。然而，基于阻抗的 SOC 估计技术在线实现并不容易，原因如下。

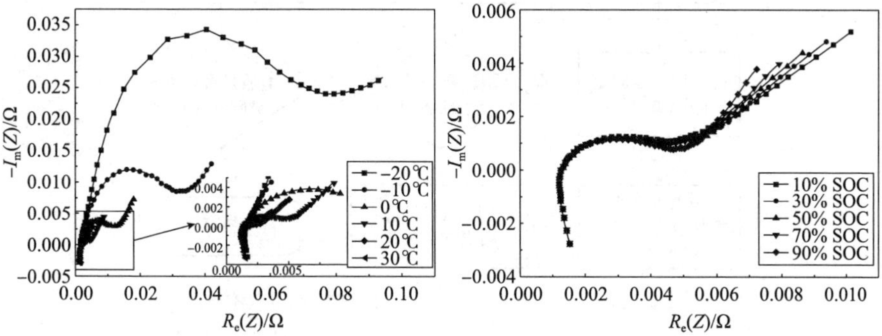

(a)不同温度线下的50%充电状态　　(b)在10℃下的不同SOC分布

图 4-3　均匀温度下电池的电化学阻抗谱

(1)阻抗谱需要额外的电路引入高频交流信号，以确定电池的交流阻抗。因此，这个测试的在线实现是复杂的。

(2)已经证实，电池交流阻抗参数和 SOC 之间的关系在很大程度上受到温度变化的影响。因此，SOC 估计方法最适合在受控的实验室条件下进行，这使得实验非常昂贵。

3. 开路电压法

在 OCV 方法中，连续测量电池的电压，并从预先记录的数据集中获得相应的 SOC。OCV 方法的实际应用需要高分辨率的电压测量，尤其是在间歇性太阳能光伏系统的情况下。然而，OCV 方法可能非常准确，因为更依赖于休息时间估计 SOC，该方法适用于离线应用，而不适用于需要实时估计 SOC 的在线应用。SOC 与 OCV 近似呈线性关系。制造商将在实验室创建一个查找表，该表给出了任何给定 OCV 值的电池 SOC 值。然后，该查找表用于识别电池 OCV 值任何给定时刻的估计电池 SOC。该方法可用于电池容量或 SOC 的在线和离线估计。识别电池 SOC 的 OCV 机制的操作如图 4-4 所示，由公式(4-4)表示。

$$V_{OCV}(t)=a_1\times SOC(t)+a_0 \tag{4-4}$$

式中，SOC(t)是电池 t 时刻测量的 SOC。当 SOC=0，a_0是电池的终端电压，a_1是

通过电池 a_0获得的。SOC 的估计相当于其 OCV 的估计。当其与负载断开连接的时间超过 2h。然而，对于电池来说，如此长的断开时间可能是很长的。OCV - SOC 的关系因电池化学成分而异。对于 SOC 估计，每个电池化学性质具有不同的特征曲线。容量衰减也对通过 OCV 对 SOC 的准确估计产生了重大影响，并且所有阶段的 SOC 估计误差均低于 3%。

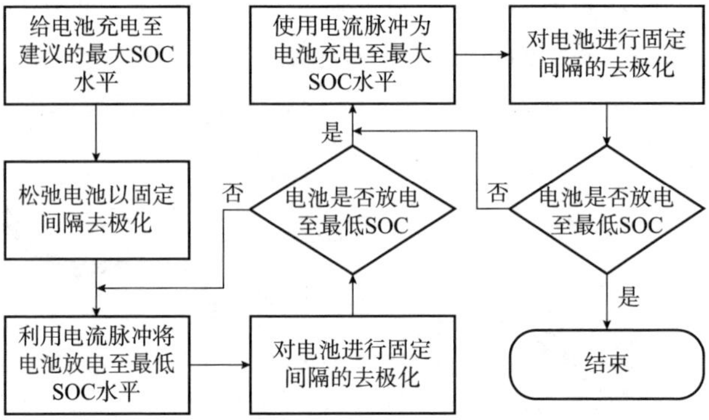

图 4 - 4　基于 OCV 的 SOC 估计技术的操作

4. 内阻法

如果外部变量(如温度、SOC 和 SOH)是固定的，则电池的电阻和内阻可以估计任何给定电流激励下的电池充电状态和其他基本电气特性。在难以测量电池阻抗的情况下，特别是在线电池 SOC 估计的情况下，必须采用内阻法估计电池 SOC。用于估计电池 SOC 的内阻方法使用电池直流电流和端子电压。这两个量的分数可用于确定电池内阻。因此，通过电池内阻机制估计 SOC 对容量衰减和温度变化有显著影响。然而，由于电池的内阻随时间变化缓慢，考虑内阻法的电池 SOC 估计不适合需要定期估计电池 SOC 的应用，如太阳能光伏系统和新能源车辆驱动器。

5. 电动势法

电池的电动势(Electromotive Force，EMF)可用于确定电池的充电状态。EMF 与电池 SOC 形成直接关系。当电池处于平衡状态时，EMF 被确定为开路电压(OCV)。在研究中，提出了不同的方法使用 EMF 对 OCV 建模，然后利用 OCV 和 SOC 关系电池 SOCis 估计。在文献中，提出了一种从 EMF 电压预测电池 SOC 的关系，并且证明这种 EMF 和 SOC 关系的方程在数学上由公式(4 - 5)与公式(4 - 6)给出。

$$V_{EMF} = SOC \times A_{SOC} + V_{EMF(min)} \tag{4-5}$$

$$SOC = \frac{V_{EMF} - V_{EMF(min)}}{A_{SOC}} \tag{4-6}$$

式中，A_{SOC}是 EMF 电压随 SOC 变化的斜率，$V_{EMF(min)}$是最小 SOC 下的 EMF 电压。

6. 库仑计数法

库仑计数(Coulomb Counting，CC)方法，也称为安培－小时积分法，由于其简单易实现，被称为最常用的电池 SOC 估计方法。现实世界中的大多数电池能量管理系统，如计算机，移动电话等将该方法用于相关联的电池 SOC 估计。在这种方法中，使用相应的测量设备来监测电池的充电和放电电流，以确定电池在一段时间内接收或提供的电量 t_0和 t_1，然后计算电池的充电状态。这种方法只需要测量电池的充电和放电电流，并了解电池的初始 SOC。控制 CC 方法的基本方程由公式(4－7)中所示的关系给出。

$$SOC(t_1) = SOC(t_0) + \left(\frac{1}{C_n}\int_{t_0}^{0+1} I_{\text{bat}}\,dt\right) \times 100\% \tag{4-7}$$

从公式(4－7)可以得知，CC 方法计算电池获得或损失的电荷量，以确定 SOC。CC 在行业中已被标准化为 SOC 估计方法。需要注意的是，电池电流的极性取决于电池是充电还是放电。如果蓄电池正在充电，则电流的极性被定义为正极；如果蓄电池正在放电，则电流极性被确定为负极。具体流程如图 4－5 所示。与库仑计数方法相关的主要问题包括如下。

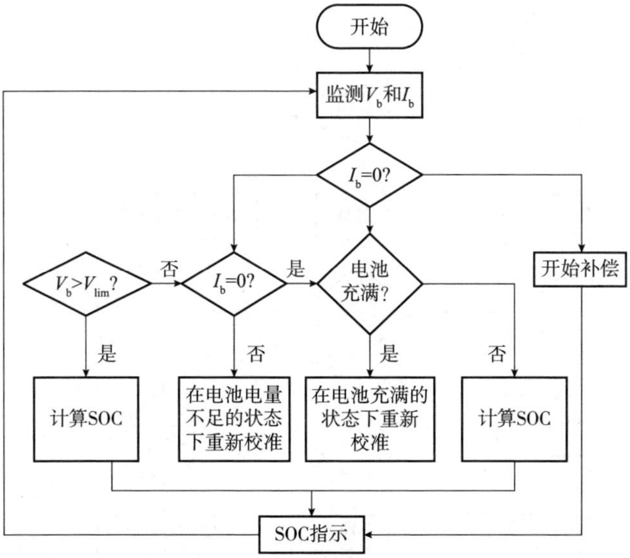

图 4－5　库仑计数法用于 SOC 估计的操作机制

(1)测量误差导致的累积误差：由于对测量的充电和放电电流进行积分运算，测量中的任何误差和(或)噪声都会累积，并导致 SOC 估计误差。

(2)初始值误差：对于使用该方法进行准确的 SOC 估计，必须准确了解初始 SOC 值。初始 SOC 中的任何误差都将由于估计过程中的积分作用而累积。

(3)难以确定库仑效率：由于库仑效率受到充电和放电速率、SOC 范围、温度和老化的影响，因此难以准确估计库仑效率。

(4)由于电池容量随着使用时间的推移而衰减，因此加入了容量衰减。CC 方法仅限于预测容量衰减，这影响了其对 SOC 的精确估计。

7. 增强库仑计数法

尽管存在与库仑计数方法相关的问题，但被认为是最适合实际实现的 SOC 估计技术之一。为了解决库仑计数法的相关问题，已经进行了大量的研究。例如，在文献中，为了克服 SOC 初始值误差，电池温度和端子电压与电流一起被连续监测。利用测量的端子电压、温度、电流和电池等效电路模型近似电池 OCV，利用来自查找表的电池 OCV 与 SOC 的关系确定库仑计数方法所需的电池初始 SOC。在文献中，为了克服与库仑效率相关的问题，修改了 Puekert 关系，该关系包括库仑计数方法长期包含的电流速率参数。在文献中，使用电池放电深度(Depth of Discharge，DoD)信息，提出了充电、放电和自放电模式的校正因子，以说明库仑计数方法中电池的库仑效率变化，从而提高电池 SOC 估计的准确性。文献提出的增强库仑计数方法的操作机制如图 4－6 所示。

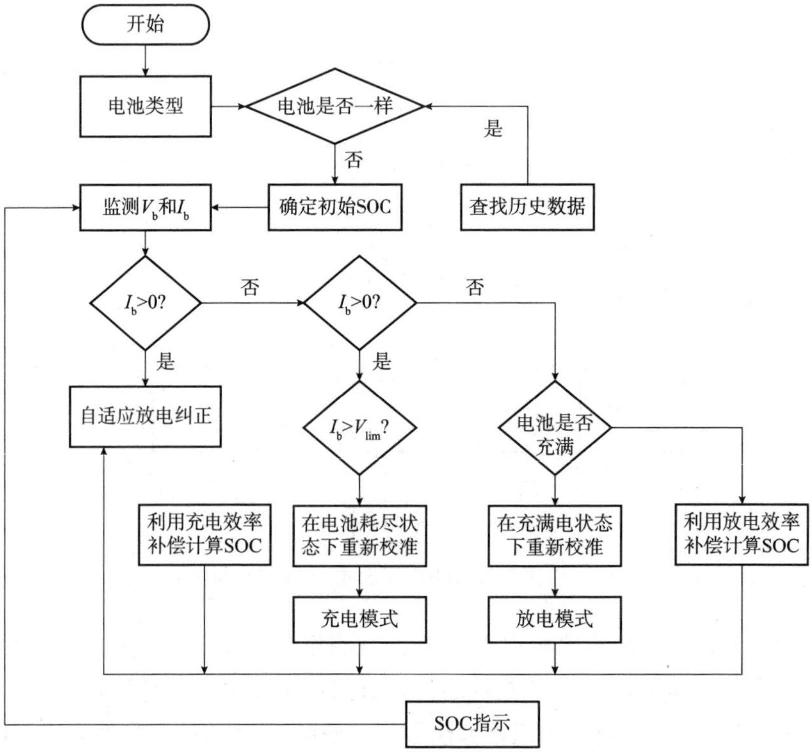

图 4－6　用于 SOC 估计的增强库仑计数方法的操作机制

4.2.2 间接方法

直接方法在线实现的困难以及测量误差对电池 SOC 估计的库仑计数方法的不利影响促使了基于模型的方法的出现。据报道，基于模型的方法利用电池的数学模型和先进的估计算法，对测量误差具有更好的准确性和鲁棒性。这些基于模型的方法需要对电池的工作条件和使用寿命敏感的参数调整。因此，多年来一直在研究这些基于模型的 SOC 估计的在线自适应。基于模型的 SOC 估计技术分为四类，即等效电路模型、经验模型、数据驱动学习模型和电化学模型。

1. 等效电路模型

基于模型的电池 SOC 估计方法中常用的电池等效电路模型是 Thevenin 等效电路模型，如图 4－7(a) 所示。在模型中 R_0 和 R_{th} 代表电池的电阻和极化电阻。电容 C_{th} 包含在模型中以描述电池在充电和放电过程中的电池瞬态响应。

$$V_{th} = -\frac{V_{th}}{R_{th}C_{th}} + \frac{I_L}{C_{th}} \tag{4-8}$$

$$V_t = V_{OCV} - I_L R_0 - V_{th} \tag{4-9}$$

公式(4－8)和公式(4－9)描述了电池的动力学电压等效电路模型。用于 SOC 估计的其他类型的现有等效电路模型是内阻(IR)、PNGV 模型和双极化(Double Polarisation, DP)模型，如图 4－7(b)～(d)所示。与 IR、PNGV 和 DP 模型相关的方程可在文献找到。这些模型具有不同程度的准确性和复杂性；并根据精度要求和应用情况用于电池 SOC 估计。电池模型的参数通常是通过严格的实验研究确定的，文献中报道了几种电池参数估计方法，例如：

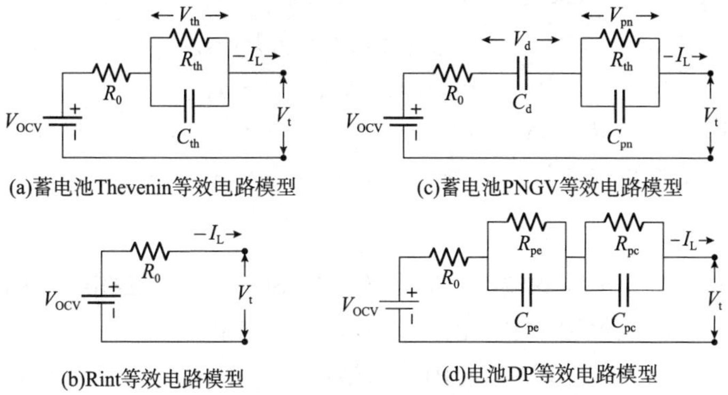

图 4－7　电池等效电路模型

应该注意的是，电池不是一个在线可测量的数量。然而，由于电池 OCV 是 SOC 的函数，并且通过如下所述的回归模型以近似模拟。

(1)线性回归模型：基于 OCV 与 SOC 的关系，就 SOC 而言使用分段线性回归模型表示 V_{SOC}。在文献中，以下分段线性近似用于表示 OCV 与 SOC 关系的每个分段。

$$V_{OCV}(SOC)_n = A_{0,n} + A_{1,n}SOC \tag{4-10}$$

式中，n 是 OCV 与 SOC 曲线近似中的线性段数。系数通常使用曲线拟合技术计算。

(2)多项式回归模型：在该模型中，电池 OCV 与 SOC 的关系使用 o 四阶多项式回归模型表示为：

$$V_{OCV}(SOC)_n = A_0 + A_1SOC + A_2SOC^2 + \cdots + A_nSOC^n \tag{4-11}$$

基于 SOC 估计的精度要求选择多项式的阶数。公式(4-11)中多项式的系数是由与电池相关的实验数据的曲线拟合技术确定的。

(3)非线性回归模型：最常用的回归模型，用于近似单调递增关系，如下式所示：

$$\begin{aligned} V_{OCV}(SOC)_n = {} & K_0 + K_1SOC + A_2SOC^2 + \cdots + K_nSOC^n + \\ & \frac{K_{n+1}}{SOC} + K_{n+2}\ln(SOC) + K_{n+3}[1 - \ln(SOC)] \end{aligned} \tag{4-12}$$

式中，OCV 近似为 SOC 的多项式、逆函数和对数函数之和，以表示 OCV 与 SOC 的关系；K 为非线性回归模型的系数，即 K_0，K_1，⋯，K_{n+3}通常使用对实验电池数据的多项式曲线近似拟合。由于电池 OCV－SOC 的关系受温度变化的影响，为了在 SOC 估计中包括温度效应，文献对电池实验数据利用最小二乘回归确定系数 K_0，K_1，⋯，K_{n+3}。基于 ECM 的 SOC 估计的状态空间模型可以结合公式(4-8)和公式(4-9)以及公式(4-10)表示：

$$x_{k+1} = f_{ECM}(x_k,\ u_k,\ \theta_k) + \omega_k \tag{4-13}$$

$$y_k = g_{ECM}(x_k,\ u_k,\ \theta_k) + \varphi_k \tag{4-14}$$

式中，$x_k = SOC$，$u_k = I_{L,k}$，$y_k = V_{t,k}$是系统的状态向量、输出向量和输入向量，θ_k 是包含时变模型参数的向量；ω_k和 φ_k过程和测量噪声和不确定性。

2. 经验模型

在经验模型中，电池的端电压表示为电池 SOC 及其充放电电流的数学函数。广泛用于数学表示电池端子电压的经典经验模型如下。

(1)Shepherd 模型：在该模型中，电池的终端电压在数学上表示为电池充电和放电电流的函数，如下式所示：

$$V_t(SOC) = V_{OCV_0} + R_{int}i_L - \frac{C_1}{SOC} \tag{4-15}$$

式中，V_{OCV}为充满电时的电池 OCV，R_{int}是电池内部电阻，以及 C_1 表示一个常数。模型的未知参数要么使用实验室测试数据使用回归技术离线识别，要么在估计电池 SOC 时在线共同估计。

（2）Unnewehr 通用模型：该模型中的电池端子电压在数学上表示为：

$$V_t(SOC)_n = V_{OCV_0} - R_{int} i_L - C_1 SOC \tag{4-16}$$

（c）能斯特模型：在该模型中使用以下数学表达式来表示作为电池 SOC 及其充电和放电电流的函数的电池终端电压。

$$V_t(SOC)_n = V_{OCV_0} - R_{int} i_L - \frac{C_1}{SOC} - C_2 SOC + C_3 \ln(SOC) + C_4 \ln(1 - SOC) \tag{4-17}$$

在公式(4－15)中，$C_1 \sim C_4$是模型常数，通常使用对电池的实验数据集进行的回归技术离线识别。基于 EM 模型的 SOC 估计方法示意如图 4－8 所示。文献比较了上述模型在表达电池终端方面的准确性，表明与其他两个模型相比，能斯特模型具有更好的准确性。然而，该模型不包括电池磁滞效应，因此在弛豫期内存在不精确性。

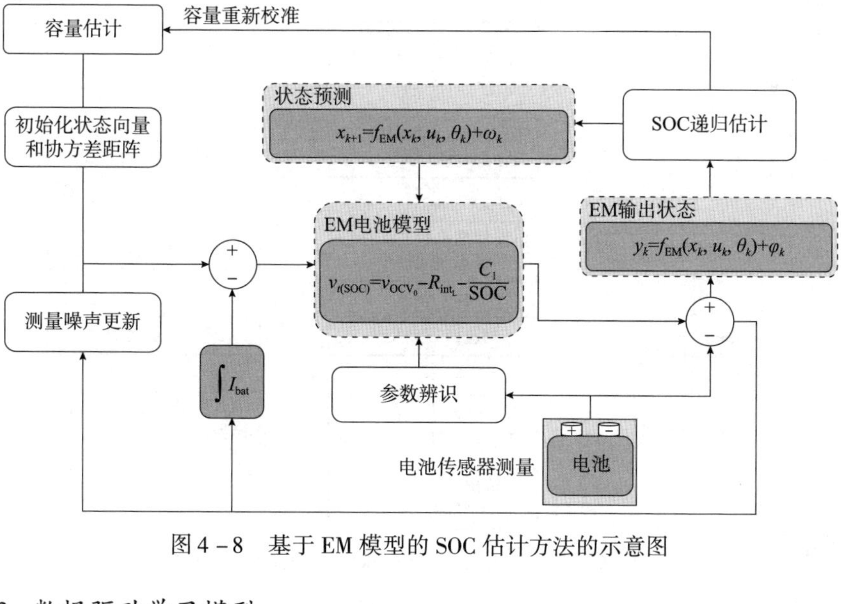

图 4－8 基于 EM 模型的 SOC 估计方法的示意图

3. *数据驱动学习模型*

确定电池等效电路模型参数的复杂性和经验模型描述电池迟滞和松弛现象的能力有限，加上机器学习领域数据挖掘方法的出现，推动了数据驱动学习电池模型的发展。该模型的主要优点是不需要事先了解电池。在这个模型中，映射函数 ξ：$[I_{L,k}, SOC, T_k] \to V_t$ 将电池端子电压与电池 SOC、充电和放电电流和温度联系起来。如公式(4－18)所示。

$$V_t = \xi(I_L, \text{SOC}, T) \tag{4-18}$$

映射函数 ξ 通过使用机器学习算法，如人工神经网络(ANN)、支持向量机(SVM)、极限学习机(ELM)等，利用历史测量数据中固有的知识确定。

4. 电化学模型

与 ECM 模型相比：韦宁等效模型仅限于正确解释有关电池内部电池化学和电化学过程的详细物理见解，这对电池行为(如快速充电)的最佳控制非常重要。例如，描述限制快速充电电池中电流流动的锂镀层的副反应中的过电位，不能通过使用基于 EM 和 ECM 的模型描述。为此，开发了电化学模型，该模型以更高的精度说明电池的内部状态，以有效控制电池行为和充电状态估计。

电化学模型主要基于偏微分代数方程(Partial Differential Algebraic Equations，PDAE)，该方程提供了电池电化学变量的时空分布，如锂离子浓度、电解质和电极电势。然而，在电池电化学模型中处理 PADE 需要解决涉及高计算复杂性和大量资源的 PDAE，限制了电化学模型在实时应用中的广泛应用。Corno 等给出了基于电化学模型的 SOC 估计的实际实现，模型示意如图 4－9 所示。

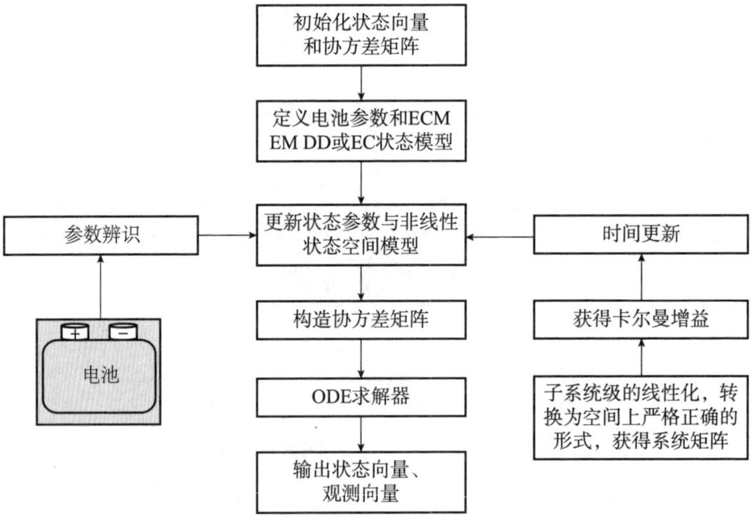

图 4－9　基于电化学模型的 SOC 估计方法示意图

由于电化学模型需要复杂的 PDAE 求解，因此正试图通过模型估计将模型简化为降阶等效电路模型。如 Li 等提出了一种用于锂离子电池分布式电化学状态的基于模型的估计器。该估计器将电化学－热耦合模型的高阶 PDAE 简化为捕获电池目标动力学的降阶等效电路模型。实现了约束集成卡尔曼滤波器，以识别模型的内部变量，如电池浓度、过电位和摩尔流量。

4.2.3 基于模型的 SOC 估计算法

卡尔曼滤波器、高级卡尔曼滤波器和粒子滤波器等状态估计滤波器广泛用于电池 SOC 的估计。在本节中，简要介绍电池 SOC 估计常用的滤波技术。

1. 卡尔曼滤波器

卡尔曼滤波器(Kalman Filter，KF)被视为最佳状态估计器，已被广泛用作估计电池 SOC 的在线工具。KF 的主要特征是，允许使用先验知识、系统模型的预测和噪声测量递归估计系统的内部状态(不可测量)，即电池情况下的 SOC。Misyris 等应用卡尔曼滤波器方法估计电动船舶应用的电池 SOC。KF 方法的优点在于，该方法最初使用早期状态的估计去估计当前系统状态，再根据系统的可用测量进行更新。用于电池 SOC 估计的 KF 方法示意如图 4－10 所示。KF 中执行的步骤简要解释如下。

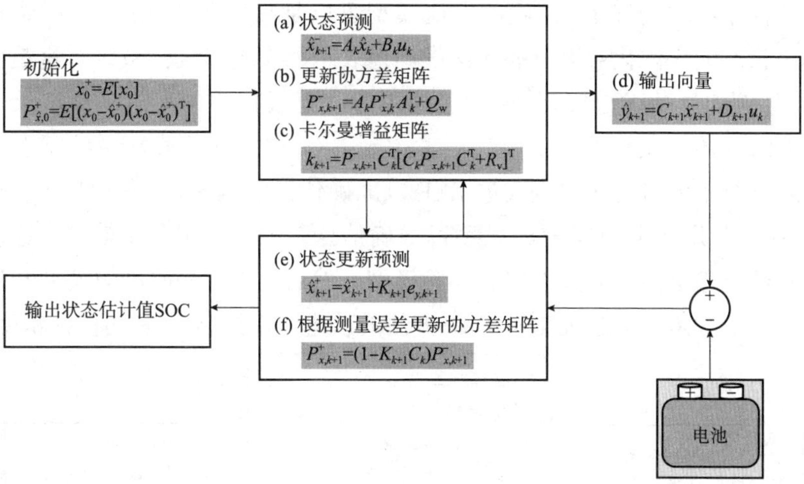

图 4－10　SOC 估计的 KF 方法示意图

1)预测步骤

(1)使用使用离散时间线性化系统模型和先前的阶跃状态向量估计预测系统状态向量$\hat{x}_{k+1}^-$，如图 4－10 中的方程(a)所示。

(2)随后使用方程(b)和(c)预测误差协方差矩阵并计算卡尔曼增益。

(3)使用离散时间线性化系统模型中的输出方程和，预测系统输出，如图 4－10 中公式(d)所示。在电池的情况下，从电池模型中可以看出，该步骤估计电池的端子电压。

2)纠正步骤

(1)将估计的系统输出(估计的电池端子电压)与测量的系统输出进行比较。

(2)该误差用于校正图 4－10 中方程(e)所示的状态预测。

然而，KF 方法的主要缺点是需要线性化的系统模型，但电池模型是非线性的。因此，为了利用 KF 进行 SOC 估计，需要围绕电池的工作点对电池模型进行线性化。当电池运行条件远离电池模型线性化的工作点时，线性化模型将无法准确描述电池行为。

2. 扩展卡尔曼滤波器

扩展卡尔曼滤波器(Extended Kalman Filter，EKF)通过略微修改 KF 中的步骤，将非线性系统模型纳入预测和校正步骤，克服了与线性化相关的 KF 问题。如图 4－11 所示，状态和输出是通过非线性电池模型[图 4－11 中的公式(a)和(d)]。图 4－11 显示了基于 EKF 滤波器的锂离子和 NMC 电池的 SOC 估计。由于 EKF 使用非线性系统模型，这种方法可以在系统运行条件的整个范围内估计系统状态。由于这个原因，EKF 滤波器被非常广泛地用于电池 SOC 估计。但在高度非线性系统的情况下(精确的电池模型可以是高度非线性的)，围绕每个预测的系统状态的线性化甚至可能无法准确地表示相应的非线性系统。这是由于线性化过程(例如泰勒级数展开)通常忽略了非线性近似中的高阶项，这反过来可能导致非线性函数完整本质的损失。考虑到 EKF 在估计非线性系统状态的有效性，已经进行了大量的研究以改进 EKF 以准确估计电池 SOC。例如：在文献中，利用双 EFK 合并电池 OCV SOC 关系以准确估计蓄电池 SOC；文献中，通过引入更多的参数改进电池的等效电路和经验模型，然后利用这些改进的模型开发 EKF 准确估计电池 SOC；文献提出了 EKF 方法的改进，以提高 EKF 的估计精度。

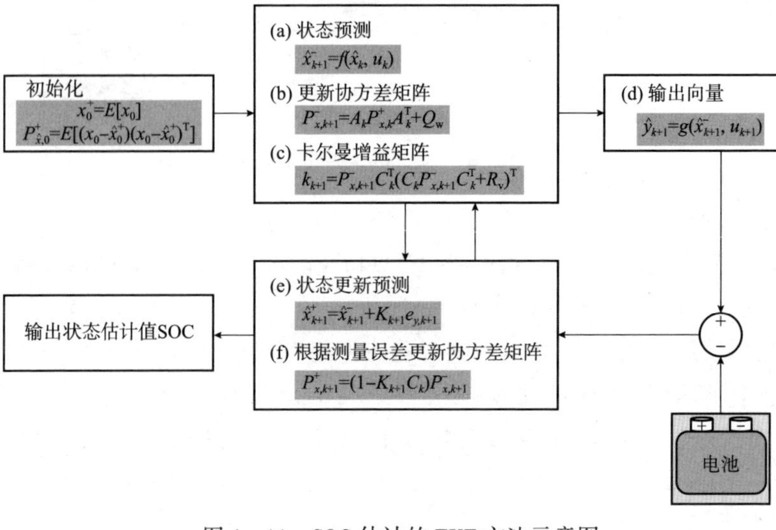

图 4－11　SOC 估计的 EKF 方法示意图

3. 自适应扩展卡尔曼滤波器

为了将系统模型和测量噪声中的变化不确定性纳入其中，提出了对 EKF 的进一步改进，即通常所说的自适应扩展卡尔曼滤波(Adaptive Extended Kalman Filter，AEKF)。AEKF 的示意如图 4－12 所示，每次步骤 $k+1$，使用 N 随后的时间样本(包括 N－1 个先前的时间样本)估计的测量噪声，J_{k+1}用来更新过程，$\hat{Q}_{\mathrm{v},k+1}$和 $\hat{R}_{\mathrm{w},k+1}$是测量噪声的协方差矩阵。这改进了 EKF，使其包含变化的系统和测量不确定性。AEKF 的这一特点促使研究人员采用 AEKF，以确保在不同的充电和放电、温度和老化以及测量噪声条件下提高电池 SOC 估计精度。

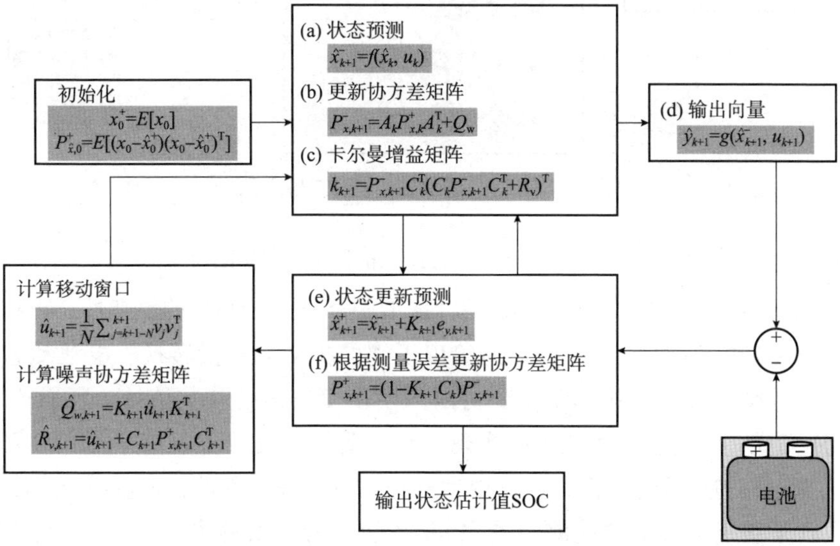

图 4－12　SOC 估计的 AEKF 方法示意图

4. 无迹卡尔曼滤波器

无迹卡尔曼滤波(Unscented Kalman Filter，UKF)是一种基于卡尔曼滤波器的改进滤波方法，利用无迹变换(Unscented Transform，UT)提供递归状态估计。无迹变换方法使用 Sigma 点估计高斯分布的均值和方差，并且当通过非线性系统时，可以使用传播的 Sigma 点估计随机变量的后验分布。UKF 主要用于电池充电状态估计，并提供更好的 SOC 估计结果。UKF 是 EKF 的一个改进版本，利用离散时间滤波算法和无迹变换相结合估计电池 SOC。基于无迹变换的 UKF 用于估计电池 SOC，以避免与 EKF 相比泰勒级数展开的弱点。UKF 的示意如图 4－13 所示。

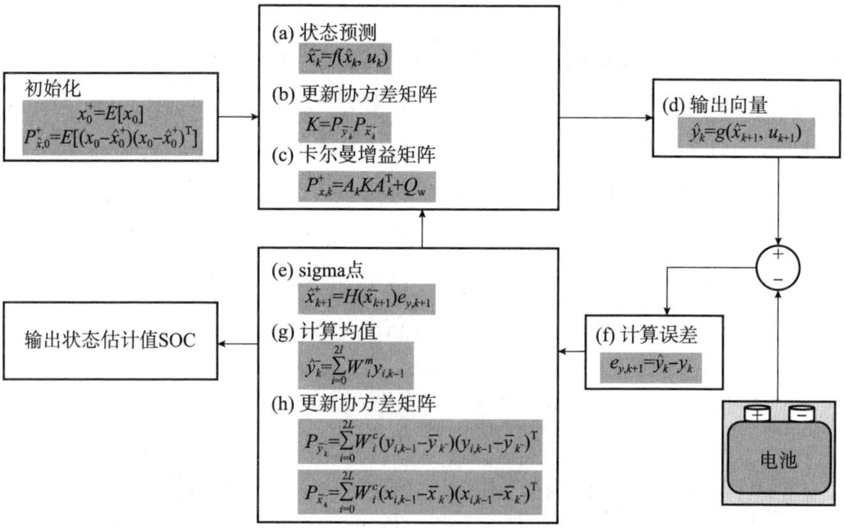

图 4－13　SOC 估计的 UKF 方法示意图

5. 集成卡尔曼滤波器(Ensemble Kalman Filter, EnKF)

考虑到电池基于电化学的 SOC 估计模型中涉及的 PDAE 的复杂性，正在开发基于降阶物理的 ECM 模型，该模型给出了锂的扩散、质量转换、电池动态退化和电池的温度分布。这些模型需要对内部模型变量进行参数估计。可通过 EKM 或 UKM 完成，然而，这些技术的实现分别需要计算复数雅可比矩阵和协方差矩阵。这些矩阵的计算成本高昂，需要大量的计算资源。因此，Evensen 于 1994 年首次引入了基于集合卡尔曼滤波器(EnKF)的方法，以解决 PB－ECM 模型基于 EKF 和 UKF 的参数估计所涉及的问题。正在实施约束 EnKF 和自适应 EnKF 方法。在受约束的 EnKF 中，物理代数约束被合并在传统 EnKF 的状态变量上，以解决线性意义上模型状态的弱可观察性；在自适应 EnKF 中，正在尝试减少 EnKF 对物理约束的依赖性，并且正在使用奇异进化插值卡尔曼滤波器(SEIKF)来实现自适应 EnKF。该方法自适应地调整了在基于 SEIKF 的 EnKF 中由于电池退化和误差协方差而引入的不确定性。基于 EnKF 的 SOC 估计的示意如图 4－14 所示。

6. H∞ 滤波器

基于 H∞ 滤波器的 SOC 估计技术是消除外部干扰对估计电池 SOC 影响的有力工具。基于 H∞ SOC 估计的方法用于使测量噪声和 SOC 估计小于定义的衰减，这确保了即使在最坏的模型扰动场景中也能准确地测量估计的 SOC。基于 H∞ 滤波器的 SOC 估计对参数不确定性具有鲁棒性。基于 H∞ 的 SOC 估计示意如图 4－15 所示。在基于 H∞ 的 SOC 估计中，系统模型参数在不同老化水平和运行条件下的变化带来了可以通过使用双 H∞ 滤波器解决的临界问题。与 EKF 和 UKF 相比，基于 H∞ 的 SOC 估计更一致，并且在复杂的不确定性下具有准确的 SOC 估值。然而，在 H∞ 中，与基于 EKF 和 UKF 的 SOC 估计相比，SOC 估计误差具有更大的可变性。这是由于电池开路电压和 SOC 之间的强相关性。

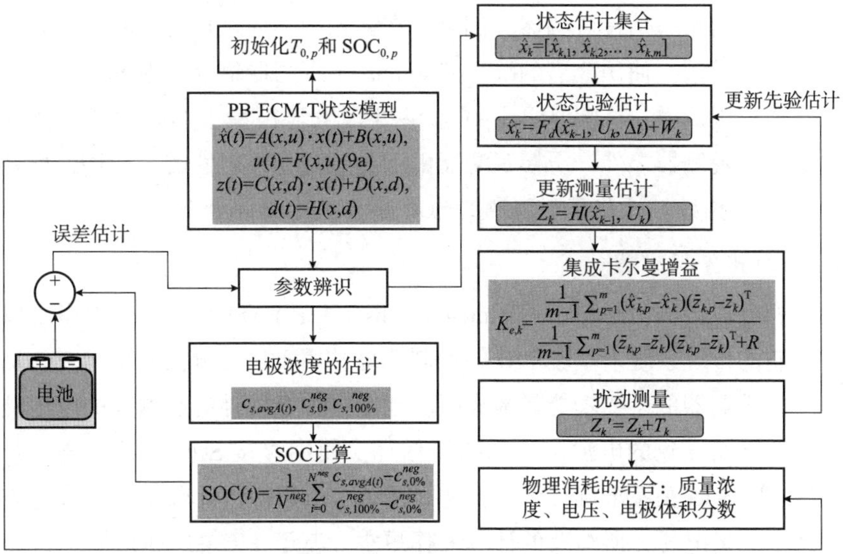

图 4－14　SOC 估计的 EnKF 方法示意图

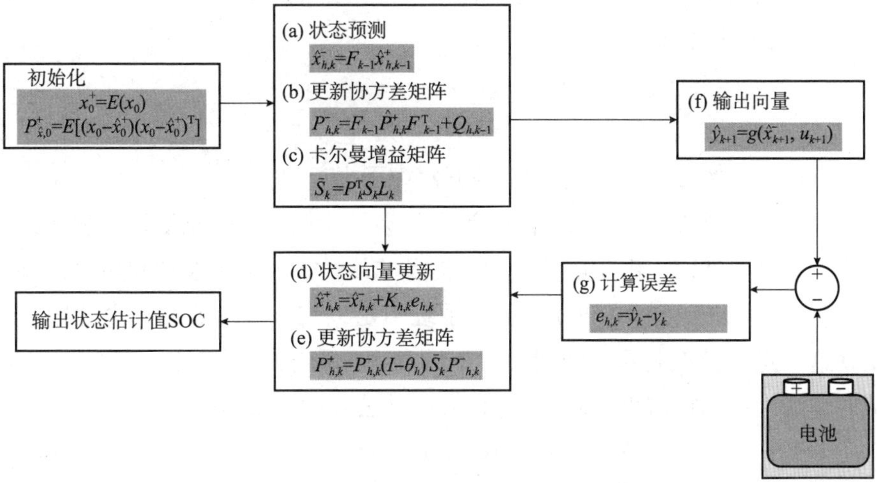

图 4－15　基于 H 无穷大的 SOC 估计的流程图

4.2.4 基于观测器的估计

在基于观测器的状态估计技术中，考虑了电池的确定性模型，而不是与电池相关的包含测量和过程噪声分布的随机模型。假设电池等效电路模型的参数是根据实验数据预先确定的，并且测量噪声不显著。有文献报道了用于电池 SOC 估计的不同类型的状态估计观测器。例如，在文献中，通过在每个时间步长线性化电池等效电路模型，使用改进的线性 Luenburger 观测器估计电池 SOC。在文献中使用了自适应观测器。文献中采用了能够处理电池模型中非线性的非线性观测器。除了上述观测器之外，滑模观测器由于对建模不确定性的鲁棒性，已被广泛用于电池 SOC 估计。这些基于观测的 SOC 估计技术具体如下。

1. 比例积分观测器

比例积分观测器(Proportional Integral Observer，PIO)已在工业中用于取代涉及反馈控制的传统系统。基于 PIO 的控制系统被用于估计电池 SOC。SOC 估计中基于 PIO 的控制器的主要功能是最大限度地减少由于估计的和测量的电池开路电压之间的差异而导致的电池电压的错误估计。使用直接 SOC 估计方法的开路电压使用电压 - SOC 关系准确估计实际电池 SOC。InPIO 估计电压以精确的方式有效地收敛了测量电压，所涉及的计算操作更少。基于 PIO 的 SOC 估计方法快速、准确、易于实现，并且对扰动建模具有鲁棒性。对基于 PIO 估计的 SOC，图 4 - 16 中所示的 RC 等效电路用于构建电池系统的状态模型，如公式(4 - 19)和公式(4 - 20)所示。

$$\dot{x} = Ax + Bu \tag{4-19}$$

$$y = Cx + Du \tag{4-20}$$

式中，x 表示电池 SOC，y 表示蓄电池开路端子电压 V_{OCV}。

如果模型误差为零，并且电池模型中不涉及非线性，则模型系统被视为线性电池模型系统。然而，由于电池模型中涉及非线性，如容量波动和建模误差，因此公式(4 - 19)和公式(4 - 20)所示的系统不足以完全表示非线性电池模型。为了实现这一点，设 E 是系统非线性对不同状态的影响，$v(t)$ 是非线性噪声扰动。电池的非线性状态模型可以由公式(4 - 21)和公式(4 - 22)表示。

$$\dot{x} = Ax + Bu + Ev(t) \tag{4-21}$$

$$\hat{y} = Cx + Du \tag{4-22}$$

对于新能源车辆和光伏系统中基于 PIO 的电池 SOC 估计，模型扰动是由工作温度和测量传感器噪声的变化引起的。基于温度的扰动，工作温度的变化率非常小，因此 $v(t)\approx 0$。对于传感器噪声引起的扰动，考虑了均值为零的高斯噪声。对于测量传感器发生故障的场景，在这种情况下假设为 $v(t)\approx 0$。因此，根据 PI 观测器的定义，可以重新设计 PI 观测器，如公式(4－23)和公式(4－24)所示。

$$\dot{x}=A\hat{x}+Bu+K_p(y-\bar{y})+K_{i2}\omega \tag{4-23}$$

$$\omega=K_{i1}(y-\bar{y}) \tag{4-24}$$

其中 ω 定义为差积分 $y-\bar{y}$。基于 PIO 的 SOC 估计中的反馈模型可以由公式(4－25)和公式(4－26)表示。

$$\dot{e}=Ae-K_pCe+K_{i2}\omega \tag{4-25}$$

$$\dot{\omega}=-K_{i1}Ce \tag{4-26}$$

其中 $e=\bar{x}-x$。基于 PIO 算法的电池 SOC 估计的总体示意如图 4－16 所示。

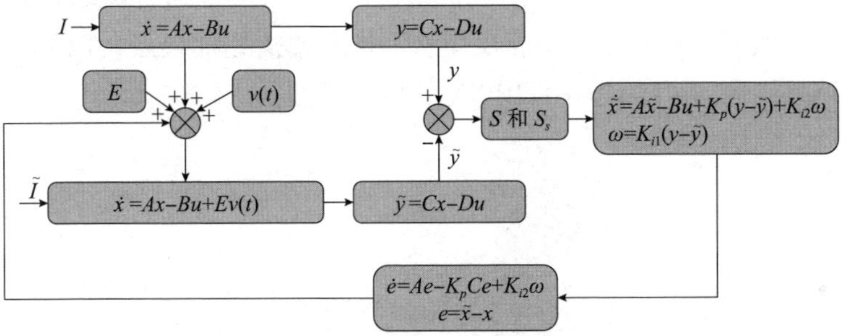

图 4－16　SOC 估计的 PIO 算法示例

2. 无输入 SOC 观测器

SOC 估计在很大程度上取决于通过传感器精准地测量电池电流。这些测量很难实现，尤其是在便携式电子设备或自监测电池管理系统中。此外，传感器测量有时不准确，很大程度上取决于外部因素，如温度变化等。由于使用了振荡电阻，电流测量也需要隔离电路，并包含额外的能量消耗和热量积累。传感器测量也增加了系统的成本。作为回应，开发了 SOC 估计系统，该系统不需要来自传感器测量(如电流传感器读数)的任何输入。这些无输入或无输入的 SOC 估计技术已在文献中得到了实现，但是有限的。这些无输入观测器利用基于 ECM 的模型，通过从电压中推导，计算电流以进行 SOC 估计。这些无输入观测器依赖于模型，并且由于非线性和内在的开环行为机制而未能提供鲁棒的 SOC 估计。然而，最近的研究提高了 ECM 模型中电流测量的准确性，试图实现稳健和准确的无输入 SOC 估计。无输入 SOC 估计可能为可移植电子和自电池管理系统的应用(如未来的智能太阳能光伏系统)提供更好的 SOC 估计解决方案。

4.2.5 基于数据驱动的 SOC 估计模型

当 SOC 估计中需要考虑外部系统变化和电池容量衰减的影响时，基于人工智能的 SOC 估计模型在电池 SOC 估计中具有重要意义。在本节中，讨论了基于人工智能的 SOC 估计技术，如神经网络、模糊逻辑和基于支持向量机的 SOC 估计。

1. 人工神经网络

人工神经网络(Artificial Neural Networks，ANN)是一种基于计算机的算法系统，涉及从人脑中的神经网络中获得的计算。人工神经网络在工业中被用于许多系统参数估计应用。神经网络有两种广泛采用的架构，用于估计电池 SOC，即前馈(FFANN)和反向传播(BPNN)。在 FFANN 中，当信号通过网络传播时，不存在反馈学习。然而，在 BPNN 中，反馈从输出层传播到加权层，以便消除错误的 SOC 估计结果。图 4－17 说明了 BPNN 的操作模型。

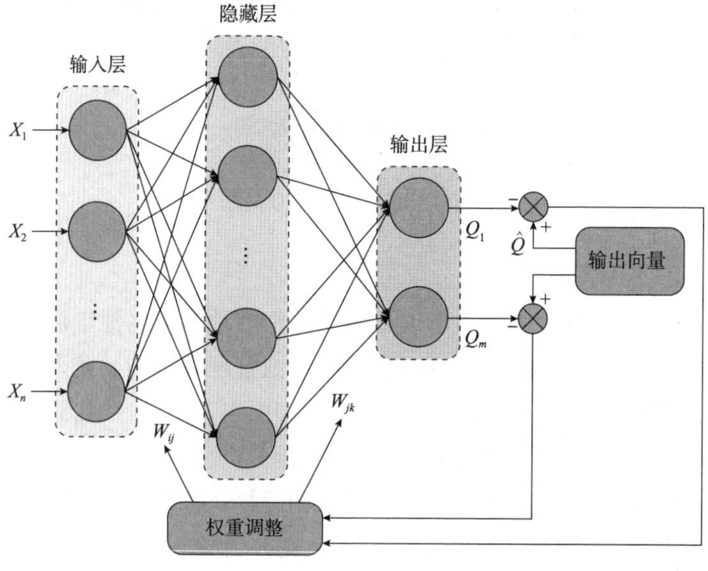

图 4－17　用于 SOC 估计的 BPNN 操作模型

基于人工神经网络的 SOC 估计方法的优点是可以用于预测非线性系统条件下的电池容量状态。尽管这种 SOC 估计需要大量的训练数据集，但可以用更少的计算时间准确地估计电池 SOC。然而，该技术涉及大型数据集的训练，这对系统精度有着至关重要的影响。此外，基于人工神经网络的 SOC 估计算法非常复杂，需要大量运算来执行算法计算。由于基于 ANN 的 SOC 不提供任何外推数据的功能，这限制了基于 ANN 技术确定电池充满电所需的剩余时间的能力。

2. 模糊逻辑

基于模糊逻辑的学习方法也广泛应用于电池 SOC 估计。这种方法使用与电池相关的实验或历史数据集制定语言规则集，这些数据集将电池测量值与电池 SOC 联系起来。语言规则减少了测量规则的影响和与电池模型参数相关的不确定性。然而，在模糊推理方法中，没有系统的方法确定输入和输出隶属度函数，并且可以直观地确定。据报道，神经网络和基于模糊推理的自适应神经模糊推理系统的组合也可用于电池 SOC 估计。

3. 支持向量机

支持向量机分析数据并识别非线性系统的模式。这是一种简单而优雅的基于支持向量的电池 SOC 估计技术。该方法对测量噪声具有很高的容忍度，并且可以与温度、电压和内阻等输入参数的组合相结合，以消除估计误差，提高估计电池 SOC 的准确性。在这项技术中，回归分析被用于解决非线性电池系统问题，并被证明是一种适当而准确的技术，可以有效地估计新能源车辆和太阳能光伏应用的电池 SOC。与人工神经网络和模糊逻辑系统相比，支持向量机具有更好的泛化性能。在支持向量机 SOC 估计中，关键是将低维非线性空间模型中的原始模式参数样本映射到高维线性空间模型中，这样就可以形成一个具有线性特征的超平面以从两类中分离出不同的参数样本。

4. 多变量自适应回归样条

多变量自适应返回样条(Multivariate Adaptive Regression Splines，MARS)是 Friedman 在文献中为多变量和高维数据引入的灵活的基于回归的分析。MARS 基本上是乘积样条基的扩展，自主估计基函数和参数。递归划分是 MARS 操作方法背后的重要启示。与递归划分相反，MARS 可以通过使用连续导数生成连续模型。MARS 具有非常简单的操作结构，并且可以使用低成本的微控制器轻松实现。该估计技术的系数为 0.98，电池 SOC 范围在 25%～90%之间，误差估计为 1%。

4.3 案例分析

4.3.1 案例 1

4.3.1.1 LSSVM 原理

LSSVM 是一种改进的 SVM 算法。通过构造损失函数，将 SVM 的二次优化转化为求解线性方程。假设训练样本为$\{x_i, f(x_i)\}_{i=1}^{n}$，$x_i$是输入向量，$f(x_i)$是相应的值。LSSVM 表达的回归模型如下：

$$f(x_i)=\omega\varphi(x_i)+b \tag{4-27}$$

式中，$\varphi(\cdot)$为核函数，ω 是权向量，b 是偏差值。

为了确定公式(4-26)LSSVM 的最优参数(ω，b)，使用结构风险原理，并选择误差 e_i的二次方作为损失函数。其优化问题如下：

$$\begin{cases} \min J(\omega,e) = \dfrac{1}{2}\omega^T\omega + \dfrac{1}{2}C\sum_{i=1}^{n} e_i^2 \\ s.t. f(x_i) = \omega^T\varphi(x_i) + b + e_i \end{cases} \tag{4-28}$$

引入拉格朗日方法将公式(4-27)转化为二次规划问题：

$$L(\omega,b,e,\alpha) = J(\omega,e) - \sum_{i=1}^{n}\alpha_i[\omega^T\varphi(x_i) + b + e_i - f(x_i)] \tag{4-29}$$

式中，a_i是第 i 个拉格朗日算子，C 是惩罚因子，最优a_i和 b 可以通过 KKT 条件获得：

$$\begin{cases} \dfrac{\partial L}{\partial\omega} = 0 \\ \dfrac{\partial L}{\partial b} = 0 \\ \dfrac{\partial L}{\partial e_i} = 0 \\ \dfrac{\partial L}{\partial\alpha_i} = 0 \end{cases} \rightarrow \begin{cases} \sum_{i=1}^{n} a_i\varphi(x_i) = \omega \\ \sum_{i=1}^{n} a_i = 0 \\ 2c^{e_i} = \alpha_i \\ \omega^T\varphi(x_i) + b + e_i - f(x_i) = 0 \end{cases} \tag{4-30}$$

如果$f(x_i)$满足 Mercer 条件，则公式(4-29)和公式(4-30)组合得到方程：

$$f(x_i) = \sum_{i=1}^{\infty}\alpha_i \times k(x, x_i) + b \tag{4-31}$$

径向基函数对数据中的噪声具有较强的抗干扰能力。本章选择 RBF 作为核函数：

$$k(x_i, x_j) = e^{\frac{\| x_i - x_j \|}{2\mathrm{Sigma}^2}} \tag{4-32}$$

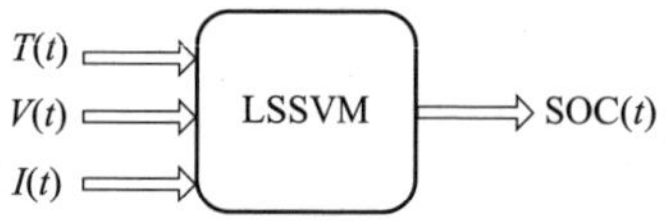

图 4-18　LSSVM 模型示意图

本案例建立了一种用于 SOC 估计的 LSSVM 框架。LSSVM 的输入向量由 LIBs 的电流、电压和温度组成。如图 4-18 所示。式中，时间 t 的 LIBs 的 $T(t)$、$V(t)$和 $I(t)$是 LSSVM 的输入向量，SOC(t)为相应的输出向量。

LSSVM 模型有两个重要的参数需要识别：惩罚因子 C 和核参数 Sigma。因此，为了得到最优参数(C，Sigma)，本章应用灰狼优化器对参数进行识别。

4.3.1.2 灰狼算法原理

灰狼优化器(Grey Wolf Optimizer，GWO)是一种新的优化算法，具有全局优化、易于编程、可调整参数少、收敛速度快等优点。在GWO中，灰狼种群具有严格的社会支配水平，包括阿尔法狼(α)、贝塔狼(β)、伽马狼(γ)和ω狼(ω)。α是灰狼群的最高领导者，β和γ分别是第二和第三好的狼，其余被归类为ω狼。在整个GWO中，整个狩猎过程由灰狼α、β和γ主导，ω狼跟随前三者更新位置。GWO的详细过程主要包括包围猎物、狩猎和攻击猎物。

1. 包围猎物

$$\boldsymbol{Q} = |\boldsymbol{C}\boldsymbol{X}_{\mathrm{p}} - \boldsymbol{X}(t)| \tag{4-33}$$

$$\boldsymbol{X}(t+1) = \boldsymbol{X}_{\mathrm{p}}(t) - \boldsymbol{A}\boldsymbol{Q} \tag{4-34}$$

式中，t是当前时刻，X_{p}是猎物的位置向量，X是灰狼的位置向量。

A和C是系数向量，其定义为：

$$\boldsymbol{A} = 2ar_1 - a \tag{4-35}$$

$$\boldsymbol{C} = 2r_2 \tag{4-36}$$

式中，a随着迭代次数的增加而从2减少到0；r_1和r_2的范围是从0到1。

2. 狩猎

$$\begin{cases} \boldsymbol{Q}_{\alpha} = |\boldsymbol{E}_1\boldsymbol{X}_{\alpha} - \boldsymbol{X}| \\ \boldsymbol{Q}_{\beta} = |\boldsymbol{E}_2\boldsymbol{X}_{\beta} - \boldsymbol{X}| \\ \boldsymbol{Q}_{\gamma} = |\boldsymbol{E}_3\boldsymbol{X}_{\gamma} - \boldsymbol{X}| \end{cases} \tag{4-37}$$

式中，$\boldsymbol{X}_{\alpha}$、$\boldsymbol{X}_{\beta}$和$\boldsymbol{X}_{\gamma}$分别表示α，β和γ狼的最佳位置，$\boldsymbol{Q}_{\alpha}$、$\boldsymbol{Q}_{\beta}$和$\boldsymbol{Q}_{\gamma}$表示前三个最佳狼与种群之间的距离。然后，在α、β和γ狼的领导下，更新灰狼种群的位置。

$$\begin{cases} \boldsymbol{X}_1 = |\boldsymbol{X}_{\alpha} - \boldsymbol{A}_1(\boldsymbol{Q}_{\alpha})| \\ \boldsymbol{X}_2 = |\boldsymbol{X}_{\beta} - \boldsymbol{A}_2(\boldsymbol{Q}_{\beta})| \\ \boldsymbol{X}_3 = |\boldsymbol{X}_{\gamma} - \boldsymbol{A}_3(\boldsymbol{Q}_{\gamma})| \end{cases} \tag{4-38}$$

$$\boldsymbol{X}_{\mathrm{p}} = \frac{\boldsymbol{X}_1 + \boldsymbol{X}_2 + \boldsymbol{X}_3}{3} \tag{4-39}$$

式中，A_1、A_2和A_3是由公式计算的不同系数，$\boldsymbol{X}_1$、$\boldsymbol{X}_2$和$\boldsymbol{X}_3$分别是在α、β和γ领导下的更新位置。

3. 攻击猎物

在整个算法中，使用α，β和γ估计猎物的可能位置，并根据每个候选解更新与猎物之间的距离。当a从2减少到0时，相应的a也会发生变化。当$|A|>$

1 时，狼群进行全局搜索；当 $|A|<1$ 时，狼种群进行局部精确搜索。当猎物疲惫且无法移动时，杀死猎物并结束狩猎任务。GWO 算法的具体步骤如下：

①设置总迭代次数、种群大小，随机生成 a、A、C，初始化灰狼种群；

②计算每个人的适合度；

③根据适应度值，选择前三个最佳灰狼，定义为 X_α、X_β和 X_γ；

④除前三只最佳灰狼外，其他个体的位置由公式(4－37)和公式(4－38)更新；

⑤更新 a、A 和 C；

⑥计算所有个体的适应度值。与上一次迭代的值相比，选择前三个最佳位置的灰狼作为下一代继续搜索。如果达到最大迭代次数，则停止计算并输出最佳位置 x；否则，重复步骤⑥。

因此，GWO 可以提高模型参数的识别精度，并将最优参数传递给 LSSVM。

4.3.1.3 基于 AUKF 的 SOC 估计

1. 基于单反馈向量的 LSSVM 模型 SOC 估计

T、v、I 三个参数被用作 LSSVM 的输入向量。尽管可以获得 SOC 估计结果，但 LSSVM 的输入向量的数量也可能影响估计结果。因此，首先应用滑动窗口方法更新 LSSVM 模型的输入向量，以提高 SOC 的估计精度。

滑动窗口是指数据流上的一个间隔，其中存储了最新数据流中的 N 个数据。随着数据流中新数据的到来，窗口队列不断更新中的 $N+1$ 数据并丢弃最早的数据。将窗口宽度设置为等于输入向量的数量。换句话说，如果输入向量的数量是 u，则滑动窗口的宽度定义为 u。当从 t 迭代到$(t+1)$时，需要另一组具有 u 的样本来估计 SOC。滑动窗口方法结构如图 4－19 所示。

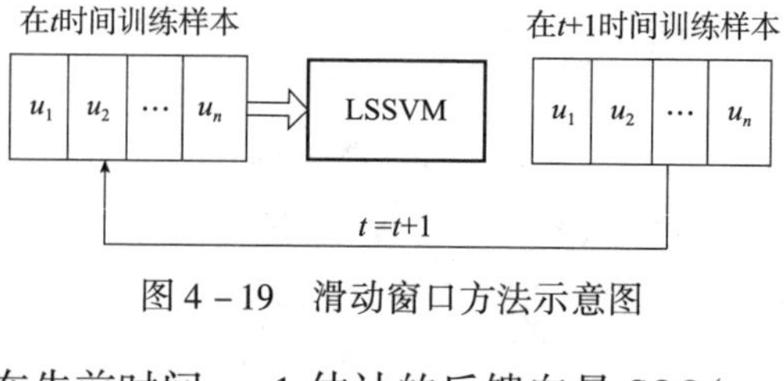

图 4－19 滑动窗口方法示意图

基于该算法，在先前时间 $t-1$ 估计的反馈向量 SOC$(t-1)$，以及在采样时间 t 测量的 I(t)、$V(t)$和 $t(t)$，被窗口选择并用作 LSSVM 的输入以估计 SOC(t)。该方法的主要优点是估计的 SOC 在瞬时时间内不会突然变化，因此将上一次的 SOC 估计值添加到窗口中，以调整输入向量的数量，从而提高 SOC 的估计精度。在该模型中，滑动窗口的宽度设置为 4，新的电池模型结构如图 4－20 所示。

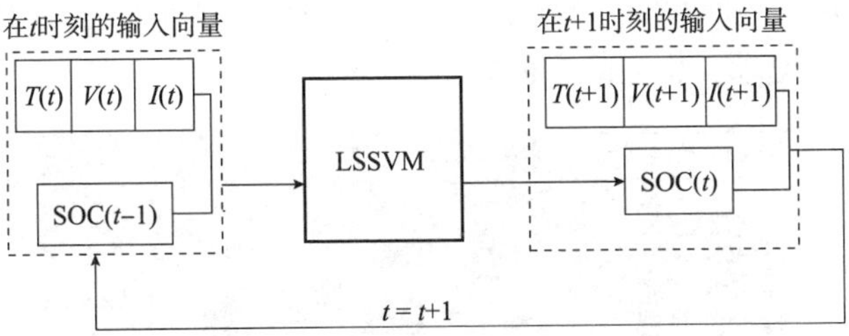

图 4-20 基于滑动窗口方法的 LSSVM

2. 基于多向量的 LSSVM 模型 SOC 估计

在上述算法的基础上，为了进一步获得 SOC 的高精度，提出了一种新的基于多反馈向量的滑动窗口 LSSVM 模型。电池模型结构如图 4-21 所示。

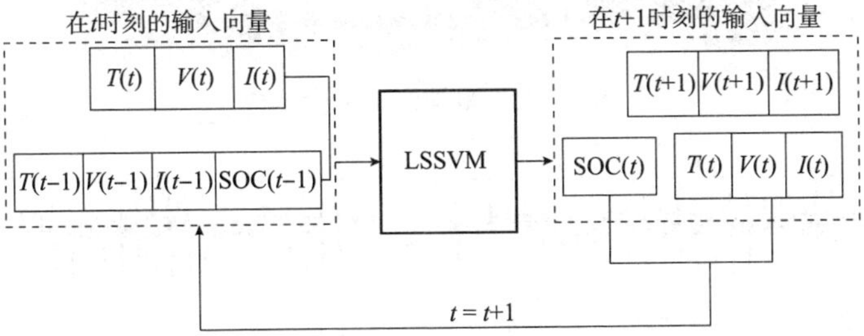

图 4-21 基于多反馈向量的 LSSVM 模型

在本节中，电池的测量参数在充放电过程中会随着时间的推移而变化，测量不准确可能会降低 SOC 的估计精度。因此，新模型考虑通过滑动窗口调整输入向量，以进一步提高 SOC 的估计准确性。如图 4-21 所示。滑动窗口的宽度设置为 7，该方法的优点是可以减少测量过程中可能出现的误差，并可以进一步提高 SOC 的估计精度。

4.3.1.4 结果和讨论

1. 试验台

在本节中，标称容量为 2.4A·h 的 NMC 型电池用于充电和放电实验。图 4-22 显示了电池实验设备平台的结构，包括主机、温度箱、电池测试系统 Arbin 和几个测试电池。电池测试设备负责电池的充放电实验，并通过 TCP/IP 协议将实验数据传输到主机。相应的电流和电压显示在计算机上，为 LSSVM 模型训练提供了广泛的实际条件。本章提出的算法是用 MATLAB 进行编译的。可编程温度箱提供环境温度，以防止温度波动导致电池性能变化。

2. DST 循环下的 SOC 估计

为了验证该模型的有效性，对电池进行了动态应力测试，数据分别在 0℃、

25℃和45℃下收集。前6000个数据用于模型训练，其余样本用于验证。测量值以1s为间隔进行记录，相应的数据如图4－23所示。

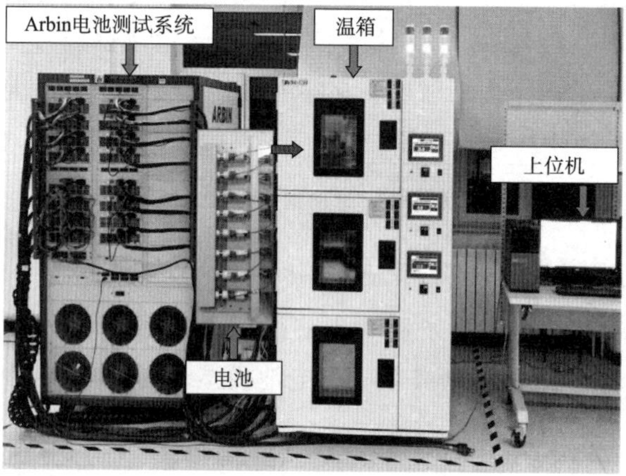

图4－22　电池测试平台结构

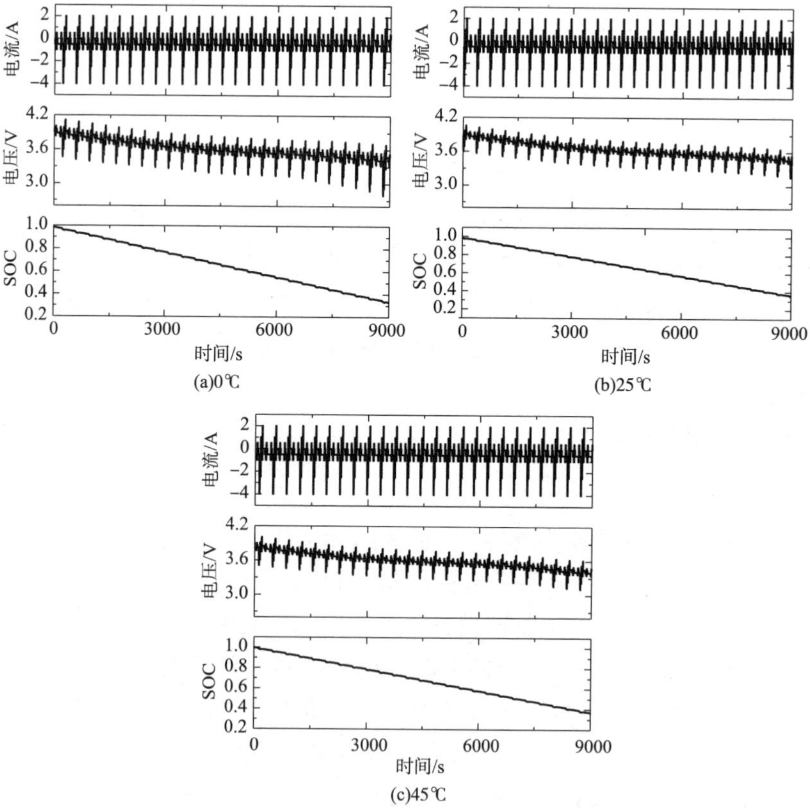

图4－23　不同温度下的DST驱动循环

此外，对数据进行归一化可以减少不同维度数据所引起的误差。在本章中，输入向量被归一化到范围[0，1]，该范围被定义为公式(4-40)。

$$x = \frac{2(x - x_{min})}{x_{max} - x_{min}} - 1 \tag{4-40}$$

式中，x_{max}和x_{min}分别是输入的最大值和最小值。

本章使用了两种类型的评估标准，包括均方根误差(Root Mean Square Error，RMSE)和最大绝对误差(Maximum Absolute Error，MAE)：

$$y_{RMSE} = \sqrt{\frac{1}{N}\sum_{1}^{N}(y_{exp,N} - y_{est,N})^2} \tag{4-41}$$

$$y_{MAE} = \max|y_{exp,N} - y_{ext,N}| \tag{4-42}$$

式中，$y_{exp,N}$和$y_{ext,N}$分别表示SOC的估计值和实际值。

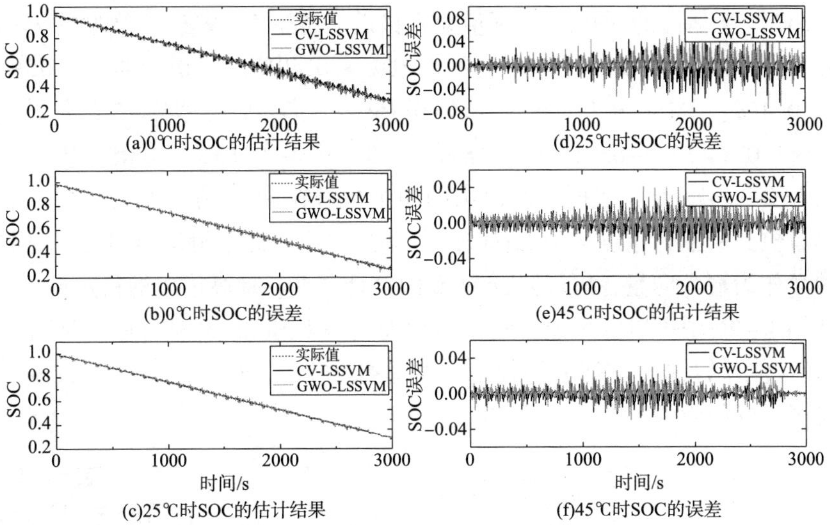

图4-24 GWO-LSSVM和CV-LSSVM在DST循环下估算SOC的比较

为了评价GWO的优越性，比较了GWO-LSSVM和CV-LSSVM在0℃、25℃和45℃下的估计性能。虚线段表示实际SOC值。从图4-24(a)~(c)可以看出，两个模型估计的SOC以相似的速度收敛到实际值。基于LSSVM模型的CV优化估计的SOC曲线在不同温度下波动很大。SOC估计误差分别为-7.28%~6.75%、-3.6%~4.06%和-2.97%~3.27%，而基于LSSVM的GWO优化的SOC估计误差则分别为-6.32%~4.57%、-3.39%~2.82%和-2.93%~2.41%。与CV-LSSVM相比，MAE分别下降了13.2%、16.5%和10.4%。结果表明，SOC的估计误差随着温度的升高而减小，基于GWO优化的LSSVM模型具有较高的精度。相关统计数据如表4-1所示。

表 4 -1　DST 循环下估计 SOC 的比较

电池模型	温度/℃	MAE/%	RMSE/%
CV - LSSVM	0	7. 28	1. 04
	25	4. 06	0. 69
	45	3. 27	0. 57
GWO - LSSVM	0	6. 32	0. 89
	25	3. 39	0. 69
	45	2. 93	0. 42

在该实验中，为了评估所提出模型的有效性，将所提出的模型与 SVM、RBF 和长短期记忆(LSTM)进行了比较，以分析该模型的综合性能。所有估计量都用相同的数据进行了验证。从图 4 -25 中可以清楚地看到，所提出的模型 LSSVM - 1 和 LSSVM - 2 估计的 SOC 与实际值非常接近。基于 LSSVM - 1 模型的 SOC 估计误差在 0℃、25℃和 45℃时分别为 -0. 61% ~0. 49%、-0. 37% ~0. 55% 和 -0. 4% ~0. 4%。RMSE 从 0. 22% 降低到 0. 15%。而基于 LSSVM - 2 的估计误差为 -0. 41% ~0. 21%、-0. 11% ~0. 18%、-0. 13% ~0. 13%。RMSE 从 0. 19% 降低到 0. 13%。实验结果表明，所提出的两个模型在 SOC 估计中比传统的 LSSVM 模型具有更高的估计精度。与 LSSVM - 1 模型相比，通过滑动窗口方法选择了更多的参数作为输入向量，可以降低 SOC 的估计误差，提高模型的稳定性。

从图 4 -26 中可以清楚地看到，与 SVM、RBF 和 LSTM 估计的 SOC 相比，基于 LSSVM 估计的 SOC 曲线波动较小，误差相对较小，在不同温度下的 SOC 估计也取得了良好的效果。

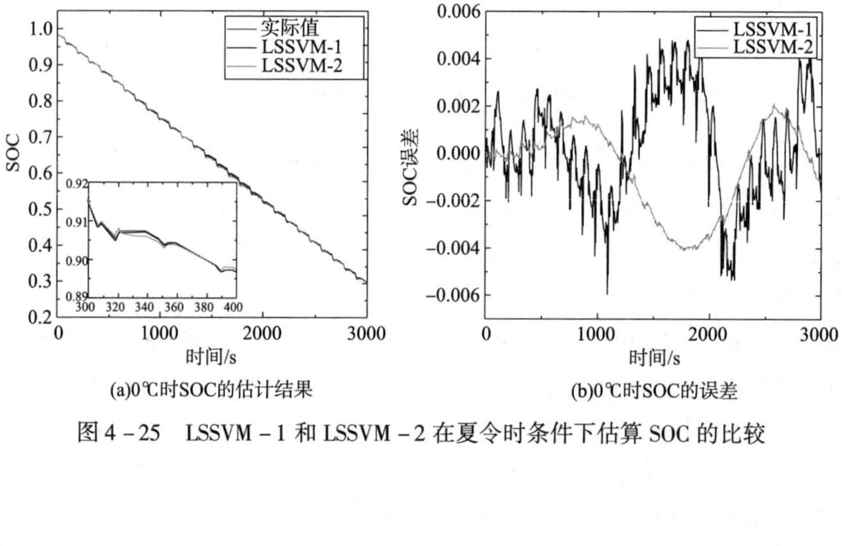

图 4 -25　LSSVM - 1 和 LSSVM - 2 在夏令时条件下估算 SOC 的比较

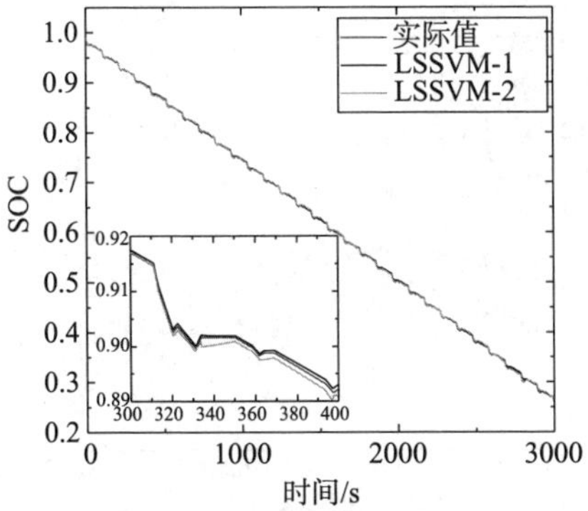

(c)25℃时SOC的估计结果

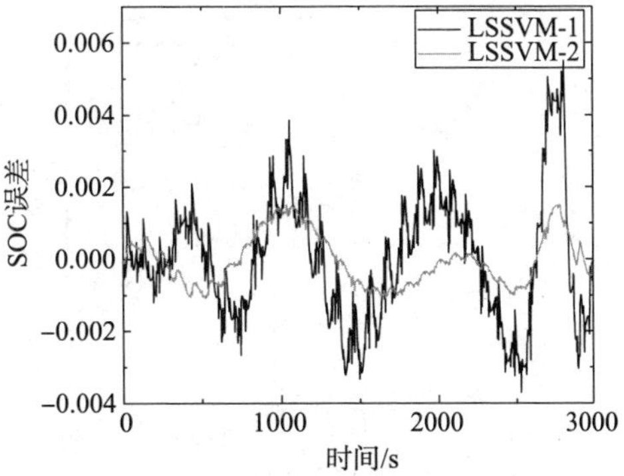

(d)25℃时SOC的误差

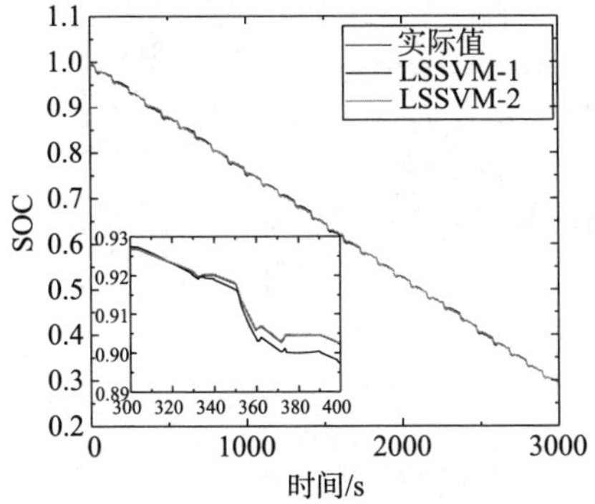

(e)45℃时SOC的估计结果

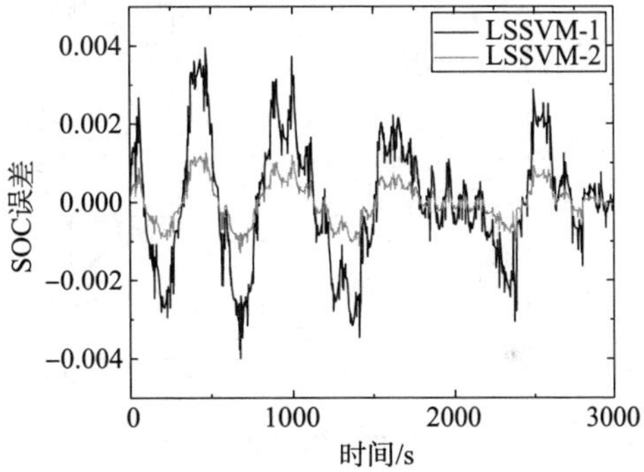

(f)45℃时SOC的误差

图 4－25　LSSVM－1 和 LSSVM－2 在夏令时条件下估算 SOC 的比较(续)

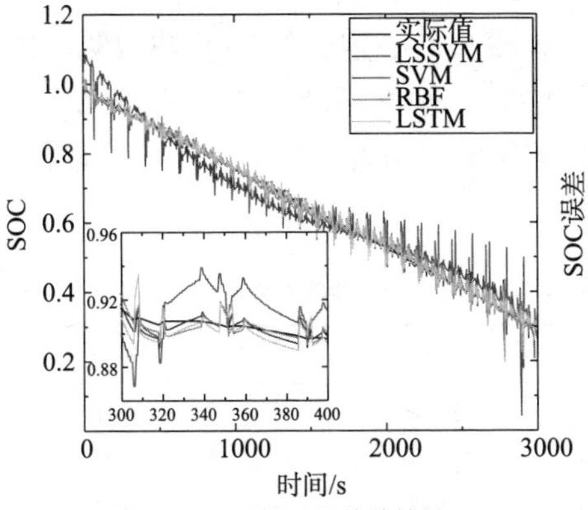

(a)0℃时SOC的估计结果

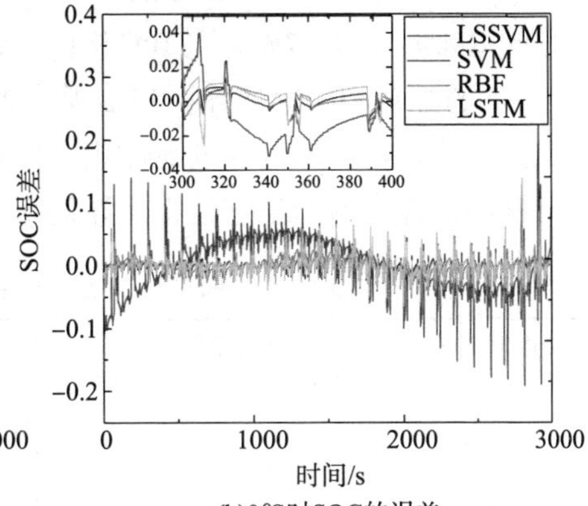

(b)0℃时SOC的误差

图 4－26　DST 条件下 LSSVM、SVM、RBF 和 LSTM 估计 SOC 的比较

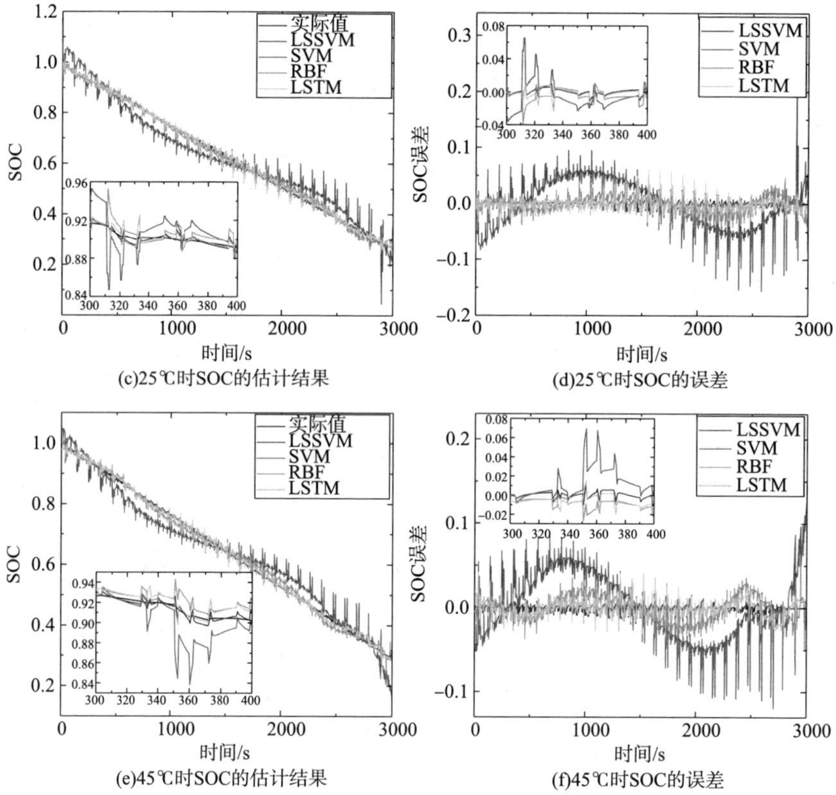

(c)25℃时SOC的估计结果
(d)25℃时SOC的误差
(e)45℃时SOC的估计结果
(f)45℃时SOC的误差

图 4 - 26　DST 条件下 LSSVM、SVM、RBF 和 LSTM 估计 SOC 的比较(续)

表 4 - 2 显示了每个模型的评估结果。在 0℃时，LSTM 的 RMSE 为 1. 14%，与 SVM 和 RBF 相比，RMSE 分别降低了 73. 9% 和 26. 9%。此外，LSTM 模型在 45℃时的 RMSE 为 0. 87%。与 0℃相比，该模型的稳定性提高了 23. 7%。同样，LSTM 估计的 SOC 在 45℃时的 MAE 为 4. 22%，比 0℃和 25℃时分别低 69. 5% 和 30. 6%。结果表明，温度对电池性能有显著影响，随着温度的升高，SOC 估计误差逐渐减小，各模型的稳定性也逐渐提高。

表 4 - 2　RMSE 和 MAE 在不同算法中的性能分析

电池模型	温度/℃	MAE/%	RMSE/%
SVM	0	26. 96	4. 36
	25	23. 61	4. 23
	45	14. 27	3. 89
RBF	0	9. 77	1. 56
	25	9. 98	1. 48
	45	6. 64	1. 38

续表

电池模型	温度/℃	MAE/%	RMSE/%
LSTM	0	13.82	1.14
	25	6.08	0.98
	45	4.22	0.87
LSSVM-1	0	0.61	0.22
	25	0.55	0.17
	45	0.4	0.15
LSSVM-2	0	0.41	0.19
	25	0.18	0.16
	45	0.13	0.13

3. FUDS 循环下的 SOC 估计

为了进一步验证所提出模型的有效性，在联邦城市驾驶计划(FUDS)下对电池进行了测试，这是 LIB 证明其通用性的另一个条件。相应的数据如图 4-27 所示。

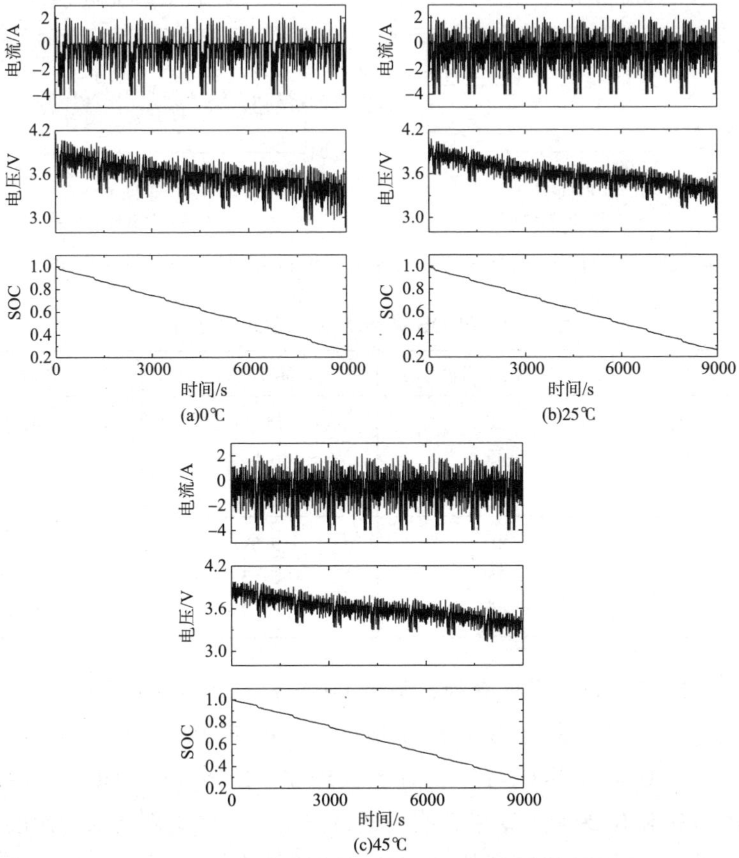

图 4-27 不同温度下的 FUDS 驱动循环

同样，如图4－28所示，基于GWO优化的LSSVM模型在0℃、25℃和45℃时的SOC估计误差分别为－6.85%～9.39%、－5.07%～6.53%、－3.09%～5.69%。而基于CV－LSSVM的估计误差范围分别为－8.89%～14.73%、－4.02%和6.88%和－2.78%～4.97%。结果表明，在不同温度条件下，基于LSSVM模型的GWO优化比CV优化具有更高的鲁棒性和更小的估计误差(表4－3)。

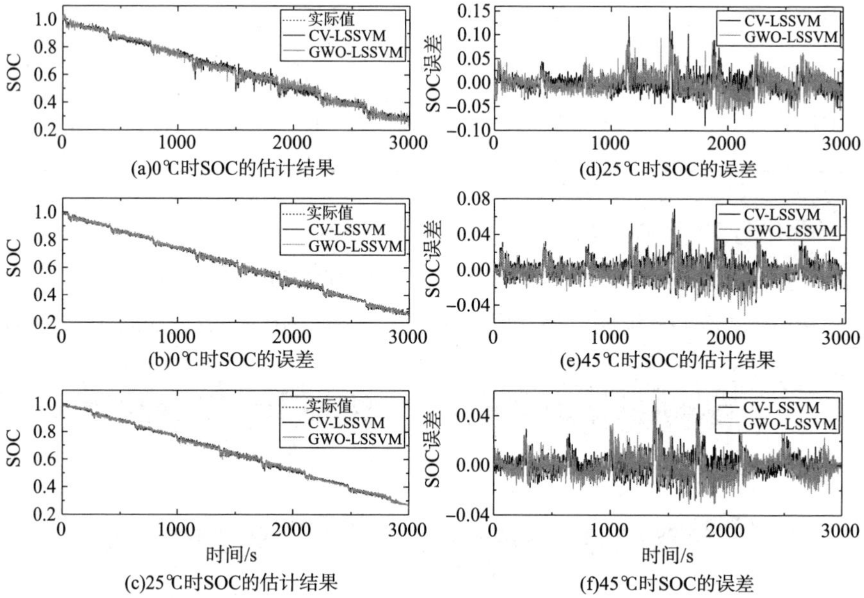

图4－28　GWO－LSSVM和CV－LSSVM在FUDS循环下估计SOC的比较

表4－3　FUDS循环下估计SOC的比较

电池模型	温度/℃	MAE/%	RMSE/%
CV－LSSVM	0	14.73	1.77
	25	6.88	1.12
	45	4.97	0.79
GWO－LSSVM	0	9.39	1.92
	25	6.53	1.02
	45	5.69	0.83

从图4－29中可以清楚地看到，基于LSSVM－1和LSSVM－2可以很好地估计SOC。在本实验中，基于LSSVM－1估计的SOC在0℃、25℃和45℃时的MAE分别为0.79%、0.47%和0.41%。基于LSSVM－2估计的SOC的MAE分别为0.53%、0.37%和0.29%。结果表明，通过滑动窗口法更新输入向量的数量，可以提高SOC的估计精度和模型的稳定性。实验结果还表明，所提出的两个模型

在 SOC 估计方面比 LSSVM 模型具有更高的估计精度。与 LSSVM－1 相比，基于 LSSVM－2 的 SOC 估计精度分别提高了 32.9%、21.3%和 29.2%。

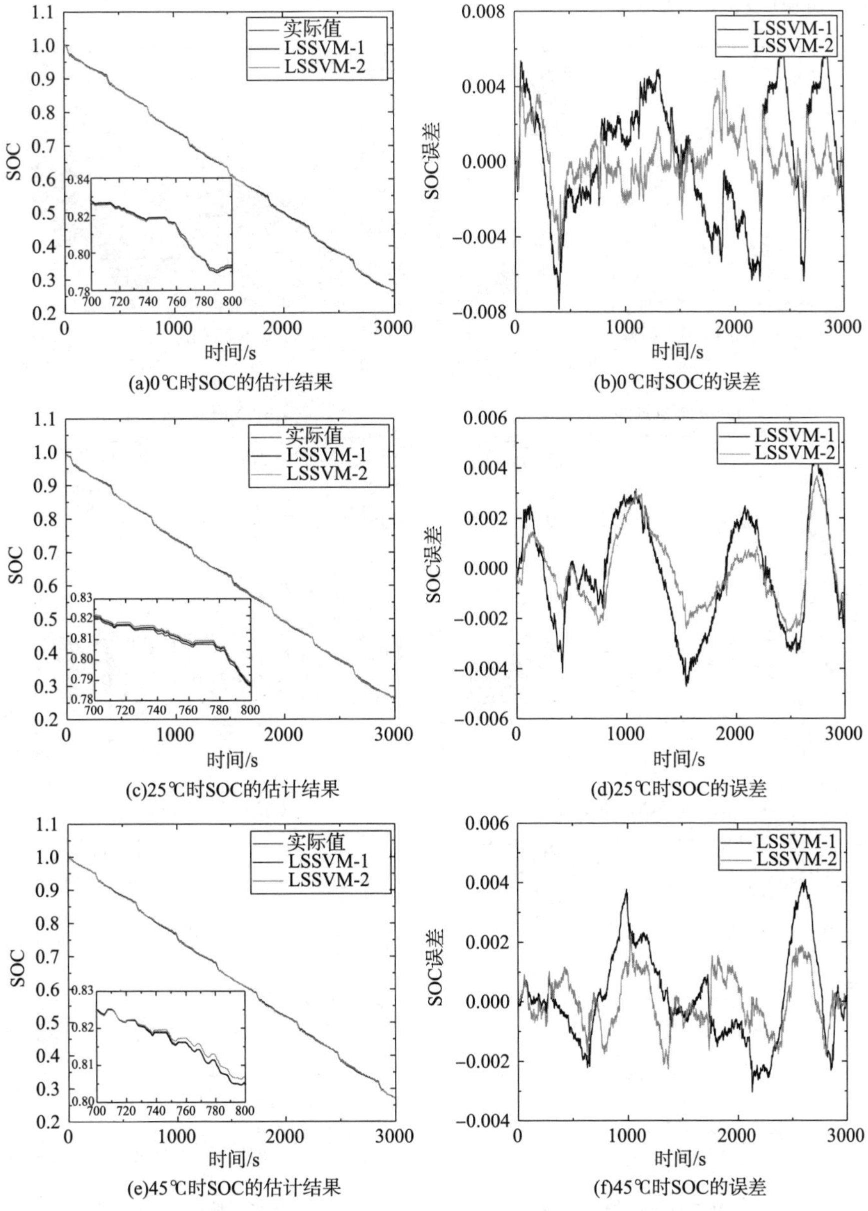

图 4－29　LSSVM－1 和 LSSVM－2 在夏令时条件下估算 SOC 的比较

图 4－30 显示了不同估算器在不同温度下的性能。LSTM 估计的 SOC 在 0℃时的 MAE 为 11.02%，与 SVM 和 RBF 相比，估计精度分别提高了 30.4% 和

24%。随着温度的升高，LSTM 模型估计的 SOC 的 MAE 逐渐降低，在 25℃ 和 45℃时分别达到 7.78% 和 5.94%。与 SVM 和 RBF 相比，MAE 分别降低了 45%、25.1% 和 46.9%、37.6%。

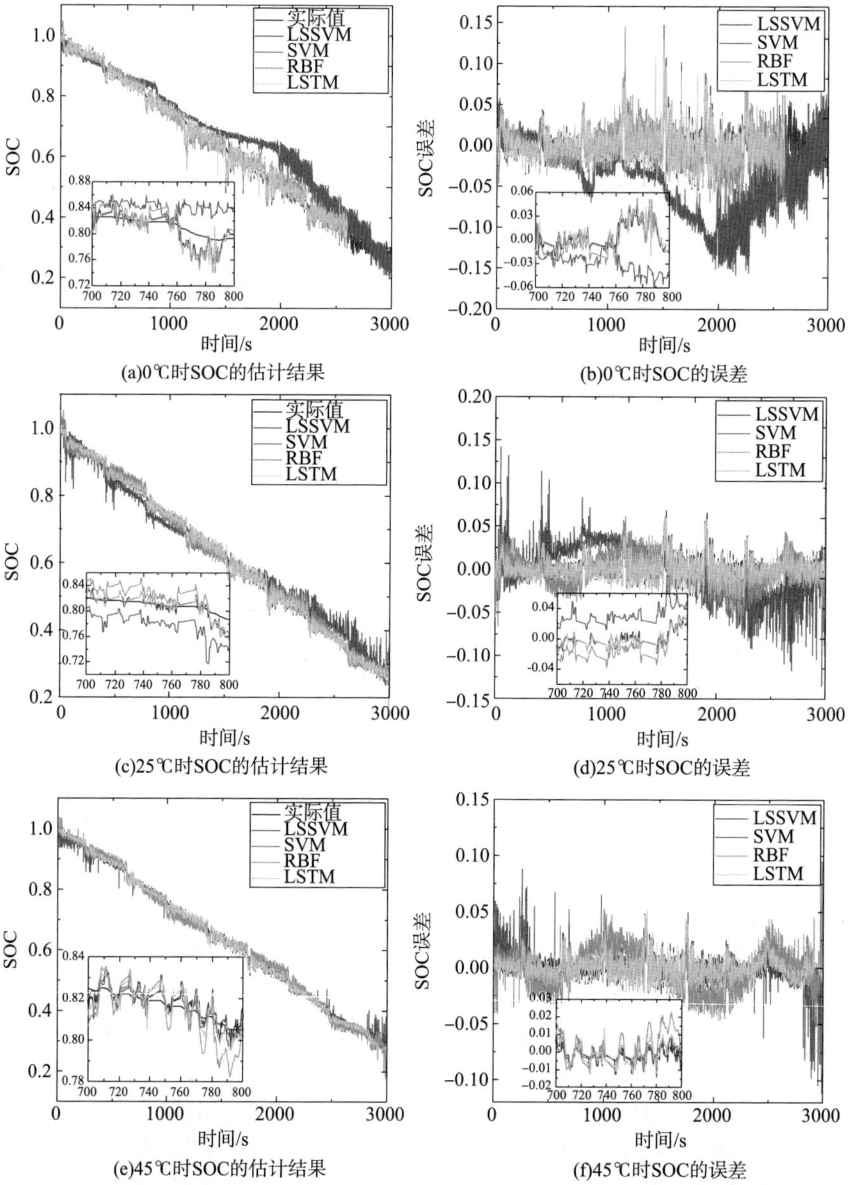

图 4-30　DST 条件下 LSSVM、SVM、RBF 和 LSTM 估算 SOC 的比较

在计算模型的均方根误差时也得到了类似的结果。随着温度的升高，各模型的均方根误差逐渐减小，表明模型的稳定性逐渐提高。LSTM 在 0℃时的 RMSE

为1.88%，与25℃和45℃相比分别下降了39.4%和51.6%。与SVM和RBF相比，RMSE在0℃时分别提高了67.5%和15.7%。如表4－4所示，每个模型的相对估计误差更令人信服。

表4－4 RMSE和MAE在不同算法中的性能分析

电池模型	温度/℃	MAE/%	RMSE/%
SVM	0	15.82	5.78
	25	14.15	2.99
	45	11.18	1.32
RBF	0	14.5	2.23
	25	10.39	1.84
	45	9.52	1.77
LSTM	0	11.02	1.88
	25	7.78	1.14
	45	5.94	0.91
LSSVM－1	0	0.79	0.29
	25	0.47	0.22
	45	0.41	0.16
LSSVM－2	0	0.53	0.19
	25	0.37	0.16
	45	0.23	0.12

4. 与已发表的参考文献中的计算结果进行比较

为了进一步评估所提出模型的性能，将现有文献中的一些估计算法与所提出的算法进行了比较，包括UKF、极限学习机（ELM）、模糊神经网络和递归神经网络（RNN），结果如表4－5所示。与所选择的SOC估计算法相比，LSSVM－1和LSSVM－2具有更好的鲁棒性和更高的精度。如在不同的温度条件下，基于UKF－SVM模型的SOC估计的MAE小于2%，而改进的LSSVM－1和LSSVM－2模型提高了SOC的估计结果，SOC的MAE分别为0.57%～174%和0.38%～0.87%。此外，在不同温度下，该模型优于RNN模型和UKF模型。

表4－5 所提出的SOC估计方法与现有方法的比较

电池模型	测试电池	测试工况	温度/℃	SOC误差/%
ANN＋UKF	$LiFePO_4$	FUDS US06	0～50	0.5～2.5
ELM＋UKF	Samsung LIB	脉冲放电	25	MAE＜1.5
Fuzzy NN	MRL LIB	恒流工况	25	平均误差＜1

续表

电池模型	测试电池	测试工况	温度/℃	SOC 误差/%
UKF + SVM	Kokam LIB	动态循环工况	25 ~ 42	MAE < 2
LSTM + RNN	NCR18650	动态循环工况	0，10 25	MAE 0.77 ~ 2.09 RMSE 1.11 ~ 2.44
LSSVM - 1 LSSVM - 2	NMC18650	DST FUDS	0，25 45	MAE < 1 RMSE < 0.3

4.3.2 案例 2

尽管在锂离子电池建模和 SOC 估计方面已经做了一些工作，但电化学模型和 ECM 取决于电池的内部参数，这一点不容忽视。因此，为了减少对电池内部参数的依赖，获得更好的结果，本章建立了基于 AUKF 的新电池模型。

4.3.2.1 基于 LSSVM 的终端电压估计

基于案例 1，将电流和 SOC 作为 LSSVM 的输入矢量。基于 LSSVM 估算的终端电压如图 4 - 31 所示。

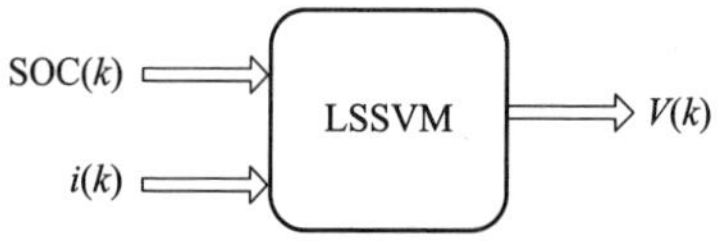

图 4 - 31　基于 LSSVM 估计的端子电压

图 4 - 31 显示了采样时间 k 时的 LSSVM 模型。在时间 k 测量的 LIBs 的 SOC(k)和电流 $i(k)$用作 LSSVM 的输入矢量，$V(k)$是相应的电压值。由于 LIBs 的内部参数之间的非线性关系，选择 LSSVM 来建立 SOC、电压和电流之间的关系。

LSSVM 模型有两个重要的参数需要识别：惩罚因子 C 和核参数西格玛。为了获得最佳参数(C，Sigma)，应用了交叉验证方法。本章收集了电池在不同工作条件下测试的实验数据 $D(X, y)$。X 表示测量的 SOC 和电流，y 表示电压 V。首先，对数据进行归一化，然后通过 10 倍交叉验证方法对模型进行训练，以获得 LSSVM 的最佳参数。具体步骤如下：

①收集一个训练集 $D = (X, y)$，其中 X 是电池的 SOC 和电流测量值，y 是相应的端子电压值；

②训练集被规范化；

③初始化参数 C 和西格玛；a)采用 10 倍交叉验证法对参数进行优化，b)比较并计算模型的均方误差(MSE)，c)当 MSE 最小时确认参数 c；

④重复步骤③，获得最终参数。

4.3.2.2 基于 AUKF 方法的 SOC 估计

SOC 是在某些放电条件下剩余容量与额定容量的比率：

$$SOC = SOC_0 - \frac{\int_0^t \eta i(\theta)\,d\theta}{Q_0} \tag{4-43}$$

式中，Q_0是 LIBs 的额定容量；$i(\theta)$是θ采样时间的电流，η是放电和充电效率，SOC_0是初始值。

公式(4－44)的离散化可以用作 KF 中的状态方程，其中 x_k 表示采样 k 时间的 SOC。

$$x_k = x_{k-1} - \frac{\eta}{Q_0}\Delta t \cdot i_k \tag{4-44}$$

与传统方法不同的是，本小节提出了一种基于 AUKF 的 SOC 估计框架，LSSVM 被用作测量方程。公式(4－44)作为 AUKF 的状态方程和测量方程。由于在数据测量和建模过程中存在误差，因此在方程中引入了状态噪声和测量噪声，如公式(4－45)所示。

$$\begin{pmatrix} x_k \\ y_{k-1} \end{pmatrix} = \begin{pmatrix} x_k \\ V_{k-1} \end{pmatrix} = \begin{bmatrix} x_{k-1} - \frac{\eta}{Q_0}\Delta t \cdot i_k \\ \sum_{k=2}^{\infty} \alpha_k \times k(x_{k-1}, i_{k-1}) + b \end{bmatrix} + \begin{pmatrix} q_k \\ r_k \end{pmatrix} \tag{4-45}$$

式中，x_k是 k 时刻的 SOC 值，y_{k-1}表示 $k-1$ 时刻的估计电压，分别被定义为状态向量和测量向量；q_k和r_k分别是状态噪声和测量噪声。

4.4.2.3 基于 AUKF－改进 LSSVM 的 SOC 估计

作为 AUKF 的测量方程，端电压 $V(k)$的估计精度将影响 SOC(k)估计结果。由于数据采集设备的准确性或采集过程中的测量误差，可能会降低电压估计的准确性。在此基础上，提出了一种基于改进 LSSVM 的终端电压估计方法，以提高电压估计的准确性。如图 4－32 所示，$i(k)$和 $V(k)$表示在 k 时间测量的电流和电压。$V(k-1)$在 $k-1$ 时间被估计，其被用作反馈向量。

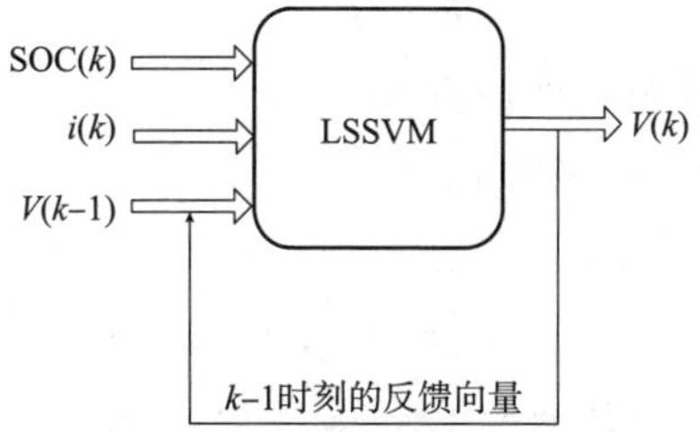

图 4－32　改进的 LSSVM：基于反馈向量估计的端子电压

作为 LSSVM 的输入矢量，其数量将影响电压估计的准确性。在电压估计过程中，其值不会在瞬间内突然变化。在此基础上，将抽头延迟添加到 LSSVM 模型中，并将采样时间 $k-1$ 估计的电压作为模型的反馈向量，使 LSSVM 形成闭环模型。反馈向量 V_{k-1}用于调整 LSSVM 的输入，以提高 $V(k)$性能估计精度。改进的 LSSVM 定义为：

$$V_k = \sum_{k=2}^{\infty}\alpha_{\mathrm{k}}k(i_k,\mathrm{SOC}_k,V_{k-1}) + b \tag{4-46}$$

因此，本节提出了一种基于 AUKF 改进 LSSVM 的 SOC 估计新算法，该算法定义为：

$$\boldsymbol{x}_k = \begin{pmatrix} x_{1,k} \\ x_{2,k-1} \end{pmatrix} = \begin{pmatrix} x_{1,k-1} - \dfrac{\eta}{Q_0}\Delta t \cdot i_k \\ V_{k-1} \end{pmatrix} + \begin{pmatrix} q_1(k) \\ q_2(k) \end{pmatrix} \tag{4-47}$$

$$y_k = \begin{pmatrix} y_{1,k} \\ y_{2,k} \end{pmatrix} = \begin{pmatrix} V_k \\ V_{k-1} \end{pmatrix} + \begin{pmatrix} r_1(k) \\ r_2(k) \end{pmatrix} \tag{4-48}$$

式中，$\boldsymbol{x_k} = [x_{1,k},\ x_{2,k-1}]^T$分别表示采样时间 k 的 SOC 和 $k-1$ 时间的电压，被视为状态向量；$y_k = [y_{1,k},\ y_{2,k}]^T$分别表示 k 和$(k-1)$时刻的电压，被视为测量矢量；$Q_k = [q_1(k),\ q_2(k)]^{\mathrm{T}}$和 $R_k = [r_1(k),\ r_2(k)]^T$分别表示状态噪声和测量噪声。

AUKF 广泛应用于非线性控制应用和处理状态估计问题，利用实际值和估计值之间的差值自适应调整噪声协方差，可以获得良好的估计结果。根据建立的模型，状态测量方程离散化如下：

$$\begin{cases} \boldsymbol{x_{k+1}} = f(x_k,\ u_k) + \boldsymbol{Q_k} \\ \boldsymbol{y_k} = h(x_k,\ u_k) + R_k \end{cases} \tag{4-49}$$

式中，$f(\cdot)$和$h(\cdot)$是非线性函数，$x_{k+1} = [x_{1,k+1},\ x_{2,k}]^T$表示系统状态向量，$\boldsymbol{y_k} = [y_{1,k},\ y_{2,k}]^T$表示测量向量。

$$\begin{cases} \boldsymbol{Q_k} = E[q_k q_k^T] \\ \boldsymbol{R_k} = E[\boldsymbol{r_k} r_k^T] \end{cases} \tag{4-50}$$

式中，Q 和 R 分别是系统噪声的协方差矩阵。

其中 AUKF 的相应算法步骤如下：

(1)算法初始化：初始化 x_0 和协方差 P_0：

$$x_0 = \mathrm{E}[x_1(0),\ x_2(0)]; \tag{4-51}$$

$$P = P_0 = \mathrm{E}[(x_0 - \bar{x}_0)(x_0 - \bar{x}_0)^T]; \tag{4-52}$$

(2)生成 Sigma 点：

$$\begin{cases}\chi_0=\bar{x}\\ \chi_i=\bar{x}+\left(\sqrt{(n+\lambda)P_x}\right)_i,\ i=1,\ \cdots,\ n\\ \chi_i=\bar{x}-\left(\sqrt{(n+\lambda)P_x}\right)_i,\ i=n+1,\ \cdots,\ 2n\end{cases}\tag{4-53}$$

同时，给出了加权系数的计算：

$$\begin{cases}\omega_0^m=\dfrac{\lambda}{n+\lambda}\\ \omega_0^c=\dfrac{\lambda}{n+\lambda}+(1-\alpha^2+\beta)\\ \omega_i^m=\dfrac{1}{2(n+\lambda)},\ i=n+1,\ \cdots,\ 2n\end{cases}\tag{4-54}$$

式中，$\bar{x}$ 和P_x分别表示均值和方差。$\lambda=\alpha^2(L+\epsilon)-L$ 是一个标度参数，α 是 Sigma 点和平均点之间的距离，通常设置在 10^{-4}和 1 之间。$(n+\lambda)\boldsymbol{P}_x$是一个半正矩阵；$L$ 是协方差匹配的窗口大小；β 是一个非负权重系数。

(3)首先更新 Sigma 点和协方差：

$$\chi_{k|k-1}^*=f(\chi_{k-1})\tag{4-55}$$

$$\bar{x}_{k|k-1}=\sum_{i=0}^{2n}\omega_i^m\chi_{i,k|k-1}^*\tag{4-56}$$

$$\boldsymbol{P}_{k|k-1}=\sum_{i=0}^{2n}\omega_i^c(\chi_{i,k|k-1}^*-\bar{x}_{k|k-1})(\chi_{i,k|k-1}^*-\bar{x}_{k|k-1})^T+Q_{k-1}\tag{4-57}$$

(4)更新协方差：

$$\gamma_{i,k|k-1}=h(\chi_{k|k-1})\tag{4-58}$$

$$\bar{y}_{k|k-1}=\sum_{i=0}^{2n}\omega_i^m\gamma_{i,k|k-1}\tag{4-59}$$

$$\boldsymbol{P}_{\bar{y}_k\bar{y}_k}=\sum_{i=0}^{2n}\omega_i^c(\gamma_{i,k|k-1}-\bar{y}_{k|k-1})(\gamma_{i,k|k-1}-\bar{y}_{k|k-1})^T+R_{k-1}\tag{4-60}$$

$$\boldsymbol{P}_{\bar{x}_k\bar{y}_k}=\sum_{i=0}^{2n}\omega_i^c(\chi_{i,k|k-1}^*-\bar{x}_{k|k-1})(\gamma_{i,k|k-1}-\bar{y}_{k|k-1})^T\tag{4-61}$$

(5)计算卡尔曼增益：

$$卡尔曼增益=\boldsymbol{P}_{\bar{x}_k\bar{y}_k}\boldsymbol{P}_{\bar{y}_k\bar{y}_k}^{-1}\tag{4-62}$$

(6)第二次更新状态和协方差：

$$\bar{x}_k=\bar{x}_{k|k-1}+\boldsymbol{K}_k(y_k-\bar{y}_{k|k-1})\tag{4-63}$$

$$\boldsymbol{P}_k=\boldsymbol{P}_{k|k-1}-\boldsymbol{K}_k\boldsymbol{P}_{\bar{y}_k\bar{y}_k}\boldsymbol{K}_k^T\tag{4-64}$$

(7)计算自适应过程：

$$Q_k=K_kH_kK_k^T\tag{4-65}$$

$$R_k=(y_{i,k|k-1}-\bar{y}_{k|k-1}+u_k)(y_{i,k|k-1}-\bar{y}_{k|k-1}+u_k)^T+H_k\tag{4-66}$$

其中：

$$H_k = \frac{\sum_{n=k-L+1}^{k} \mu_k \mu_k^T}{L} \tag{4-67}$$

μ_k表示为：

$$u_k = y_k - \bar{y}_{k|k-1} \tag{4-68}$$

根据上述算法，本章给出了整个 SOC 估计流程，如图 4－33 所示。

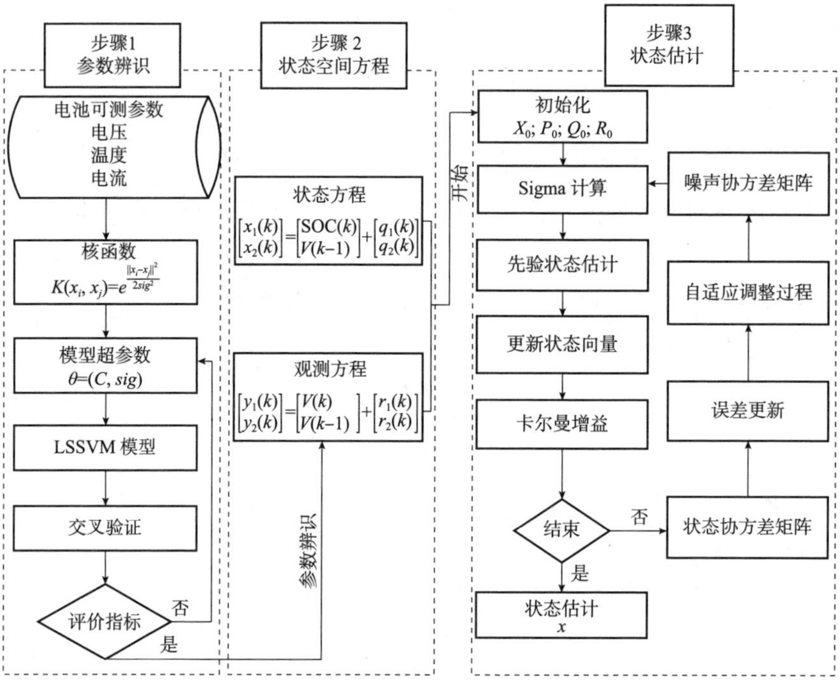

图 4－33　算法流程图

4.4.2.4　结果和讨论

1. DST 条件下的 SOC 估计

在初始循环之后，进行动态应力测试，以 1 s 的间隔收集 6000 个样品。相应的电压、电流和 SOC 曲线如图 4－34 所示。

在终端电压估算之前，应根据表 4－8 对数据进行处理。如图 4－35（a）所示，估计的端子电压更接近实际值。从图 4－35（b）中可以看出，基于 LSSVM 的估计电压的相对误差在 －0.029V 到 0.023V 之间变化，而改进的 LSSVM 估计电压的最小误差为 －0.016V，最大误差为 0.012V，与 LSSVM 相比，MAE 降低了 44.8%。同时，所提模型的稳定性参数 RMSE 从 1.68% 降低到 1.14%。此外，比较了 LSSVM 模型和改进的 LSSVM 模型在电压估计中的总时间消耗。计算结果表明，LSSVM 模型在电压估计方面的时间消耗为6.73s，改进后的 LSSVM 模型的时间消耗 5.68s。与 LSSVM 相比，改进的 LSSVM 将时间消耗减少了 15.6%，这表明改进的 LSVM 不仅可以提高电压估计的准确性和稳定性，而且表明所提出的模型使用的计算时间少得多。

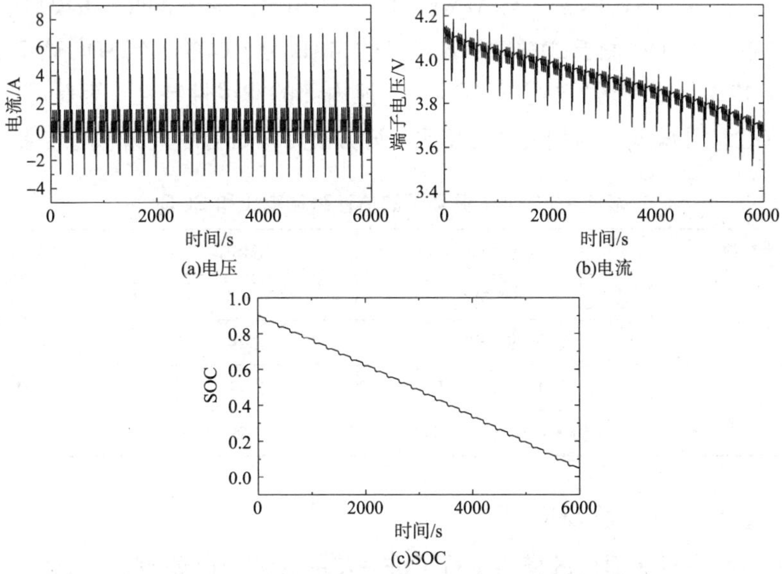

图 4－34　DST 循环的电流、电压和 SOC 分布

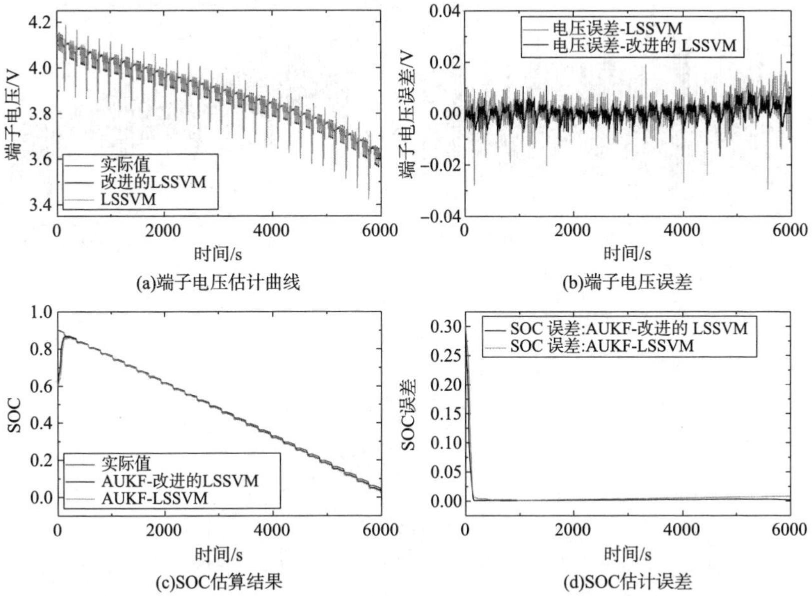

图 4－35　DST 条件下每个模型的估计 SOC 和端子电压的比较

为了证明算法的稳健性，SOC 的初始值被设置为 0.6。从图 4－35(c) 中可以看出，两种方法估计的 SOC 的收敛速度相似。在该实验中，基于改进 LSSVM 的 AUKF 显著提高了 SOC 的估计精度。从表 4－6 中可以看出，MAE 从 2.04% 降低到 1.48%，SOC 的估计准确率提高了 27.4%。此外，估计 SOC 的 RMSE 从 1.21% 进一步降低到 0.99%。与 AUKF－LSSVM 相比，结果表明，该模型的计算结果更加可靠。当 SOC 低于 20% 时，该模型的 MAE 为 2.04%，当 SOC 高于 20% 时，MAE 为 1.17%。误差增加的主要原因是电池内部的非线性特性，因此可能会产生较大的 SOC 估计偏差。与相关文献相比，该方法可以获得令人满意的结果。

表 4－6　DST 循环下的估计终端电压和 SOC　%

统计参数	模型	RMSE	MAE
电压	LSSVM	1.68	2.9V
	改进的 LSSVM	1.14	1.6V
SOC	AUKF－LSSVM	1.21	2.04
	AUKF－改进的 LSSVM	0.99	1.48

2. UDDS 循环下的 SOC 估计

在 UDDS 下对所提出的模型进行了进一步的验证，以证明其普遍性。相应的电流、电压和 SOC 曲线如图 4－36 所示。

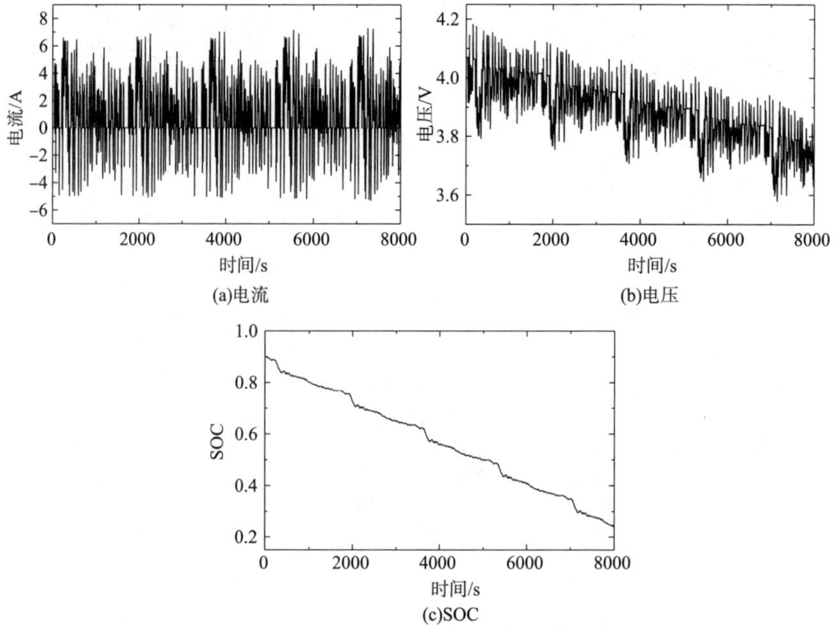

图 4－36　UDDS 循环的电流、电压和 SOC 分布

图 4－37(a)～(d)显示了每个估计器的结果。从图中可以看出，测试结果与 DST 非常相似，并且所提出的模型在终端电压估计和 SOC 估计方面具有良好的估计精度和稳定性。结果表明，改进的 LSSVM 预测端电压的 MAE 从 5.9% V 降低到 5.2% V，端电压的估计精度提高了 13.5%；RMSE 从 2.35% 降低到 1.69%，表明改进的 LSVM 比传统的 LSSVM 具有更好的估计精度和稳定性。类似地，改进的 LSSVM 模型的总电压估计时间为 7.66 s。与 LSSVM 相比，时间消耗减少了 20.2%，进一步证明了该方法的有效性。

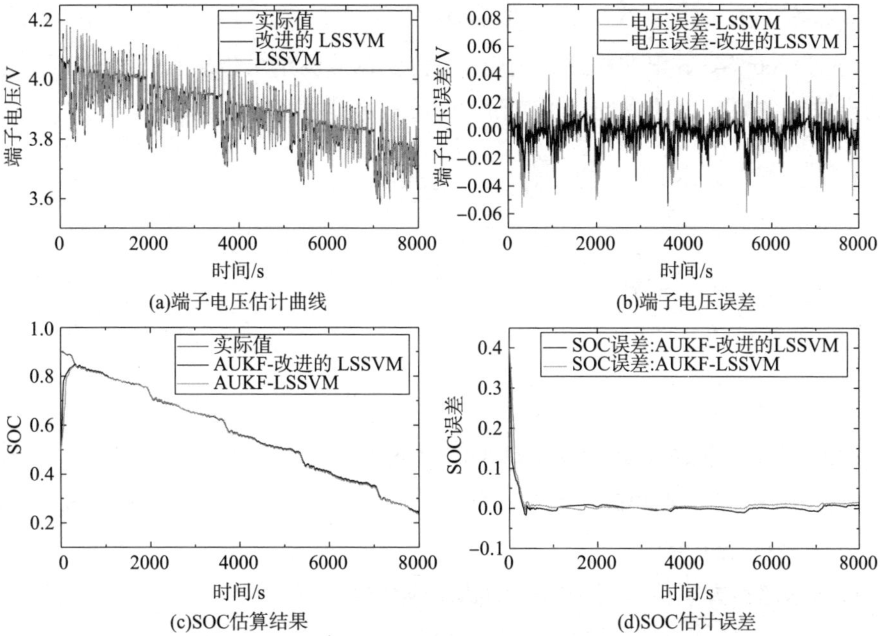

(a)端子电压估计曲线　(b)端子电压误差　(c)SOC估算结果　(d)SOC估计误差

图 4－37　UDDS 条件下每个模型的估计 SOC 和端子电压的比较

此外，SOC 的初始值设置为 0.5，图 4－37(c)显示估计的 SOC 收敛于实际值。从图 4－37(c)～(d)和表 4－7 中可以清楚地看出，AUKF 改进的 LSSVM 估计的 SOC 相对误差在 －1.24% 到 1.97% 之间。与 AUKF－LSSVM 相比，MAE 和 RMSE 分别提高了 15.4% 和 6.73%，这进一步表明所提出的电池模型估计的 SOC 和端电压具有更好的估计精度和稳定性。

表 4－7　UDDS 循环下的估计终端电压和 SOC

统计参数	模型	RMSE/%	MAE/%
电压/V	LSSVM	2.35	5.9
	改进的 LSSVM	1.69	5.2

续表

统计参数	模型	RMSE/%	MAE/%
SOC	AUKF－LSSVM	1.05	2.33
	AUKF－改进的 LSSVM	0.97	1.97

4.3.3 案例3

4.3.3.1 二阶等效电路模型机理

与 Thevenin 等效电路相比，电阻－电容(RC)网络可以表征电池在不同电量下的充放电效果。因此，选择了二阶 RC 等效电路模型(图 4－38)。

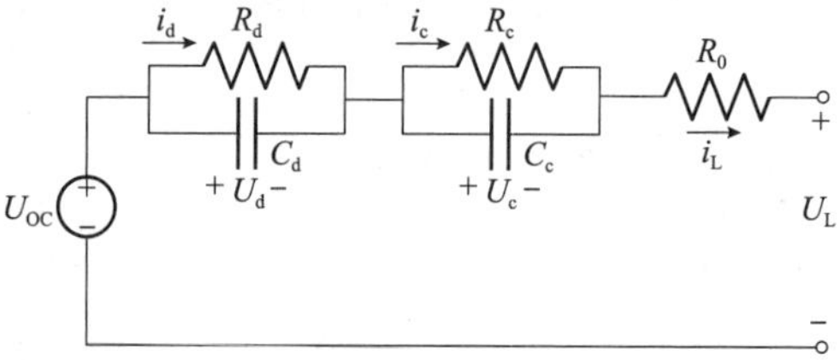

图 4－38　二阶 RC 等效电路模型

如图 4－38 所示，U_{oc} 为模型的 OCV，R_0 为内阻；i_L 是电流；R_d 和 C_d 表示 LIB 的电化学极化电阻和极化电容；R_c 和 C_c 分别表示浓度极化电阻和极化电容；U_L 表示电池的端子电压。

根据基尔霍夫定律，每个时刻的状态表达式如下所示：

$$\begin{cases} \dfrac{dU_d}{dk} = -\dfrac{U_d}{C_d R_d} + \dfrac{i_L}{C_d} \\ \dfrac{dU_c}{dk} = -\dfrac{U_c}{C_c R_c} + \dfrac{i_L}{C_c} \\ U_L = U_{oc} - U_d - U_c - R_0 i_L \end{cases} \tag{4-69}$$

为了识别模型的可变参数，递归最小二乘法是一种简单的参数识别方法：利用每次的观测值修改之前的参数，通过递归执行这个过程，可以实时实现模型参数。然而，RLS 方法不能补偿噪声引起的误差，且随着迭代次数的增加，算法会产生数据饱和的现象，这使得在下一个采样时间收集的数据的增益更小，降低了参数的准确性。基于此，可以使用具有遗忘因子的 RLS(FFRLS)识别模型的参数的原理如公式(4－70)所示：

$$\boldsymbol{y}_k = \boldsymbol{\varphi}_k^T \boldsymbol{\theta}_k + \boldsymbol{e}_k \tag{4-70}$$

式中，$\boldsymbol{\varphi}_k$ 是观测向量，$\boldsymbol{\varphi}_k$ 是要估计的参数向量，$\boldsymbol{e}_k$ 是噪声向量。FFRLS 方法的预测更新估计过程定义为：

$$\begin{cases}\boldsymbol{\theta}(\boldsymbol{k})=\theta(k-1)+K(k)[y_t-\varphi^T(k)\theta(k-1)]\\ \boldsymbol{K}(\boldsymbol{k})=P(k-1)\varphi^T(k)[\lambda+\varphi^T(k)P(k)\varphi(k)]^{-1}\\ \boldsymbol{P}(\boldsymbol{k})=\dfrac{P(k)[E-K(k)\varphi^T(k)]}{\lambda}\end{cases}\tag{4-71}$$

式中，$\boldsymbol{K}(\boldsymbol{k})$是增益矩阵，$\boldsymbol{P}(\boldsymbol{k})$为协方差矩阵，$\boldsymbol{\theta}(\boldsymbol{k})$是参数向量，$\lambda$ 是遗忘因子。公式(4－70)被转换成一种数学形式，该数学形式可以通过 FRRLS 方法识别，该方法被定义为：

$$\frac{U_{\mathrm{L}}(s)-U_{\mathrm{oc}}(s)}{i_{\mathrm{L}}(s)}=-(R_0+\frac{R_{\mathrm{c}}}{1+R_{\mathrm{c}}C_{\mathrm{c}}s}+\frac{R_{\mathrm{d}}}{1+R_{\mathrm{d}}C_{\mathrm{d}}s})\tag{4-72}$$

利用双线性变换方法 $s=\dfrac{2}{t}\dfrac{z-1}{z+1}$，公式(4－72)可以简化为：

$$U_{\mathrm{L},k}=(1-a_1-a_2)U_{\mathrm{oc},k}+a_1U_{\mathrm{L},k-1}+a_2U_{\mathrm{L},k-2}+a_3i_{\mathrm{L},k}+a_4i_{\mathrm{L},k-1}+a_5i_{\mathrm{L},k-2}\tag{4-73}$$

其中：

$$\begin{cases}R_0=\dfrac{-a_3+a_4-a_5}{1+a_1-a_3}\\ R_0+R_{\mathrm{c}}+R_{\mathrm{d}}=\dfrac{-a_3-a_4-a_5}{1-a_1-a_2}\\ R_{\mathrm{c}}C_{\mathrm{c}}R_{\mathrm{d}}C_{\mathrm{d}}=\dfrac{T^2(1+a_1-a_2)}{2(1-a_1-a_2)}\\ R_{\mathrm{c}}C_{\mathrm{c}}+R_{\mathrm{d}}C_{\mathrm{d}}=\dfrac{T(1+a_2)}{2(1-a_1-a_2)}\\ R_0R_{\mathrm{c}}C_{\mathrm{c}}+R_0R_{\mathrm{d}}C_{\mathrm{d}}+R_{\mathrm{c}}R_{\mathrm{d}}C_{\mathrm{d}}+R_{\mathrm{d}}R_{\mathrm{c}}C_{\mathrm{c}}=\dfrac{T(a_5-a_3)}{1-a_1-a_2}\end{cases}\tag{4-74}$$

因此，分别得到输出矩阵 $\boldsymbol{y_k}$、参数矩阵 $\boldsymbol{\theta}$ 和数据矩阵 $\boldsymbol{\varphi}$：

$$\begin{cases}\boldsymbol{y_k}=U_{\mathrm{L},k}=\varphi_k^T\theta_k\\ \boldsymbol{\theta}=[(1-a_1-a_2)\cdot U_{\mathrm{oc},k},\ a_1,\ a_2,\ a_3,\ a_3,\ a_4,\ a_5]\\ \boldsymbol{\varphi}=[1,\ U_{\mathrm{L},k-1},\ U_{\mathrm{L},k-2},\ i_{\mathrm{L},k},\ i_{\mathrm{L},k-1},\ i_{\mathrm{L},k-2}]\end{cases}\tag{4-75}$$

4.3.3.2 基于 DEKF 和改进 DKF 的 SOC 估计

1. 基于 DEKF 的 SOC 估计

为了实现 SOC 的估计，利用 DEKF 实现了 SOC 的在线估计方法。具体地，两个 EKF 分别用于估计电池模型参数 R_0 和 SOC。一个负责 SOC 估计，另一个用于更新模型参数，可以提高 SOC 估计的准确性。

对于 SOC 滤波器设计，w_k和v_k分别表示过程噪声和测量噪声。其状态空间方程为：

$$\begin{cases} x(k+1)=\begin{bmatrix}1 & 0 & 0\\ 0 & \exp\left(-\dfrac{T}{\tau_{\mathrm{c}}}\right) & 0\\ 0 & 0 & \exp\left(-\dfrac{T}{\tau_{\mathrm{d}}}\right)\end{bmatrix}x(k)+\begin{bmatrix}-\dfrac{\eta T}{Ca}\\ R_{\mathrm{c}}\left[1-\exp\left(-\dfrac{T}{\tau_{\mathrm{c}}}\right)\right]\\ R_{\mathrm{d}}\left[1-\exp\left(-\dfrac{T}{\tau_{\mathrm{d}}}\right)\right]\end{bmatrix}i_{\mathrm{L}}(k)+w(k)\\ U_{\mathrm{L},k}=U_{\mathrm{oc},k}-U_{\mathrm{p},k}-U_{\mathrm{d},k}-I_{\mathrm{L},k}R_0+v(k)\end{cases} \tag{4-76}$$

式中，$x_k=[\mathrm{SOC}(k)\,U_{\mathrm{c}}(k)\ \ U_{\mathrm{d}}(k)]^T$，$\tau_{\mathrm{c}}=R_{\mathrm{c}}C_{\mathrm{c}}$ 和 $\tau_{\mathrm{d}}=R_{\mathrm{d}}C_{\mathrm{d}}$ 分别是模型的时间常数。$U_{\mathrm{oc},k}$表示在 k 时刻 OCV 和 SOC 之间存在映射关系。

该系统的公式(4 -76)可以重写如下：

$$\begin{cases} x_{k+1}=f(x_k,\ u_k)=A_k x_k+B_k u_k+w_k\\ y_k=h(x_k,\ u_k)=C_k x_k+D_k u_k+v_k\end{cases} \tag{4-77}$$

其中：

$$A_{x,k}=\frac{\partial f}{\partial x_k}=\begin{bmatrix}1 & 0 & 0\\ 0 & \exp(-\dfrac{T}{\tau_{c,k}}) & 0\\ 0 & 0 & \exp(-\dfrac{T}{\tau_{d,k}})\end{bmatrix},\ B_{x,k}=\begin{bmatrix}-\dfrac{\eta T}{Ca}\\ R_{c,k}\left[1-\exp\left(-\dfrac{T}{\tau_{c,k}}\right)\right]\\ R_{d,k}\left[1-\exp\left(-\dfrac{T}{\tau_{d,k}}\right)\right]\end{bmatrix} \tag{4-78}$$

$$C_{x,k}=\frac{\partial h}{\partial x_k}=\left[\frac{\partial U_{\mathrm{oc},k}}{\partial x_k}-1-1\right]D_{x,k}=-R_{0,k} \tag{4-79}$$

因此，基于 EKF 的 SOC 估计算法的步骤如表 4 -8 所示。

表 4 -8 基于 EKF 的 SOC 估计算法

EKF 算法
①初始化状态向量 $\boldsymbol{x}_0$，和误差协方差矩阵 $\boldsymbol{P}_0$； ②计算状态向量： $\hat{\boldsymbol{x}}_k=f(\boldsymbol{x}_{k-1},\ \boldsymbol{u}_{k-1})$ (4 -80)

续表

③计算误差协方差矩阵：

$$\boldsymbol{P}_{x,k}=\boldsymbol{A}_{x,k}\boldsymbol{P}_{x,k-1}\boldsymbol{A}_{x,k}^{T}+\boldsymbol{Q}_{x,k-1} \tag{4-81}$$

④计算卡尔曼增益：

$$\boldsymbol{K}_{x,k}=\boldsymbol{P}_{x,k}^{-}\boldsymbol{C}_{x,k}^{T}(\boldsymbol{C}_{x,k}\boldsymbol{P}_{x,k}\boldsymbol{C}_{x,k}^{T}+\boldsymbol{L}_{x,k-1})^{-1} \tag{4-82}$$

⑤更新状态向量：

$$\hat{\boldsymbol{x}}_{k+1}=\hat{\boldsymbol{x}}_{x,k}+\boldsymbol{K}_{x,k}\boldsymbol{E}_{x,k} \tag{4-83}$$

其中：

$$\boldsymbol{E}_{x,k}=\boldsymbol{y}_{x,k}-g(\hat{\boldsymbol{x}}_{x,k}) \tag{4-84}$$

⑥更新误差协方差矩阵：

$$\boldsymbol{P}_{x,k+1}=(\boldsymbol{I}-\boldsymbol{K}_{x,k}\boldsymbol{C}_{x,k})\boldsymbol{P}_{x,k} \tag{4-85}$$

对于 R_0 滤波器的设计，建立了基于内阻的离散状态空间方程：

$$\theta(k+1)=\theta(k)+r(k) \tag{4-86}$$

$$U_{\mathrm{L}}(k)=U_{\mathrm{oc}}(k)-U_{\mathrm{c}}(k)-U_{\mathrm{d}}(k)-(k)I(k)+e(k) \tag{4-87}$$

具体而言，θ 表示 R_0，$r(k)$ 和 $e(k)$ 分别表示过程噪声和测量噪声，相应的协方差矩阵分别定义为 $\boldsymbol{Q}_\theta$ 和 $\boldsymbol{L}_\theta$。通过将公式(4－86)和公式(4－87)简化，可以获得相应公式的系数：

$$\boldsymbol{A}_{\theta,k}=1,\ \boldsymbol{C}_{\theta,k}=-\boldsymbol{I}(k) \tag{4-88}$$

因此，根据上述分析算法，基于 DEKF 的 SOC 估计方法的具体步骤如下：

①初始化噪声协方差矩阵 $\boldsymbol{Q}_\theta$ 和 $\boldsymbol{L}_\theta$；

②更新 SOC 估计。根据表 4－7 所示，基于 EKF 方法，通过使用模型输出电压与实际值之间的误差实时更新 SOC。

③更新 R_0 估计。根据公式(4－86)和公式(4－87)，将步骤②中估计的 SOC 代入 OCV－SOC 特性曲线以获得 U_{oc}，并基于 EKF 算法更新 R_0。

④将步骤③中估计的 R_0 代入步骤②，更新 SOC 估计。

⑤重复步骤②～④，得到每次的 SOC 估计和模型参数 R_0。

因此，本案例给出了基于 DEKF 方法的 SOC 估计的流程，如图 4－39 所示。

2. 基于改进 DKF 的 SOC 估计

尽管 DEKF 算法可以很好地描述电池的动态特性，从而获得更好的估计结果，但这种方法取决于电池模型和电流测量的准确性，因此，为了提高 SOC 的估计精度，应用了改进的 DKF 算法。首先，通过 EKF 算法完成 SOC 的第一次估计，再使用 Ah 积分法计算的实际值与 EKF 算法获得的 SOC 之间的 SOC 误差。其次，采用 KF 算法进行二次滤波。该方法可以减少 Ah 积分法中累积电流测量误差对 SOC 估计的影响。标准的 KF 递归算法可以表示如下：

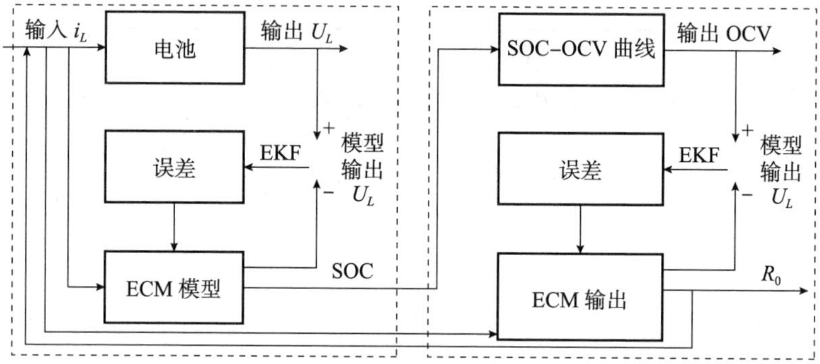

图 4-39　基于 DEKF 的 SOC 估计算法示意图

$$\begin{cases}\boldsymbol{x}(k/k-1)=\boldsymbol{A}_k\boldsymbol{x}(k-1/k-1)+\boldsymbol{B}_k u(k)\\ \boldsymbol{P}(k/k-1)=\boldsymbol{A}_k\boldsymbol{P}(k-1/k-1)\boldsymbol{A}_k^T+\boldsymbol{Q}_w\\ \boldsymbol{Kg}(k)=\boldsymbol{P}(k/k-1)\boldsymbol{C}_k^T/[\boldsymbol{C}_k\boldsymbol{P}(k/k-1)\boldsymbol{C}_k^T+\boldsymbol{R}_v]\\ \boldsymbol{x}(k/k)=\boldsymbol{x}(k-1/k-1)+Kg(k)[\boldsymbol{y}(k)-\boldsymbol{C}_k\boldsymbol{x}(k/k-1)+\boldsymbol{D}_k\boldsymbol{u}(k)]\\ \boldsymbol{P}(k/k)=[\boldsymbol{I}-Kg(k)C_k]\boldsymbol{P}(k/k-1)\end{cases} \tag{4-89}$$

式中，$\boldsymbol{x}(k/k-1)$和$\boldsymbol{x}(k/k)$表示状态向量的先验估计和后验估计，$\boldsymbol{Kg}$是卡尔曼增益，并且是噪声协方差矩阵。KF 算法主要由两个阶段组成：首先，使用公式(4-88)的前两个公式完成状态预测，并使用 $k-1$ 时间的估计状态向量 $\boldsymbol{x}(k-1/k-1)$和协方差矩阵 $\boldsymbol{P}(k-1/k-1)$。其次，方程的最后三个方程用于更新状态，$\boldsymbol{y}(k)$用于更新后验估计，以完成 $\boldsymbol{x}(k/k)$和 $\boldsymbol{P}(k/k)$估计。基于以上分析，主要步骤如下：

①根据公式计算 SOC 初始值。将其代入 OCV-SOC 拟合曲线，得到相应的 U_{oc}。

②初始化状态向量 $\boldsymbol{x}_0$ 和参数向量 $\boldsymbol{R}_0$ 的噪声协方差矩阵。

③主 SOC 过滤。更新 SOC 估计。根据表 4-7，通过使用基于 EKF 方法的模型输出电压与实际值之间的误差实时更新 SOC。该过程克服了电池模型误差的干扰。

④辅助 SOC 过滤。根据表 4-7 和公式(4-88)，通过利用 Ah 积分法和 EKF 算法之间的误差，使用 KF 算法估计和更新 SOC。该过程克服了 Ah 积分方法产生的累积电流测量误差的干扰。

⑤重复步骤③~④以获得 SOC 估计结果。

因此，DKF 算法的流程如图 4-40 所示。

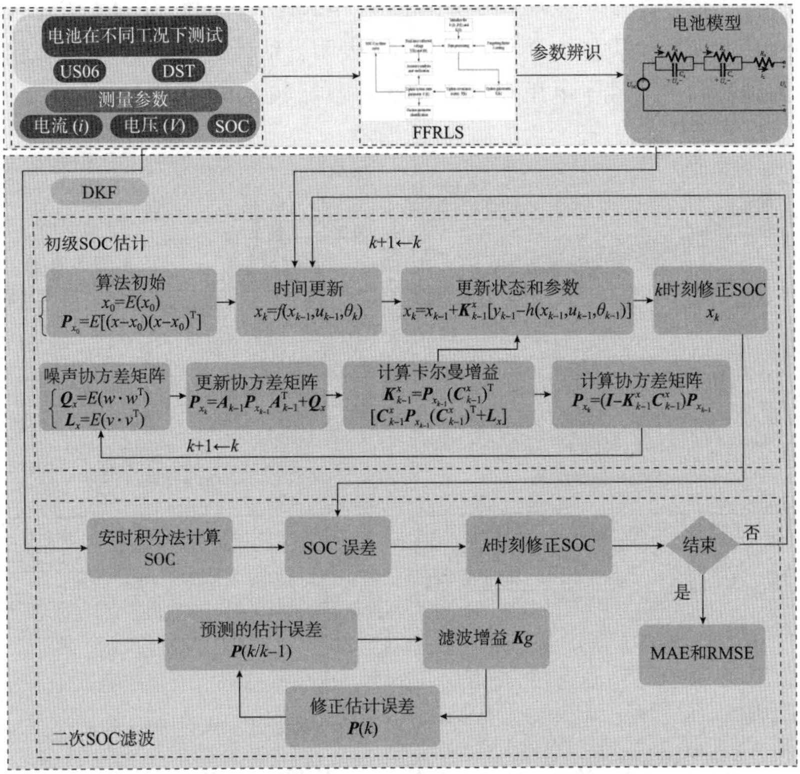

图 4－40　基于 DKF 的 SOC 估计示意图

4.3.3.3　结果和讨论

1. US06 循环下的 SOC 估计结果

为了获得模型验证的数据，对标称容量为 2.0A · h 的 NMC 型锂离子电池在 25℃的 US06 循环下进行了测试。相应的电压和 SOC 曲线如图 4－41 所示。

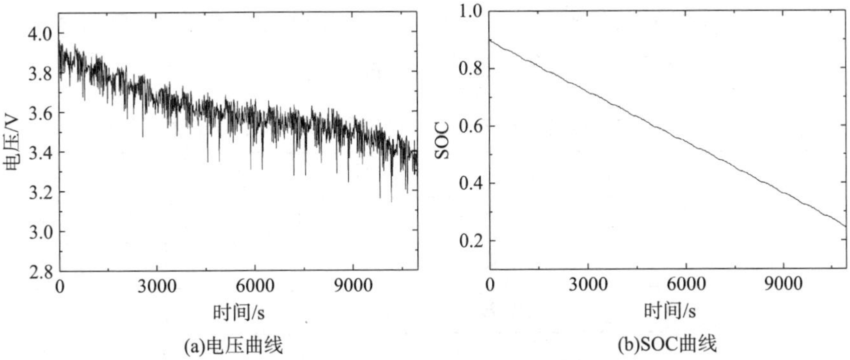

图 4－41　US06 循环的电压和 SOC 曲线

两种算法估计的端子电压和误差如图 4 -42 所示。同时，为了验证模型的适应性，SOC 的初始值设置为 0.7。图 4 -42 表明，估计的电压值和 SOC 值可以很好地收敛到实际值。端子电压和 SOC 的统计数据如表 4 -9 所示。

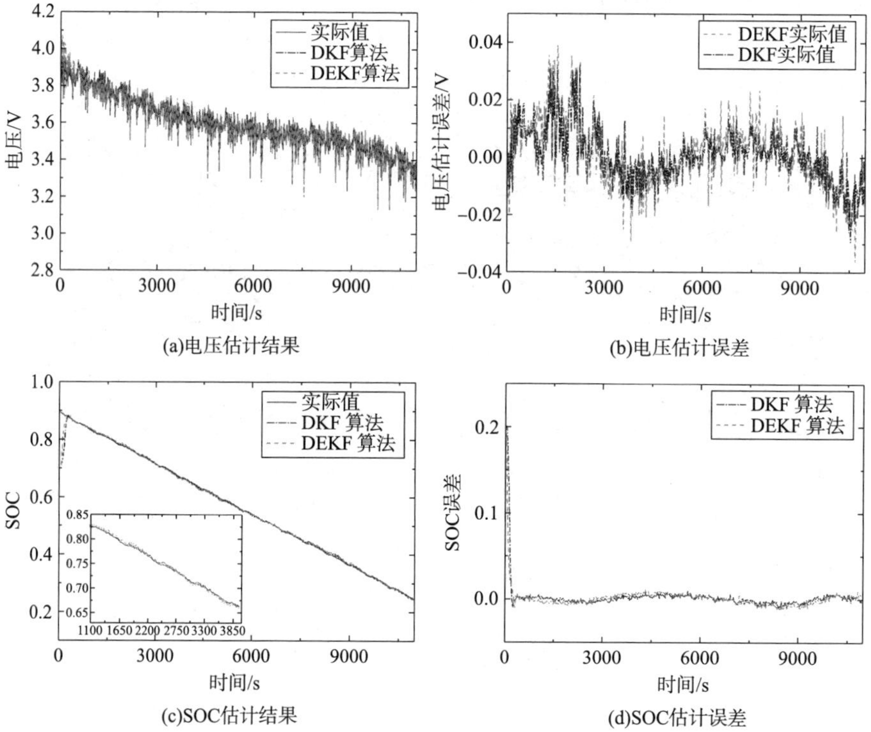

(a)电压估计结果 (b)电压估计误差 (c)SOC估计结果 (d)SOC估计误差

图 4 -42　US06 条件下的估算结果

从表 4 -9 和图 4 -42 可以看出，基于 DKF 的 SOC 估计的 MAE 为 1.54%，模型的 RMSE 为 1.19%。与 DEKF 算法相比，SOC 的估计精度分别降低了 13.96% 和 3.25%，表明估计结果更可靠。同时，与 DEKF 算法相比，DEKF 预测的电压 MAE 从 3.89% V 降低到 3.17% V，电压估计精度提高了 18.5%。实验结果表明，该方法具有较好的鲁棒性和优越性。

表 4 -9　US06 循环下估计终端电压和 SOC 的比较

模型算法	SOC/%		终端电压/V
	MAE	RMSE	MAE
DKF	1.54	1.19	3.17%
DEKF	1.79	1.23	3.89%

2. DST 条件下的 SOC 估计

所提出的算法也在动态应力测试循环中得到了验证，这是电池的另一个测试条件。相应的电压和 SOC 曲线如图 4－43 所示。

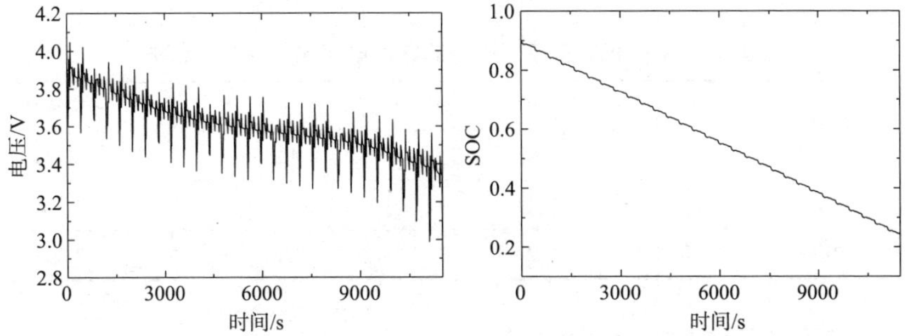

(a)电压曲线　(b)SOC曲线

图 4－43　DST 循环的电压和 SOC 曲线

类似地，图 4－44 显示了 DKF 和 DEKF 的鲁棒性和收敛性，因为即使初始误差为 20%，估计的 SOC 也会收敛到实际值。端子电压和 SOC 的统计数据如表 4－10 所示。

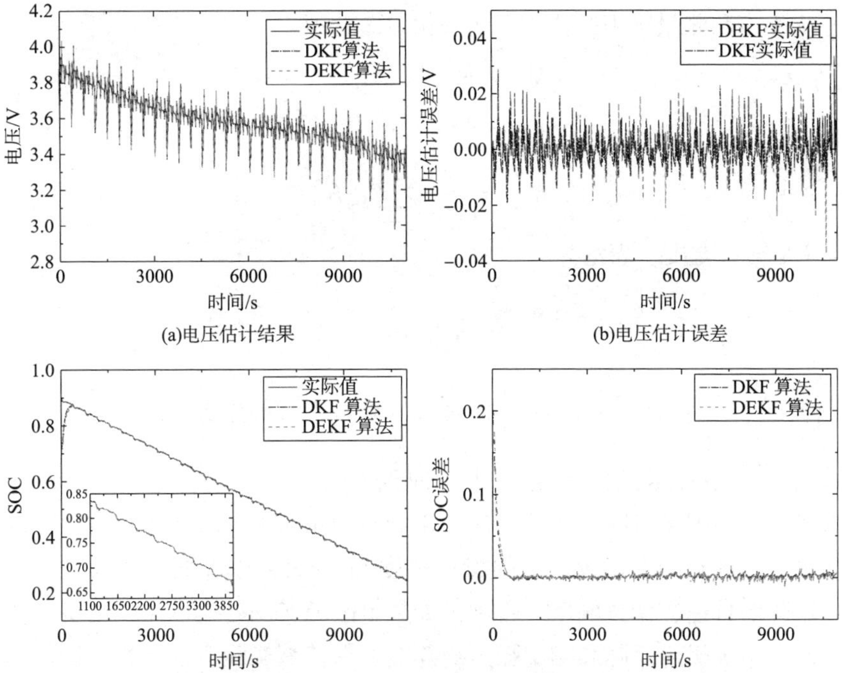

(a)电压估计结果　(b)电压估计误差

(c)SOC估计结果　(d)SOC估计误差

图 4－44　DST 条件下的估算结果

从表4－10和图4－44可以看出，与DEKF算法相比，基于DKF模型的SOC估计精度和端电压估计精度都有所降低。SOC和端子电压的估计MAE分别为1.21%和3.14% V。与DEKF算法相比，SOC估计精度和端电压估计精度分别提高了4.72%和15.4%。实验结果进一步表明，改进后的DKF具有更好的估计性能。

表4－10　DST循环下估计的终端电压和SOC的比较

模型算法	SOC/%		终端电压/V
	MAE	RMSE	MAE
DKF	1.21	1.15	3.14%
DEKF	1.27	1.18	3.71%

3. 基于自适应DKF的SOC估计

尽管DEKF和DKF算法可以获得更好的估计结果，但在测试过程中，由于噪声、电池模型误差等因素，SOC的估计精度会降低。针对这一问题，提出了一种基于动态窗口的智能自适应算法。残差创新序列(Residual Innovation Sequence, RIS)被定义为公式(4－90)。

$$\zeta_{x,k}=y_{x,k}-g(\hat{x}_{x,k+1}) \tag{4-90}$$

系统噪声和测量噪声的协方差矩阵由RIS修改：

$$\begin{cases}Q_{x,k}=K_{x,k}W_{x,k}K_{x,k}^{T}\\ L_{x,k}=W_{x,k}+C_{x,k}P_{x,k}C_{x,k}^{T}\end{cases} \tag{4-91}$$

$$W_{x,k}=\frac{1}{S}\sum_{i}^{N-1}E_{k-i}E_{k-i}^{T} \tag{4-92}$$

式中，S是窗口宽度，表示为：

$$S_{k+1}=\left[S_k\sum_{j=1}^{N}\frac{\hat{\zeta}_{k-1}(j)}{|\zeta_k(j)-\hat{\zeta}_{k-1}(j)|}\right]/N \tag{4-93}$$

式中，$\left[S_k\sum_{j=1}^{N}\frac{\hat{\zeta}_{k-1}(j)}{|\zeta_k(j)-\hat{\zeta}_{k-1}(j)|}\right]$四舍五入到最接近的整数；$\hat{\zeta}_{k-1}$是第一个$k-1$采样时间的残差的平均值，并且$\zeta_k$是$k$时刻的残差。

窗口宽度根据k时间的残差与前一$k-1$时间的平均残差之间的距离动态调整。如果RIS分布的变化较小，则窗口宽度S_k变大，以降低系统噪声矩阵和测量噪声矩阵的自适应调整频率。否则，如果RIS分布的变化迅速，则窗口宽度S_k变小，使得系统噪声矩阵和测量噪声矩阵能够保持真实噪声的特性。因此，基于动态窗口的IDKF算法的流程如图4－45所示。

最后，为了验证所提出的自适应算法的有效性，分别在US06和DST条件下验证了 IDKF 的有效性和高性能。相应的估计结果和估计误差如图 4－46 和图 4－47 所示。为了验证所提出算法的有效性，SOC 初始值被设置为 0.7。从图 4－46 和图 4－47 可以看出，估计的 SOC 可以很好地收敛到实际值。从表 4－11 中可以看出，在 US06 和 DST 循环下，基于 IDKF 的 SOC 估计的 MAE 分别为 1.08% 和 1.05%。与 DKF 和 DEKF 相比，SOC 估计精度分别提高了 29.8% 和 39.7%，13.2% 和 17.3%。与传统的估计算法相比，该模型具有更好的鲁棒性和优越性。实验结果表明，所提出的自适应算法在不同的运行周期下提供了准确的 SOC 估计结果，验证了所提出算法的优先级。

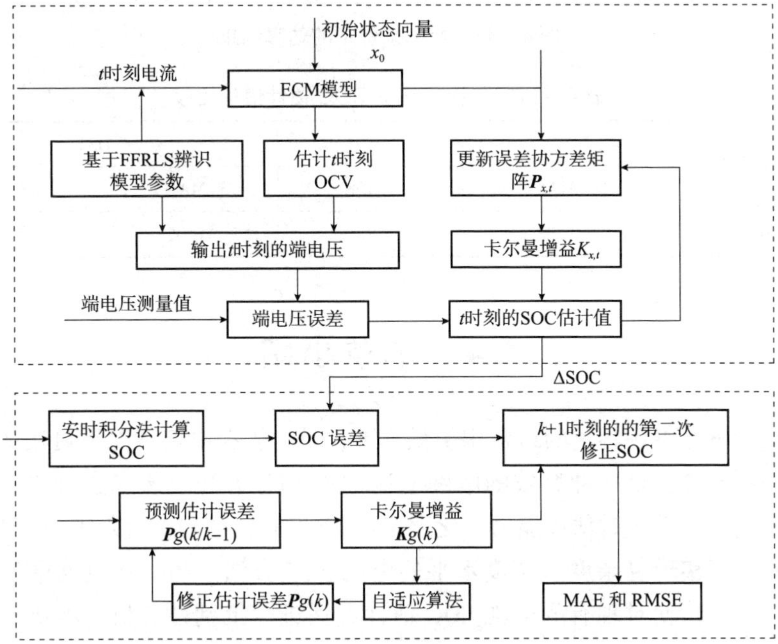

图 4－45　基于自适应 IDKF 的 SOC 估计示意图

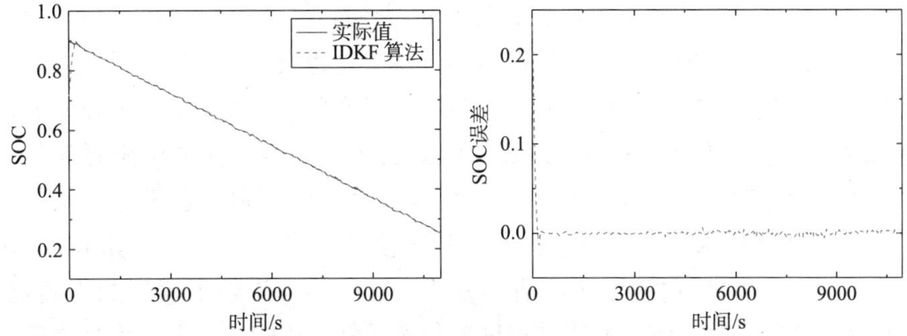

(a)SOC估计结果　(b)SOC估计误差

图 4－46　US06 条件下的估算结果

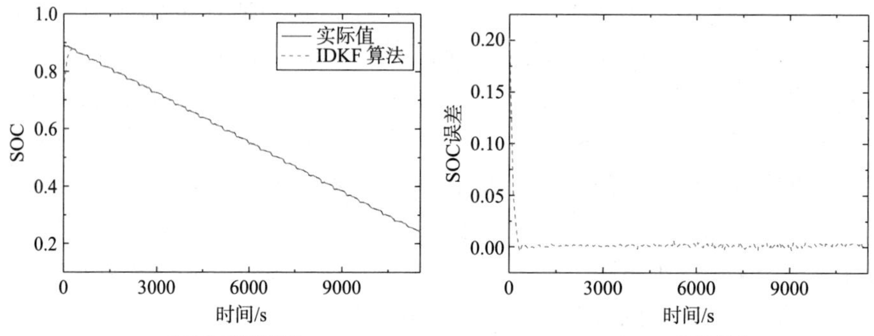

(a)SOC估计结果

(b)SOC估计误差

图 4－47 DST 条件下的估算结果

表 4－11 不同循环下 SOC 估计值的比较 %

模型算法	US06		DST	
	MAE	RMSE	MAE	RMSE
IDKF	1.08	1.03	1.05	1.01

4.4 本章小结

SOC 是电池可用容量的最常用衡量标准，量化了在给定情况下可用的电池标称容量的百分比，是一种有效的电网电池 SOC 估计方法，该方法有望具有高精度、低复杂度、近实时估计能力、化学不可知性等特性。在文献中，已经报道了大量具有不同实现复杂度和精度水平的电池 SOC 方法。为了从电网中使用的电池储能系统的角度对现有的电池 SOC 估计方法进行批判性分析，本章对常用的电池 SOC 估计方法进行了全面的综述。直接 SOC 方法取决于电池 SOC 与输入参数(如电池电压、电流、内部阻抗和温度)之间的关系。SOC 关系可以使用查找表法，但如果传感器读数不准确，直接 SOC 方法容易产生测量噪声并产生不准确的结果。此外，温度变化会改变传感器读数，这也会影响 SOC 结果的准确性。尽管 ECM、EM、DDM 和电化学电池模型考虑了单个电池级别的电池充电和放电行为，然而，包含复杂的 PDAE 偏微分代数表达式使得这些模型需要高计算资源。这些复杂方程需要时间求解，这导致 SOC 估计的延迟。基于电池状态空间模型的 SOC 估计技术正在开发中，考虑到电池 SOC 的在线估计，如 KF、EKF、UKF 和 EnKF 以及 H 无穷大 SOC 估计方法。这些技术依赖于模型的不确定性，并且其性能随着参数、测量噪声和温度变化而下降。这些技术要求模型准确，并使用基于场景的精确参数进行调整。多年来，对这些方法进行的修改和改进产生了对测量噪声的弹性。使得这些方法变得复杂，并且由于涉及非线性误差，需要高计算能力。这些方法依赖于初始条件，由于依赖于记忆测量，这些方法会导致自适应误差。因此，本章通过不同案例分析了当前各 SOC 估计方法的局限性，实验结果表明，仅使用单一模型估计能力较低，而具有无输入参数模型的混合 SOC 估计技术可以获得被认为是其未来发展的潜在候选者，在使用多模型混合的 SOC 估计算法中，其估计精度小于 1%，模型的估计能力和 SOC 的估计精度得到了较高的提升，这些新开发的未来目标是实现一种模型高效，能够以最小的复杂性和最小的依赖于基于场景的数据驱动模型参数的调整，实现电池 SOC 的实时快速处理。

5　锂离子电池健康状态估计方法研究

21 世纪第一季度，全球人口总数已超过 75 亿，从而导致自然资源的过度开发，达到前所未有的污染水平。在运输部门，道路运输是全球变暖的主要原因。新能源车辆一直是解决氢能交通对环境不利影响的最有力的方法之一，并日益获得市场共享。由于其高能量密度，锂离子电池已成为大多数新能源车辆的电源。然而，这些电池并不完全环保，是造成环境影响的主要因素。当容量下降到原始容量的 80% 时，这些电池寿命终止，无法在新能源车辆中进一步使用。因此，电池最终被送往回收站。

循环经济指出，产品应先进行再利用、翻新和维修，然后进行再制造，最后再进行原材料利用，这一直是传统回收的主要重点。这将有助于产品价值链和生命周期尽可能长时间地保持最大的价值和质量。显然，在要求较低的应用程序中，剩余容量可以重新用作第二生命，而不是回收。重新使用是将具有一个使用值的对象转换或重新部署为具有替代使用值的目标的过程。科学界将第二生命应用分为三类：①与住宅相关的应用(3～4kW・h)；②商业应用(25kW・h～4MW・h)，如电信塔、轻型商业、不间断电源(UPS)；③能源相关/工业应用(最高 50MW・h)，如可再生能源存储、电网稳定。由于这些电池有几种二次寿命应用，因此在正确的时间选择正确的应用对于电池在整个生命周期内的有效使用是必要的。在多种应用中进行选择的决定完全取决于这些电池在重新使用时的健康状况(SOH)。因此，高效的 SOH 估计算法对于在重新调整用途的同时做出决策是必要的。

在过去，很少有研究成功地对锂离子电池在新能源车辆应用中的健康状况估计方法进行广泛的描述。文献认为容量退化是影响 SOH 的唯一因素。然而，在决定重新使用时，SOH 应同时考虑容量和功率衰减。但是，文献未能强调影响 SOH 的因素，仅描述了估计 SOH 的数据驱动方法、估计电池 SOH 的自适应方法。文献对电池管理系统的要求提供了非常丰富的解释，但未能对容量估计进行广泛的分类。此外，在过去的研究中，没有人从电池的再利用的角度探讨 SOH。

接下来，本章将探讨过去对 SOH 估计技术的研究，并将其分为合适的类别，探索一种新的方法估计 SOH，从而简化电池的性能。本章将从以下四部分对 SOH 估计方法进行研究。

(1)通过介绍这些方法的优点和缺点，对用于估计 SOH 的各种方法进行分类。

(2)解释电池带来的内部和外部挑战在 SOH 估计中的影响。

(3)确定可能有效的方法估计新能源车辆电池的 SOH，以做出是否重新利用的决定。

(4)案例分析。

5.1 SOH 估计方法

健康状况传达了对电池老化和退化行为的大致理解，也可以被视为电池必须重新使用或回收的时间指标。已经探索了几种健康估计方法，从纯物理模型到基于数据的模型。这些方法的核心均是映射特征或特征，与 SOH 有一定的相关性。相关性可以通过物理方程、记账或基于数据的关系建立。就锂离子电池而言，主要使用的特征如图 5－1 所示。

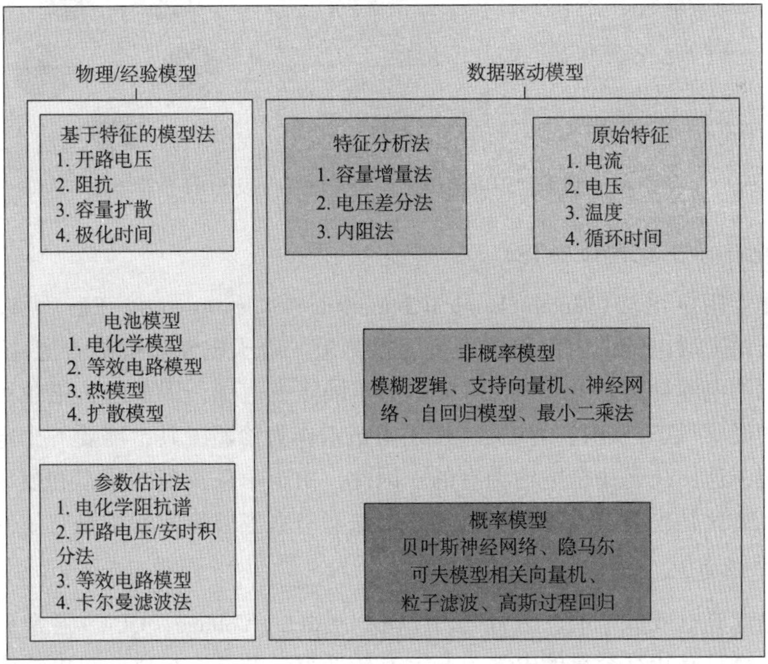

图 5－1　基于特征的 SOH 估计方法分类

(1)基于模型的特征/特性：这些特征和技术特性需要数学或物理模型，该模型忠实地表示不同的功能。

(2)数据驱动特征：这些特征是从锂离子电池的部分或全部充电和放电循环

数据中解析得出的。

(3)基于电池管理系统的原始特征：这些是可以从电池管理系统轻松获取的原始特征(电压、电流等)。

5.1.1 基于模型的特征

开路电压、阻抗、扩散电容和极化时间等特性确实可以通过使用一些经验方程很好地了解电池的健康状态。尽管非常有效，但这些特征在实际应用中仍未广泛用于估计健康状况。这背后的原因是需要基于复杂的物理模型获取这些特征。这些模型，即等效电路模型、电化学模型、动力学/热模型或扩散模型，均考虑了电池中的物理、化学、电学或热学现象。其参数是通过降解行为实验或实验室数据采集学习的，这是一个艰巨的过程，具有相当大的复杂性。更麻烦的是，该模型不是通用的，而且对于不同类型的电池往往不同。图 5－2 描绘了用于获得不同映射特征的模型，以及将这些特征与健康状态关联所需的算法。

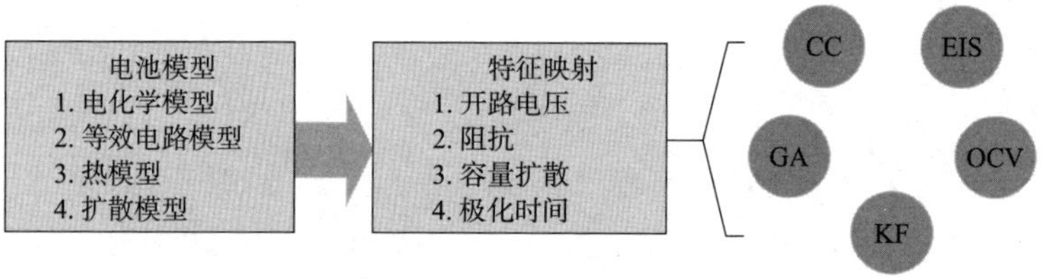

图 5－2　基于物理电池模型中检索的特征及 SOH 估计方法

1. 电化学阻抗谱法(EIS)

电化学阻抗谱法(Electrochemical Impedance Sepectroscopy，EIS)可以在低电流的大频谱上对电池的内部阻抗进行无损测量。由于电池阻抗随着老化而增加，并且不同的电池动力学会影响 EIS 测量的不同频率范围，因此阻抗谱仪可用于监测电池的健康状态(SOH)。然而，使用阻抗谱作为诊断工具，需要一个电池的电化学模型，这往往是每个电池独有的。因此，由于车载实现的成本和复杂性，将 EIS 用于 SOH 估计是非常不可行的。该方法只有在实验室实验中是有效的。

2. 开路电压(OCV)

当电池充电或放电时，开路电压(Open Circuit Voltage，OCV)通常分别增加或减少。将具有较高容量的电池，与具有较低容量的电池相比，放电或充电导致较低的电压变化。因此，从电池充电或放电的安培小时与相应充电和放电前后的电压差之间的这种关系可以用于容量估计。但需要实验室实验模拟 SOH 和 OCV 之间的关系。此外，为了根据负载下测量的电池电压进行有效的 OCV 估计，需要具有可适应老化状态的参数且非常精确的电池模型。

3. 卡尔曼滤波器(KF)及其扩展算法

卡尔曼滤波器(Kalman Filter, KF)使用一系列随时间进行的测量，其估计往往更精确地输出变量。卡尔曼滤波中的主要假设是测量噪声和过程噪声是高斯的，彼此独立，并且具有零的平均值。这是一种分两步走的方法。

①预测阶段：卡尔曼滤波器估计当前输出变量。

②更新阶段：卡尔曼滤波器通过最小化估计状态变量和观测状态变量之间的差异更新估计状态变量。

使用卡尔曼滤波器，系统的退化模型应该是可用的。卡尔曼滤波器最初用于线性系统。在电池的情况下，退化模型足够复杂，因此是非线性的。对于非线性系统，例如用于电池健康状态(SOH)估计的系统，可以使用卡尔曼滤波器的扩展版本。

扩展卡尔曼滤波器(EKF)使用泰勒级数的扩展，具有预测和更新当前状态变量的趋势的功能。此外，当将KF应用于线性系统时，可以分析表明所得到的状态估计器是稳定的。然而，EKF是KF的启发式扩展，不能分析其稳定性。尽管如此，EKF仍被广泛用于开发将电荷状态(SOC)作为非线性模型的内部状态的模型。

无迹卡尔曼滤波器完美地适应了电池单元特性的非线性，能够使用一个随时间观察的序列获得最准确的结果。此外，估计来自不同未知变量的结果，而不是基于单一测量的结果，以使其更精确。但过多的计算工作使其难以在实际应用中实现。

4. 库仑计数(CC)

库仑计数(Coulomb Counting, CC)是一种记账方法，通过连续监测输入和输出电流计算满充放电过程中通过电池传输的电荷。因此，可以跟踪传输的安培小时数，从而知道剩余容量。由于这种方法需要连续跟踪电荷传输，这是一个耗时的过程并且需要高存储容量。此外，如果安培小时的初始值给出错误，那么所有的估计都往往是不正确的。因此，需要频繁地校准以防止电荷积分中的累积误差。因此，尽管库仑计数是一种简单的方法，但它通常需要另一种方法更新参数并消除可能的误差。

5. 遗传算法(GA)

遗传算法(Genetic Algorithm, GA)，在物理的各个领域中，遗传算法经常被用来估计非线性模型的参数。如果像电压这样的BMS原始数据被用作特征，GA也可以作为一种很好的预测算法。但需要大量的数据来学习参数值，并且由于计算能力高而难以在线实现。

5.1.2 数据驱动的特征

从锂离子电池的部分或全部充电和放电循环数据中分析得出了增量容量(Incremental Capacity, IC)、差分电压(Differential Voltage, DV)或内阻(Internal Resistance, IR)等特征。不仅捕捉到了一些关于退化的物理现象，而且消除了获取这些特征所需的物理模型。这些特征可以使用大量的概率和非概率算法与健康状态相关联。考虑到算法效率和计算复杂性之间总是存在权衡，这些功能在 SOH 的在线实现中运行得很好。

图 5-3 描述了可用于将映射特征或特性与健康状态相关联的概率和非概率模型。主要使用的分析功能是容量增量、差分电压和内阻。

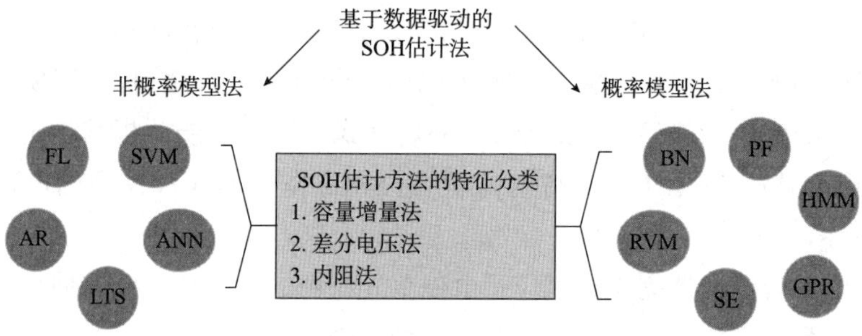

图 5-3 数据驱动的概率和非概率算法

1. 模糊逻辑(FL)

模糊逻辑使用一组模糊规则处理从复杂非线性系统测量的数据，但须将数据划分为模糊子集，再根据相关的不确定性对子集进行分类。模糊子集的成员属于一个隶属函数，决定健康状态估计的准确性。若应用 FL，不需要了解系统过程和方程，但允许使用来自实验测试和实际应用程序的更高级别的抽象表达复杂的系统。作为一种纯数据驱动的方法，该方法具有较高的精度，但需要较高的计算量。

2. 支持向量机(SVM)

支持向量机分析数据并帮助识别非线性系统的模式。支持向量机已被广泛用于模式识别的各个领域中的分类问题。此外，支持向量机还可以应用于回归问题。因其对小的变化不敏感，用于回归的 SVM 作为非线性估计器通常比最小二乘估计器更鲁棒。支持向量机由于其处理小训练数据集的能力而被广泛使用。然而，当训练数据集增加时，支持向量相应增加，这导致计算成本增加。

3. 自回归(AR)模型

自回归模型是一种基于回归的模型，通常用于从时间序列数据中了解系统的基本模式，并预测近期的值。AR 模型的准确性取决于训练中使用的历史数据的完整性。不切实际地应用，通常历史数据不完整。因此，需要对自回归模型进行训练和更新，以进行区域性估计和未来预测。AR 模型具有参数化容易、计算复杂度低的优点。然而，AR 模型是线性的，而电池容量衰减过程往往是非线性的，这导致了模型拟合不足。为了解决这个问题，可以使用结合了 AR 模型和移动平均方法的自回归综合移动平均框架。移动平均值不是在回归中使用预测变量的过去值，而是在类似回归的模型中使用过去的预测误差。

4. 人工神经网络(ANN)

人工神经网络是由位于多层中的多个被称为神经元的处理单元组成的。像人脑一样，人工神经网络需要学习，使用每个神经元的权重和偏差进行学习。为了提高精度，人工神经网络需要有更多的神经元，这限制了在现实生活模型中的实现。此外，每个 ANN 在使用之前都需要经过训练；训练可能需要大量的循环。因此，训练的神经网络只能用于一个特定的应用，预测动态退化的电池的健康状态(SOH)有点困难。

5. 最小二乘法(LTS)

最小二乘法是一种统计程序，通过最小化点与绘制曲线的偏移或残差之和找到一组数据点的最佳拟合。通常以回归分析的形式表示。过去，最小二乘法被用于研究锂离子电池的降解参数，还被用于估计电池的电气模型参数。除了模型参数学习外，LTS 还可以作为一种纯数据驱动的方法来预测容量退化。

6. 贝叶斯网络(BN)

贝叶斯网络通过假设每个预测器在条件上独立于其他预测器，根据贝叶斯定理计算属于特定类别的观测的概率。以其在实际应用中具有竞争力的性能而闻名。其优点包括简单、高效、对噪声和丢失数据的鲁棒性。

7. 隐马尔可夫模型(HMM)

隐马尔可夫模型是一个对偶随机模型，考虑观察序列(从监测信号中获取)和产品隐藏健康状态序列中的随机性。它也是一种纯数据驱动的方法，这使其成为实际应用的强大工具。考虑到电池仿真模型的复杂配置参数和 HMM 在估计结果中的准确性，过去的几项研究均提出了通过 HMM 估计电池寿命状态的方法。

8. 高斯过程回归(GPR)

高斯过程回归方法由于具有非参数性和概率性的优点，在许多领域得到了应用。适用于高维、小样本、非线性等复杂回归问题。与神经网络和支持向量机相比，GPR 具有易于应用的优点。此外，由于 GPR 建立在贝叶斯框架中，不仅可以评估电池容量损失，还可以使用具有上下限的置信区间表达估计结果的不确定性。因此，有助于决策。由于电池老化是一个复杂而非线性的过程，GPR 可以用于锂离子电池的 SOH 估计。

9. 相关向量机(RVM)

相关向量机是一种基于贝叶斯理论的数据驱动算法，由于其稀疏特性和不确定性管理能力，用于估计电池剩余使用寿命。然而，一些回归案例表明，RVM 可以获得比长期预测更好的短期预测性能。此外，RVM 会受到具有训练数据的噪声的影响。

10. 样本熵(SE)

样本熵是监测电池老化过程中电压响应变化和复杂性的有效方法，因此被认为是监测电池容量的诊断工具之一。在测量数据序列的一致性时，还可以分析时间序列的概率，从而可以作为预测电池健康性能的指标。为了获得更好、更准确的结果，应该将样本熵与一些机器学习方法相结合，将其作为输入数据特征，将健康状态(通常是容量)作为学习算法的目标向量。

11. 粒子滤波器(PF)

粒子滤波器被归类为非线性滤波器，该滤波器结合了贝叶斯学习技术和采样，以提供良好的状态跟踪性能，同时控制计算负载。它被归类为一种序列蒙特卡罗方法，该方法根据一组粒子和相关的权重估计状态概率分布函数(Probability Distribution Function，PDF)。权重的使用有助于将状态 PDF 调整为最可能的形式。但对于粒子滤波器来说，定义样本的数量对计算速度和准确性产生了重要影响。因此，实际应用需要大量的样品。此外，基于粒子滤波器的模型的精度很容易受可变电流和温度的影响。

然而，上述大部分估计方法所建的学习模型仅在特定的工况下，例如是在恒定倍率的充放电、恒温等条件下，验证其预测算法的准确性。但是实际情况下新能源车辆的运行工况复杂多变，使其在实际应用过程中，预测结果的准确率与实验预期有一定差距。在以往的研究中，研究者们更多地是单独对电池 SOC 或 SOH 进行估计研究。锂离子电池 SOC 和 SOH 存在密切的关系，温度、充放电电流、内阻、容量等因素都会对其造成影响，因此，如何探寻预测结果精确性和鲁棒性，建立更好的模型对电池 SOC 和 SOH 进行估算研究仍然是目前研究领域的难点。

5.1.3　基于电池管理系统的原始功能

电压、电流、温度、循环次数和充电时间等特征也可用于建立与锂离子电池健康状态的相关性。这些功能通常由所有电池的电池管理系统获取，因此易于收集。由于这些原始信号预计会有噪声，因此需要某种滤波来衰减测量噪声。在“数据驱动的特征”一节中讨论的所有分析特征(概率和非概率)算法也可以用于这些特征，以建立特征与健康状态之间的相关性。

利用基于电池管理系统的原始特征来预测健康状态的基本框架如图5－4所示。通过蓄电池管理系统从蓄电池获取全循环或部分循环数据信号电压、电流或循环数，使用有效的滤波技术对该数据库进行预处理，以消除不必要的测量噪声，然后提取统计特征。最后，使用“数据驱动的分析特征”中讨论的概率和非概率算法，将这些特征与健康状态直接相关。

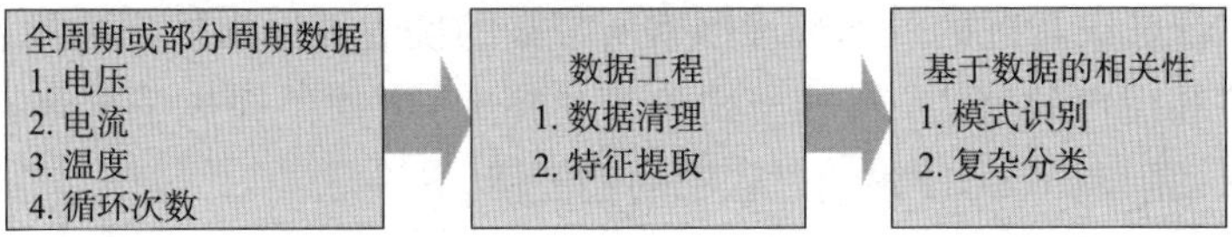

图5－4　一种使用基于电池管理系统的原始特征来预测健康状态的框架

5.2　锂离子电池健康状况评估面临的挑战

由于各种相互交织的因素，电池的性能会随着时间的推移而退化，这使得退化机制的研究相当复杂。在估计电池的SOH时，复杂的退化机制和对操作条件的敏感性仍然是一个障碍。除此之外，还有其他因素，如技术异质性(市场上不同公司生产的同类产品的可用性)，这使得预测变得困难。在本节中，将简要讨论这些挑战，预测锂离子电池SOH的挑战可分为内部挑战和外部挑战。

5.2.1　内部挑战

锂离子电池的内部结构所带来的挑战被称为内部挑战。这些挑战与制造电池时使用的不同类型的材料有关。

1. 复杂的降解机制

锂离子电池的退化机理是一个非常复杂的现象，通常表现为丧失能力和功率衰减。这种复杂性背后的原因是各种内部和外部原因的相互依存，这导致了这种退化。这些降解机制对电池的可测量影响可以概括为以下三种降解模式，即锂存量损失、活性正极材料损失和活性负极材料损失。这些降解模式中的每一种都被认为对锂离子细胞的健康有着独特且可衡量的影响。这些影响的性质和程度通常基于逻辑论证，而不仅是实验证明。这使得对降解机制的研究以及对健康状况的估计具有挑战性。

2. 技术异质性

在21世纪，已经看到了工业发展的良性循环，如创造收入、需求多样化和消费分类等。这均导致从事同类产品的行业突然增加。有几家公司生产类似品牌的锂离子电池，但使用不同的子产品或原材料。因此，尽管同一种锂离子电池的化学成分相同，但这些电池在结构和物理上都不同。这导致不同公司生产的锂离子电池的降解模式出现偏差。用单一的估计模型估计具有这种稳健性的健康状况是非常不可理解的。

5.2.2 外部挑战

无法估计健康状况的外部环境因素所带来的挑战被称为外部挑战。车辆所在的物理环境和用户的行为(驾驶模式、驾驶频率)增加了锂离子电池退化机制的异质性，从而限制了 SOH 预测过程中的稳健性。

1. 动态运行条件

以温度和湿度为主的环境因素对锂离子电池的性能产生了显著影响，也限制了锂离子电池应用。工作温度的升高增加了锂离子电池中所有组件的降解率，其中包括最大电荷存储容量和电极存储锂离子的有效性。此外，不同的操作条件会产生不同的不良影响。建立一种在宽温度范围内准确工作的基于物理或基于数据的方法的模型一直是电池健康预测领域的主要关注点。

2. 多种驾驶模式

在新能源车辆行驶过程中，电池负载曲线与标准实验室测试程序有很大不同，标准实验室测试通常会施加恒定电流进行放电。由于车辆的加速和减速，电池负载是高度动态的，而且由于再生制动会导致反复充电，因此驾驶不是一个纯粹的放电过程。为了进行更全局的分类，可以根据不同的地理区域对驱动模式进行分类。然而，将这些驱动模式纳入不同的地理地区将进一步增加估计模型的计算复杂性，因此，这确实非常具有挑战性。

5.3 循环经济背景下选择一种有效的 SOH 估计方法

在循环经济的背景下，由于估计结果用于决策，建议在预测中考虑一定程度的不确定性。由于退化机制过于复杂，对工作条件的敏感性很高，每个电池的退化情况都不同。通常，在估计 SOH 时，基于模型的估计便于对退化物理的更好理解。然而，正如前面“复杂的降解机制”部分所述，这些降解机制是复杂的，取决于许多相互交织的因素。因此，一方面，具有如此广泛的鲁棒性，实时准确估计不同电池的 SOH 使用这种模型实现是非常有益的；另一方面，基于数据的方法消除了理解降解物理的需要，可以成为更好的评估方法选择。尽管对降解物理没有太多的理解，但可以非常准确地估计 SOH。此外，实时实现数据驱动的方法更方便。

现有数据驱动模型的一个主要问题是，电池退化建模是基于在恒定放电速率和恒定环境温度下收集的数据。在实践中，如“外部挑战”一节所述，电池在吸收了许多不确定性的不同运行条件下运行。这些不确定性将使这些模型表现不佳。因此，必须针对不同的操作条件创建模型。此外，为了建立一个更稳健的模型，应用真实的负载模式来处理不同地理区域的驱动模式是很重要的。总之，一种能够满足循环经济决策指标需求的有效 SOH 估计方法应该是可靠的、数据驱动的、概率的和实时的。除此之外，建议使用分析特征而不是原始特征，因为后者会使计算负载变小。要建立锂离子电池的预测健康管理系统，必须注意以下几点：

(1)选择适当的功能。

(2)选择最有效的相关算法。

(3)创建学习模型和模型数据库。

(4)选择和诊断型号。

(5)预测剩余使用寿命。

关于容量衰减，可以使用诸如增量容量之类的特性估计 SOH。如新能源车辆在 X 个不同的地理区域运行，由于不同地理区域的动态运行条件变化不同，因此，应为每个地理区域创建一个模型。学习模型将使用来自每个区域的已知健康状态的电池的足够数量的数据完成。如图 5－5 所示，通过电池管理系统从电池中获取全部或部分循环数据，然后对该数据库进行预处理，以消除必要的测量噪声。此外，应进行增量容量峰值的分析提取，可以使用“数据驱动的特征”一节中描述的概率和非概率算法将其与健康状态关联起来。算法的选择应该取决于可用于模型训练的数据量，当然还有相关效率。

当诊断电池时，应先确定模型数据库中的最佳拟合模型，如图 5－6 所示。从 PHM 中提取“待诊断”电池的历史数据，并计算每个循环的增量容量。将其转换为一个时间序列，其中周期号表示该序列的时间戳。为了选择最适合的模型，将此时间序列与数据库中每个模型的增量容量时间序列进行比较。具有最小均方根误差的模型可以被认为是最佳拟合模型，用 M_{best} 表示。

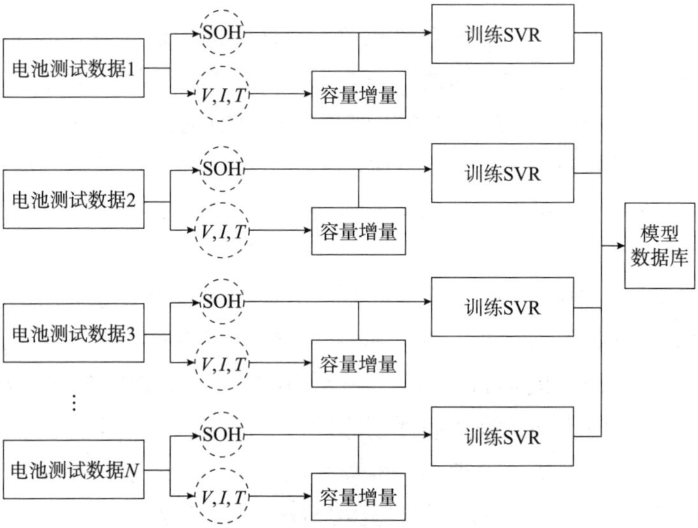

图 5－5　模型数据库创建

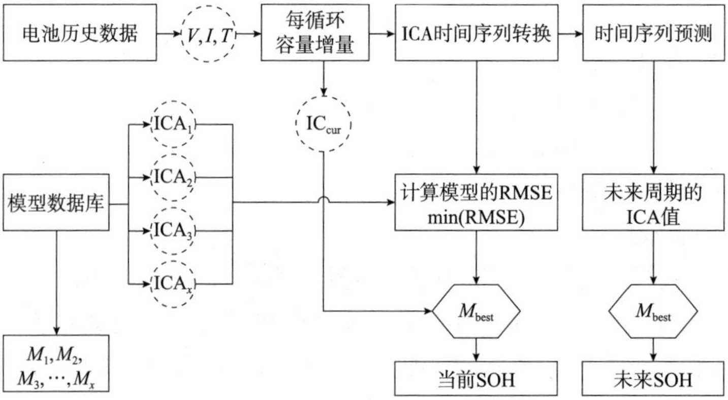

图 5－6　模型选择和 PHM 系统设置

对于预测，应先对增量容量序列的未来评估进行时间序列预测。此外，使用 M_{best} 最佳模型预测电池的未来 SOH，从而预测 RUL。同样，对于功率衰减，可以使用内阻等特征估计 SOH。内阻可以通过电化学阻抗谱的无损方法进行测量，每个循环的值都可以存储在 BMS 中。诊断和预后的方式与基于能力的 SOH 的诊断和预后相同。一旦已知 SOH，就可以预测第二生命应用的选择。理由、容量和功率要求是选择第二生命应用的主要指标。除了这两个指标外，在决策过程中还将考虑电池尺寸、重量和其他美学方面的指标。

5.4 案例分析

使用直接测量方法，需要大量的实验室测量数据分析电池内部特性与 SOH 之间的关系，且当电池工况恶劣时，该方法适应性较差。使用机理法虽然可以很好地反映电池的衰退机理，通过提取出与电池容量或内阻高相关性的健康因子，利用模型融合方法估计 SOH，但 IC 曲线和 DV 曲线很容易受到噪声的干扰，需要对电池进行充分的充放电过程，且对测试设备以及环境要求较高。使用数据驱动方法，不需要与电池物理特性对应的系统参数，就能够从大量数据中学习电池老化过程的外在表现，并找到一种数学方法描述电池容量与端电压、电流以及温度等物理量之间的关系。但是，基于数据驱动的 SOH 估计方法的局限性在于，保证估计精度和可靠性，则需要在各种电池运行模式下获取覆盖从新电池到退役为止整个寿命范围的数据，因此该模型的适应性和准确性受到制约，一般用于实验室环境和 BMS 前期开发工作。

而使用等效电路模型与卡尔曼滤波相结合的联合算法时，模型参数与电池内部的电化学过程之间有着较强的物理对应关系，因此这类方法能提供较高的估计精度。Dai 等将 ECM 中的内阻值作为评价锂电池健康状态的物理量，并规定当欧姆内阻增长到其初始值 160% 时，即视为电池寿命的终结。通过对电池端电压与电流的实时测量，采用系统在线辨识方法对欧姆内阻进行辨识，从而实现对电池健康状态的实时预测。但使用 ECM 估计 SOH 时，电池欧姆内阻不仅与电池 SOH 有关，还与电池 SOC 有关，若无法准确地获取 SOC 值，则估计 SOH 会产生较大误差。针对此问题，在前文详细介绍的扩展卡尔曼滤波算法的原理的基础上，引入双卡尔曼滤波估计方法实现 SOH 的在线联合估计。这种方法能够较精确地在线估算出电池的 SOH，计算简单且易实现。但采用这种方法估算 SOH 时，会受到电池老化等状态因素的影响。因此，本节分析当前影响 SOC 估计准确性的潜在因素，并基于 DEKF 的在线估计方法，提出一种新的模型算法，实现电池 SOC 和 SOH 的精确联合估计。

5.4.1 电池模型

等效电路模型(Equivalent Circuit Model，ECM)主要利用电阻和电容等电气元件来描述电池特性，凭借模型参数少、便于运算等优点，ECM 更适合车载系统。在选择合适的模型时应该考虑以下几点：①尽可能准确地反映出电池动态特性；②模型应尽可能简单，减少处理器运算；③有利于在实际中应用。目前，常用等效电路模型包含 Rint 模型、Thevenin 模型、多阶 RC 电路模型等。He 等分别在 HPPC 测试、DST 测试、FUDS 测试的基础上，对包括二阶 RC 等效电路模型的七种典型的电池模型进行了系统评估，实验结果表明，二阶 RC 等效电路模型无论是在端电压估计还是在 SOC 估计中，模型的估计性能都是最好的。因此，本节选用二阶 RC 等效电路模型作为本章的电池模型。该模型的结构如图 5－7 所示。

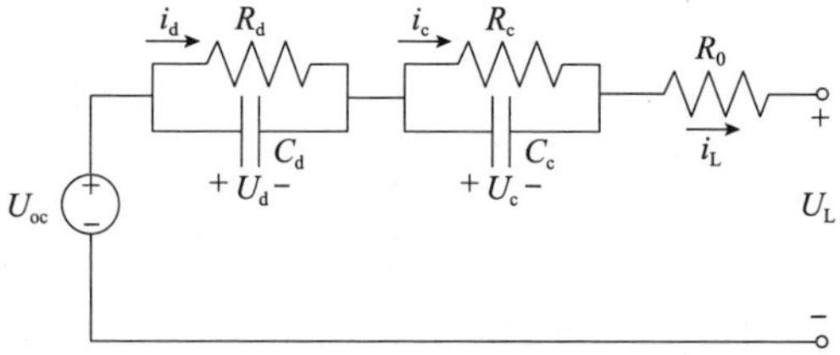

图 5－7　二阶 RC 等效电路模型

式中，R_d和 C_d分别表示电池的电化学极化电阻和极化电容，R_c和 C_c分别表示浓差极化电阻和极化电容；R_0表示电池的欧姆内阻；U_{oc}为电池的开路电压 OCV，U_L表示电池的端路电压，i_L为电池的电流。

根据基尔霍夫电压定律，在 k 采用时刻，图 5－7 模型可以描述为：

$$\begin{cases} \dfrac{dU_d}{dk} = -\dfrac{U}{C_dR_d} + \dfrac{i_L}{C_d} \\ \dfrac{dU_c}{dk} = -\dfrac{U_c}{C_cR_c} + \dfrac{i_L}{C_c} \\ U_L = U_{oc} - U_d - U_c - R_0 i_L \end{cases} \tag{5-1}$$

根据安培－小时积分法和二阶 Thevenin 模型的电路方程，以电流 i_L为输入向量，端电压 U_L为输出向量，$x(k) = [\text{SOC}(k)\ \ U_c(k)\ \ U_d(k)]^T$为状态向量，建立等效电路模型的连续状态空间方程和输出方程如下：

$$x(k+1) = \begin{bmatrix} 1 & 0 & 0 \\ 0 & \exp\left(-\dfrac{T}{\tau_c}\right) & 0 \\ 0 & 0 & \exp\left(-\dfrac{T}{\tau_d}\right) \end{bmatrix} x(k) + \begin{bmatrix} -\dfrac{\eta T}{C_a} \\ R_c\left[1-\exp\left(-\dfrac{T}{\tau_c}\right)\right] \\ R_d\left[1-\exp\left(-\dfrac{T}{\tau_d}\right)\right] \end{bmatrix} i_L(k) + w(k) \tag{5-2}$$

$$U_L(k) = U_{oc}[\text{SOC}(k)] - U_c(k) - U_d(k) - R_0(k)i_L(k) + v(k) \tag{5-3}$$

式中，$\tau_c = R_cC_c$ 和 $\tau_d = R_dC_d$ 表示模型的时间常数，$w_{(k)}$和 $v_{(k)}$分别表示 k 时刻电池的过程噪声和测量噪声。$U_{oc}[\text{SOC}(k)]$表示开路电压和 SOC 在 k 时刻的映射

关系。

考虑 BMS 的实用性，需要基于时域对非线性双极化模型进行离散化处理，首先利用拉普拉斯变化对式(5－3)进行离散化：

$$U_L(s)-U_{oc}(s)=-i_L(s)\left(R_0+\frac{R_d}{1+R_dC_ds}+\frac{R_c}{1+R_cC_cs}\right) \tag{5-4}$$

式中，s 表示拉普拉斯算子。

传递函数 $G(s)$ 为：

$$\begin{aligned}G(s)&=\frac{U_L(s)-U_{oc}(s)}{i_L(s)}=-\left(R_0+\frac{R_d}{1+R_dC_ds}+\frac{R_c}{1+R_cC_cs}\right)\\&=-\frac{R_0\tau_c\tau_ds^2+(R_0\tau_c+R_0\tau_d+R_c\tau_d+R_d\tau_c)s+R_d+R_c+R_0}{\tau_c\tau_ds^2+(\tau_c+\tau_d)s+1}\\&=-\frac{R_0s^2+\frac{1}{\tau_c\tau_d}(R_0\tau_c+R_0\tau_d+R_c\tau_d+R_d\tau_c)s+\frac{1}{\tau_c\tau_d}(R_d+R_c+R_0)}{s^2+\frac{1}{\tau_c\tau_d}(\tau_c+\tau_d)s+\frac{1}{\tau_c\tau_d}}\end{aligned} \tag{5-5}$$

由于使用计算机处理离散数据，本章采用双线性变换法将基于 s 平面的方程投射到 z 平面上去。利用双线性变换公式 $s=\frac{2}{T}\frac{z-1}{z+1}$可得：

$$G(z^{-1})=\frac{a_3+a_4z^{-1}+a_5z^{-2}}{1-a_1z^{-1}-a_2z^{-1}} \tag{5-6}$$

式中 a_1，a_2，a_3，a_4，a_5为与 R_0，R_c，R_d，τ_c，τ_d存在函数关系的待定系数，该系数分别定义为：

$$\begin{cases}a_1=\dfrac{2T^2-8\tau_c\tau_d}{4\tau_c\tau_d+2T(\tau_c+\tau_d)+T^2}\\a_2=\dfrac{4\tau_c\tau_d-2T(\tau_c+\tau_d)+T^2}{4\tau_c\tau_d+2T(\tau_c+\tau_d)+T^2}\\a_3=\dfrac{4R_0\tau_c\tau_d+T^2(R_0+R_c+R_d)+2T(R_0\tau_c+R_0\tau_d+R_c\tau_d+R_d\tau_c)}{4\tau_c\tau_d+2T(\tau_c+\tau_d)+T^2}\\a_4=\dfrac{2T^2(R_0+R_c+R_d)-8R_0\tau_c\tau_d}{4\tau_c\tau_d+2T(\tau_c+\tau_d)+T^2}\\a_5=\dfrac{4R_0\tau_c\tau_d+T^2(R_0+R_c+R_d)-2T(R_0\tau_c+R_0\tau_d+R_c\tau_d+R_d\tau_c)}{4\tau_c\tau_d+2T(\tau_c+\tau_d)+T^2}\end{cases} \tag{5-7}$$

令 $z^{-1}=\dfrac{1-\frac{T}{2}s}{1+\frac{T}{2}s}$，则式(5-6)可以推导为：

$$G(s)=\frac{\dfrac{4(a_3+a_4+a_5)}{(1+a_1-a_2)T^2}+\dfrac{4(a_3-a_5)}{(1+a_1-a_2)T}s+\dfrac{4(a_3-a_4+a_5)}{(1+a_1-a_2)}s^2}{\dfrac{4(1-a_1-a_2)}{(1+a_1-a_2)T^2}+\dfrac{4(1+a_2)}{(1+a_1-a_2)T}s+s^2} \tag{5-8}$$

经过相应的计算过程，二阶 RC 模型参数可以定义为：

$$\begin{cases} R_0=\dfrac{-a_3+a_4-a_5}{1+a_1-a_2} \\ R_0+R_c+R_d=\dfrac{-a_3-a_4-a_5}{1-a_1-a_2} \\ R_cC_cR_dC_d=\dfrac{T^2(1+a_1-a_2)}{2(1-a_1-a_2)} \\ R_cC_c+R_dC_d=\dfrac{T(1+a_2)}{1-a_1-a_2} \\ R_0R_cC_c+R_0R_dC_d+R_cR_dC_d+R_dR_cC_c=\dfrac{T(a_5-a_3)}{1-a_1-a_2} \end{cases} \tag{5-9}$$

将基于 z 平面的离散化传递函数式转化到离散时域中，可以表示成：

$$U_{oc,k}-U_{L,k}=a_1(U_{oc,k-1}-U_{L,k-1})+a_2(U_{oc,k-2}-U_{L,k-2})+a_3i_{L,k}+a_4i_{L,k-1}+a_5i_{L,k-2} \tag{5-10}$$

式中，$U_{oc,k}-U_{L,k}$为开路电压和负载端电压支持，由于动力电池的开路电压与 SOC、工作温度 T_k和老化特性 $A_{ge,k}$具有关联性，定义为：

$$U_{oc,k}=f(SOC,\ T_k,\ A_{ge,k}) \tag{5-11}$$

关于 $U_{oc,k}$时间导数为：

$$\frac{dU_{oc,k}}{dk}=\frac{\partial U_{oc,k}}{\partial SOC}\frac{dSOC}{dk}+\frac{\partial U_{oc,k}}{\partial T_k}\frac{dT_k}{dk}+\frac{\partial U_{oc,k}}{\partial A_{ge,k}}\frac{dA_{ge,k}}{dk} \tag{5-12}$$

由于在锂电池实验数据采集过程中，较好的 BMS 热管理系统会保证锂电池的温度变化率不会太大，且单位采样间隔内消耗的电量对 SOC 不会产生较大影响，而电池的老化程度需在较长的时间内才有明显变化。综上分析：

$$\Delta U_{oc,k}\approx 0 \tag{5-13}$$

因此，式(5-10)可简化为：

$$U_{L,k}=(1-a_1-a_2)U_{oc,k}+a_1U_{L,k-1}+a_2U_{L,k-2}+a_3i_{L,k}+a_4i_{L,k-1}+a_5i_{L,k-2} \tag{5-14}$$

则方程的输出矩阵 y_k，参数矩阵 θ_k 和数据矩阵 ψ_k 可定义为：

$$\begin{cases} \boldsymbol{y}_k = \boldsymbol{U}_{L,k} = \boldsymbol{\psi}_k^T \boldsymbol{\theta}_k \\ \boldsymbol{\theta}_k = [(1 - a_1 - a_2) \cdot \boldsymbol{U}_{oc,k}, a_1, a_2, a_3, a_4, a_5] \\ \boldsymbol{\psi}_k = [1, \boldsymbol{U}_{L,k-1}, \boldsymbol{U}_{L,k-2}, i_{L,k}, i_{L,k-1}, i_{L,k-2}] \end{cases} \tag{5-15}$$

5.4.2 参数辨识

电池在实际运行中，测量设备、外界环境因素的干扰会使得电流、电压等电池外部参数在采集过程中受到影响，进而影响电池内部参数辨识精度。为了能够准确获得电池模型参数，本节选用在线辨识方法，利用实时采集的数据在线更新模型参数向量。递推最小二乘法通过定期校正和更新系统参数，可以很好地适用于系统模型和参数受外部条件影响较大的情况，能够准确地捕捉系统的实时特性。

虽然 RLS 能够很好地克服由模型参数的不确定性带来的辨识难度，但随着迭代次数的增加，算法的辨识精度和收敛速度会受到影响。因此，本节采用含遗忘因子的递推最小二乘算法，该方法通过引入遗忘因子重新调整旧数据和新数据的权重，从而实现辨识算法的响应和收敛速度的提升。具体步骤如下。

(1)初始化 $\boldsymbol{\theta}_k$，$\boldsymbol{\psi}_k$ 和 $\boldsymbol{P}_k$；

(2)计算 k 时刻的参数估计：

$$\bar{\boldsymbol{\theta}}(k) = \bar{\boldsymbol{\theta}}(k-1) + \boldsymbol{K}(k)[y(k) - \boldsymbol{\psi}^T(k)\bar{\boldsymbol{\theta}}(k-1)] \tag{5-16}$$

(3)计算估计误差：

$$e_k = y(k) - \boldsymbol{\psi}^T(k)\bar{\boldsymbol{\theta}}(k-1) \tag{5-17}$$

(4)计算增益矩阵：

$$\boldsymbol{K}(k) = \frac{\boldsymbol{P}(k-1)\boldsymbol{\psi}^T(k)}{\lambda + \boldsymbol{\psi}^T(k)\boldsymbol{P}(k-1)\boldsymbol{\psi}(k)} \tag{5-18}$$

其中 λ 表示遗忘因子。当 $\lambda < 1$ 时，给予新数据大权值使递推过程更依赖于新数据，但过小的 λ 会致使 FFRLS 算法运行时发散，在本节中取值为 0.96。

(5)计算协方差矩阵：

$$\boldsymbol{P}(k) = \frac{1}{\lambda}[I - \boldsymbol{K}(k)\boldsymbol{\psi}^T(k)]\boldsymbol{P}(k-1) \tag{5-19}$$

(6)重复步骤(2)～(5)，之后跳出循环。

对于本节选用的电池模型，$\bar{\theta}(k-1)$ 表示上一时刻的预测值，$\psi^T(k)\bar{\theta}(k-1)$ 为当前时刻系统估计的端电压，$y(k)$ 为当前时刻端电压的实际值，利用电压估计误差 e_k 和当前时刻的增益 $K(k)$ 为目前时刻预测值的修正，最后得到目前时刻系统的最优预测值$\bar{\theta}(k)$，由此可以使用 FFRLS 基于当前时刻锂电池两端的电压、电流对模型参数进行在线辨识。辨识流程如图 5－8 所示。

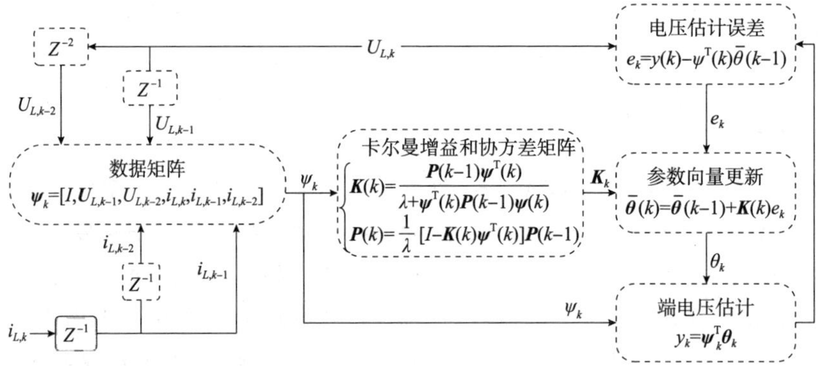

图 5－8　FFRLS 在线辨识锂电池模型参数的流程

5.4.3　基于双卡尔曼滤波器的 SOH 估计算法研究

1. 基于 AEKF 算法的 SOC 估计器

从电池模型可以看出，SOC 和欧姆内阻以非线性方式完全耦合。为了监测这两种情况，本节设计了一个双卡尔曼滤波器，根据建立的模型估计电池的状态和参数。具体来说，当对欧姆内阻进行估计时，将 SOC 作为已知参数，当对 SOC 进行估计时，将欧姆内阻作为已知参数，保证 SOC 及欧姆内阻交替进行更新。图 5－9 给出了基于双卡尔曼滤波器的共同估计方法结构图。

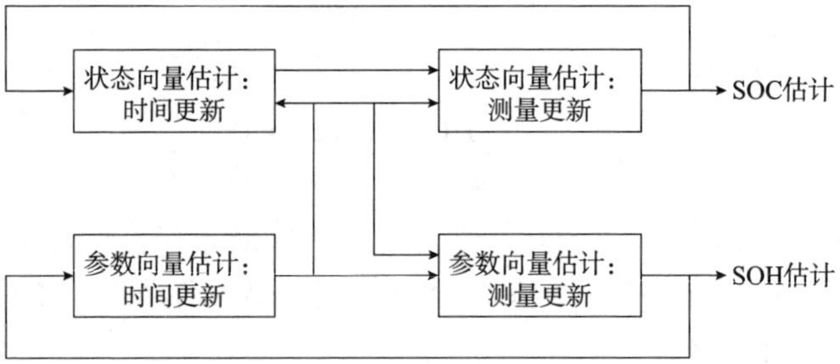

图 5－9　基于双卡尔曼滤波器的共同估计方法结构图

辨识后的电池的状态公式（5－2）和观测公式（5－3）离散化可得：

$$\begin{cases} x_{k+1}=f(x_k,\ u_k)=A_k x_k+B_k u_k+w_k \\ y_k=h(x_k,\ u_k)=C_k x_k+D_k u_k+v_k \end{cases} \tag{5-20}$$

其中：

$$A_{x,k}=\frac{\partial f}{\partial x_k}=\begin{bmatrix}1 & 0 & 0\\ 0 & \exp(-\frac{T}{\tau_{c,k}}) & 0\\ 0 & 0 & \exp(-\frac{T}{\tau_{d,k}})\end{bmatrix},\ B_{x,k}=\begin{bmatrix}-\frac{\eta T}{Ca}\\ R_{c,k}(1-\exp(-\frac{T}{\tau_{c,k}}))\\ R_{d,k}(1-\exp(-\frac{T}{\tau_{d,k}}))\end{bmatrix}$$

$$C_{x,k}=\frac{\partial h}{\partial x_k}=[\frac{\partial U_{oc,k}}{\partial x_k}-1-1],\ D_{x,k}=-R_{0,k}$$

因此，根据双卡尔曼滤波原理，基于 AEKF 算法的 SOC 估计流程的步骤如表 5－1 所示。

表 5－1　基于 AEKF 算法的 SOC 估计流程

AEKF 算法
①初始化状态向量 x_0，以及协方差矩阵 $\boldsymbol{P}_0$； ②时间更新状态向量： $\hat{\boldsymbol{x}}_k=f(x_{k-1},\ u_{k-1})$　　(5－21) ③时间更新误差协方差矩阵： $\boldsymbol{P}_{x,k}=A_{x,k}\boldsymbol{P}_{x,k-1}\boldsymbol{A}_{x,k}^T+\boldsymbol{Q}_{x,k-1}$　　(5－22) ④计算卡尔曼增益： $\boldsymbol{K}_{x,k}=\boldsymbol{P}_{x,k}^-\boldsymbol{C}_{x,k}^T(\boldsymbol{C}_{x,k}\boldsymbol{P}_{x,k}^-\boldsymbol{C}_{x,k}^T+\boldsymbol{L}_{x,k-1})^{-1}$　　(5－23) ⑤更新状态向量： $\hat{\boldsymbol{x}}_{k+1}=\hat{\boldsymbol{x}}_{x,k}+\boldsymbol{K}_{x,k}\boldsymbol{E}_{x,k}$　　(5－24) 其中新息向量定义：　$\boldsymbol{E}_{x,k}=y_{x,k}-g(\hat{x}_{x,k})$　　(5－25) ⑥更新误差协方差矩阵： $\boldsymbol{P}_{x,k+1}=(I-\boldsymbol{K}_{x,k}\boldsymbol{C}_{x,k})\boldsymbol{P}_{x,k}$　　(5－26) ⑦自适应调整过程： $\begin{cases}\boldsymbol{H}_{x,k}=\frac{1}{\boldsymbol{M}}\sum_{i=k-M+1}^{k}\boldsymbol{E}_{x,k}\boldsymbol{E}_{x,k}^T\\ \boldsymbol{Q}_{x,k}=\boldsymbol{K}_{x,k}\boldsymbol{H}_{x,k}\boldsymbol{K}_{x,k}^T\\ \boldsymbol{L}_{x,k}=H_{x,k}+\boldsymbol{C}_{x,k}\boldsymbol{P}_{x,k}\boldsymbol{C}_{x,k}^T\end{cases}$　　(5－27) 式中，$\boldsymbol{Q}_{x,k}$和$\boldsymbol{L}_{x,k}$分别为噪声$\boldsymbol{w}_k$和$\boldsymbol{v}_k$的协方差矩阵。

2. 基于 AEKF 算法的 SOH 估计器

类似的定义可用于 SOH 滤波器的设计。虽然两个极化电阻也与电池的健康状况有关，但为了简化计算，根据 SOH 定义，此次估计仅考虑欧姆内阻，并建立基于内阻的离散状态空间方程：

$$\begin{cases}\theta(k+1)=\theta(k)+r(k)\\ U_{\mathrm{L}}(k)=U_{\mathrm{oc}}[\mathrm{SOC}(k)]-U_{\mathrm{c}}(k)-U_{\mathrm{d}}(k)-\theta(k)i_{\mathrm{L}}(k)+o(k)\end{cases} \tag{5-28}$$

式中，$\theta(k)$表示k时刻的电池内阻R_0。$r(k)$ 和$o(k)$ 分别表示过程噪声和测量噪声，相应的噪声协方差矩阵表示为$\boldsymbol{Q}_\theta$和$\boldsymbol{L}_\theta$。简化可得模型系数：

$$A_{\theta,k}=1,\ C_{\theta,k}=-I(k) \tag{5-29}$$

因此，基于 AEKF 算法的R_0估计过程与 SOC 估计的过程类似，将表 5－1 中的状态向量x替换为参数向量θ，则基于 DAEKF 的 SOH 估计方法的具体步骤如下：

①初始化噪声协方差矩阵$\boldsymbol{Q}_\theta$和$\boldsymbol{L}_\theta$。

②更新 SOC 估计结果。根据表 5－1 的 AEKF 算法，利用模型输出电压与实际值之间的误差实时更新 SOC。

③更新R_0估计值。将步骤②中估算的 SOC 代入 OCV－SOC 特性曲线，获得k时刻的U_{oc}，然后基于 AEKF 算法更新R_0。

④将步骤③中估计的R_0代入步骤②中以更新 SOC 估计。

⑤重复步骤②～④，每次获得 SOC 估计和模型参数R_0。

3. 自适应智能算法

当使用 DAEKF 方法估计 SOC 和 SOH 时，该算法对噪声的统计特性有明确的要求。传统方法通过固定长度(M)计算$H_{x,k,}$和$H_{\theta,k}$，可通过式(5－27)获得。然而，在实际应用中，噪声将受到传感器测量误差和外部环境的影响，从而影响误差新息序列(Error Innovation Sequence，EIS)，如式(5－25)所示。此外，状态估计误差将导致 EIS 的变化。如果不根据 EIS 调整窗口宽度，则会降低状态向量和参数向量的估计精度。

基于上述分析，针对固定长度(M)对估计结果可能产生的影响，提出了一种基于动态窗口的自适应算法。将剩余新息序列(Residual Innovation Sequence，RIS)定义为：

$$\zeta_{x,k}=y_{x,k}-g(\hat{x}_{x,k+1}) \tag{5-30}$$

系统噪声和测量噪声的协方差矩阵由 RIS 修改：

$$\begin{cases}\boldsymbol{Q}_{x,k}=\boldsymbol{K}_{x,k}\boldsymbol{W}_{x,k}\boldsymbol{K}_{x,k}^T\\ \boldsymbol{L}_{x,k}=\boldsymbol{W}_{x,k}+\boldsymbol{C}_{x,k}\boldsymbol{P}_{x,k}\boldsymbol{C}_{x,k}^T\end{cases} \tag{5-31}$$

$$\boldsymbol{W}_{x,k}=\frac{1}{S}\sum_{i}^{N-1}\boldsymbol{E}_{k-i}\boldsymbol{E}_{k-i}^T \tag{5-32}$$

式中，S为窗口大小，定义为：

$$S_{k+1}=\left[S_k\sum_{j=1}^{N}\frac{\hat{\zeta}_{k-1}(j)}{|\zeta_k(j)-\hat{\zeta}_{k-1}(j)|}\right]/N \tag{5-33}$$

式中，$\left[S_k\sum_{j=1}^{N}\frac{\hat{\zeta}_{k-1}(j)}{|\zeta_k(j)-\hat{\zeta}_{k-1}(j)|}\right]$表示四舍五入至最接近的整数；$\hat{\zeta}_{k-1}$是第一个$k-1$采样时间的残差平均值，$\zeta_k$是$k$时间的残差；$N$是数据维度。窗口宽度根据$k$时间的剩余误差和$k-1$时间的平均剩余误差之间的距离进行动态调整。如果RIS分布的变化较小，则窗口宽度S_k变大，以降低系统噪声矩阵和测量噪声矩阵的自适应调整频率。否则，如果RIS分布的变化很快，窗口宽度S_k变小，使得系统噪声矩阵和测量噪声矩阵能够保持真实噪声的特性。因此，基于动态窗口的IDAEKF算法流程如图5－10所示。

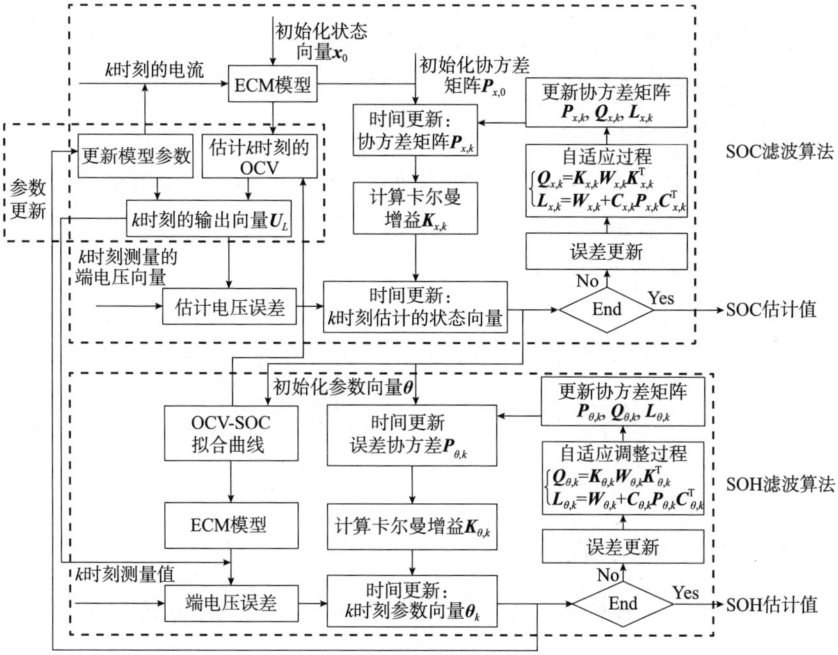

图5－10　基于IDAEKF框架的SOC和SOH联合估计算法

5.4.4　基于误差模型的SOH估计算法研究

在电池测试过程中，随着电池的逐渐老化，电池容量会不断减小。作为卡尔曼滤波方程的状态方程，SOC是由安培－小时积分法计算得到。如果电池容量不能及时地更新，在SOC估计过程中，可能会降低SOC的估计精度。同时，在卡尔曼滤波的反馈环节，主要通过OCV－SOC的拟合关系进行调节。因此，根据以上分析，本节提出了误差模型来调整SOC和SOH的估算结果。

1. OCV－SOC拟合曲线对SOC估计的影响

在许多文献中，OCV和SOC之间的非线性关系是通过多项式拟合函数建立的，其定义为：

$$U_{oc}(z) = \beta_0 + \beta_0 z + \beta_0 z^2 + \beta_0 z^3 + \beta_0 z^4 + \beta_0 z^5 \tag{5-34}$$

其中 $\beta = [\beta_1, \beta_2, \beta_3, \beta_4, \beta_5]$ 为 5 阶拟合参数，z 表示 SOC。将 DAEKF 算法应用于 SOC 估计时，采用安培-小时积分法实现 SOC 的先验估计。SOC 的后验估计，通过反馈环节中 SOC 和 OCV 之间的关系进行调整。因此，SOC 和 OCV 的拟合精度将直接影响反馈环节的 SOC 估计误差。然而，拟合过程中忽略了高阶项，这将降低拟合精度。根据上述分析，提出了基于 OCV-SOC 曲线的拟合误差模型。误差模型定义：

$$\varepsilon_{SOC} = K_{x,k} \cdot \Delta U_{oc}(SOC) \tag{5-35}$$

式中，$\Delta U_{oc}(SOC)$ 表示 OCV-SOC 曲线的拟合误差。$K_{x,k}$ 表示卡尔曼增益，ε_{SOC} 是由 OCV-SOC 的拟合误差引起的 SOC 估计误差。

2. 电池容量对 SOC 估计的影响

根据安培-小时积分法可知，电池的使用过程中，随着电池容量的衰退，电容的变化率会直接影响电池 SOC 估计结果。因为在利用安培-小时积分法计算 SOC 时，如果对容量的值不进行及时的更新，则会带来 SOC 估计的误差。假设电池容量初始值为 C，电池使用一段时间之后其容量衰减了 ΔC，此时电池容量的实际值为 $C^{\#}$，电池 SOC 的实时估计值为 SOC(k)，其准确值为 SOC$^{\#}$(k)，则有：

$$\begin{cases} SOC(k) = SOC(k-1) - \dfrac{\eta \Delta t}{C} i(k-1) \\ SOC^{\#}(k) = SOC^{\#}(k-1) - \dfrac{\eta \Delta t}{C^{\#}} i(k-1) \end{cases} \tag{5-36}$$

因此电池 SOC 估计的误差为：

$$\Delta SOC(k) = SOC^{\#}(k) - SOC(k) = SOC^{\#}(k-1) - SOC(k-1) - \eta \Delta k i(k-1)\left(\frac{1}{C^{\#}} - \frac{1}{C}\right) \tag{5-37}$$

另容量衰减系数 $\partial = \dfrac{\Delta C}{C}$，将式 5-37 简化可得：

$$\Delta SOC(k) = \Delta SOC(k-1) - \eta \Delta k i(k-1) \frac{1}{C}\left(\frac{1}{\frac{1}{\partial} - 1}\right) \tag{5-38}$$

由于在使用卡尔曼滤波算法估计电池的 SOC 时，SOC 的初始值并不会影响电池 SOC 后期估计的精度，因此当只考虑容量变化时，电池 SOC 估计的误差可表示为：

$$\gamma_{SOC} = \Delta SOC(k) = \sum_{0}^{k-1} \eta \Delta k i(k) \frac{1}{C}\left(\frac{1}{\frac{1}{\partial} - 1}\right) \tag{5-39}$$

根据上述分析，本节引入的 SOC 估计的误差模型为：

$$\xi_{SOC}(k)=\varepsilon_{SOC}(k)+\gamma_{SOC}(k) \tag{5-40}$$

3. 基于误差模型的 SOH 估计算法

因此，本节提出了一种新型的基于 DAEKF 结合误差模型来提高 SOC 和 SOH 的估计精度。本节中的状态观测方程可离散化如下：

$$\begin{cases}x_{k+1}=f(x_k,\ u_k,\ \theta_k)+w_k\\ y_k=h(x_k,\ u_k,\ \theta_k)+v_k\end{cases}$$

$$\begin{cases}\theta_{k+1}=\theta_k+r_k\\ y_k=h(x_k,\ u_k,\ \theta_k)+o(k)\end{cases} \tag{5-41}$$

式中，$w_k\sim N(0,\ Q_x)$，$v_k\sim N(0,\ L_x)$，$r_k\sim N(0,\ Q_\theta)$，$o_k\sim N(0,\ L_\theta)$均服从均值为 0 的标准正态分布。该算法的具体步骤如下：

(1)算法初始化。初始化状态向量和协方差矩阵：

$$\theta_0=E(\theta_0),\ \boldsymbol{P}_{\theta_0}=E[(\theta-\theta_0)(\theta-\theta_0)^T] \tag{5-42}$$

$$x_0=E(x_0),\ \boldsymbol{P}_{x_0}=E[(x-x_0)(x-x_0)^T] \tag{5-43}$$

(2)初始化误差模型：

$$\xi_{SOC}(k)=\varepsilon_{SOC}(k)+\gamma_{SOC}(k) \tag{5-44}$$

(3)参数更新：

$$\theta_k=\theta_{k-1} \tag{5-45}$$

更新相应的误差协方差矩阵：

$$\boldsymbol{P}_{\theta_k}=\boldsymbol{P}_{\theta_{k-1}}+\boldsymbol{Q}_\theta \tag{5-46}$$

(4)更新状态向量：

$$x_k=f(x_{k-1},\ u_{k-1},\ \theta_k) \tag{5-47}$$

更新状态协方差矩阵：

$$\boldsymbol{P}_{x_k}=\boldsymbol{A}_{k-1}\boldsymbol{P}_{x_{k-1}}\boldsymbol{A}_{k-1}^T+\boldsymbol{Q}_x \tag{5-48}$$

(5)更新状态卡尔曼增益：

$$\boldsymbol{K}_{k-1}^x=\boldsymbol{P}_{x_{k-1}}(\boldsymbol{C}_{k-1}^x)^T[\boldsymbol{C}_{k-1}^x\boldsymbol{P}_{x_{k-1}}(\boldsymbol{C}_{k-1}^x)^T+\boldsymbol{L}_x]^{-1} \tag{5-49}$$

更新基于误差模型的状态向量：

$$x_k=x_{k-1}+\boldsymbol{K}_{k-1}^x[y_{k-1}-h(x_{k-1},\ u_{k-1},\ \theta_{k-1})]+\zeta_k \tag{5-50}$$

更新协方差矩阵：

$$\boldsymbol{P}_{x_k}=(I-\boldsymbol{K}_{k-1}^x\boldsymbol{C}_{k-1}^x)\boldsymbol{P}_{x_{k-1}} \tag{5-51}$$

(6)更新参数卡尔曼增益矩阵：

$$\boldsymbol{K}_{k-1}^\theta=\boldsymbol{P}_{\theta_k}(\boldsymbol{C}_{k-1}^\theta)^T[\boldsymbol{C}_{k-1}^\theta\boldsymbol{P}_{\theta_k}(\boldsymbol{C}_{k-1}^\theta)^T+\boldsymbol{L}_\theta]^{-1} \tag{5-52}$$

更新参数向量：

$$\theta_k = \theta_{k-1} + \boldsymbol{K}^{\theta}_{k-1}[y_{k-1} - h(x_{k-1},\ u_{k-1},\ \theta_{k-1})] \tag{5-53}$$

更新参数误差协方差：

$$\boldsymbol{P}_{\theta_k} = (I - \boldsymbol{K}^{\theta}_{k-1}\boldsymbol{C}^{\theta}_{k-1})\boldsymbol{P}_{\theta_{k-1}} \tag{5-54}$$

(7)自适应调整过程如下：

$$\begin{cases}\boldsymbol{Q}_{x/\theta,k} = \boldsymbol{K}_{x/\theta,k}\boldsymbol{W}_{x/\theta,k}\boldsymbol{K}^{T}_{x/\theta,k}\\ \boldsymbol{L}_{x/\theta,k} = \boldsymbol{W}_{x/\theta,k} + \boldsymbol{C}_{x/\theta,k}\boldsymbol{P}_{x/\theta,k}\boldsymbol{C}^{T}_{x/\theta,k}\end{cases} \tag{5-55}$$

$$\begin{cases}\boldsymbol{Q}_{\theta,k} = \boldsymbol{K}_{\theta,k}\boldsymbol{W}_{\theta,k}\boldsymbol{K}^{T}_{\theta,k}\\ \boldsymbol{L}_{\theta,k} = \boldsymbol{W}_{\theta,k} + \boldsymbol{C}_{\theta,k}\boldsymbol{P}_{\theta,k}\boldsymbol{C}^{T}_{\theta,k}\end{cases} \tag{5-56}$$

(8)重复上述步骤，得到最终估算结果。

因此，本节给出了基于 IDAEKF 与误差模型相结合的 SOC 和 SOH 联合估计流程，如图 5-11 所示。

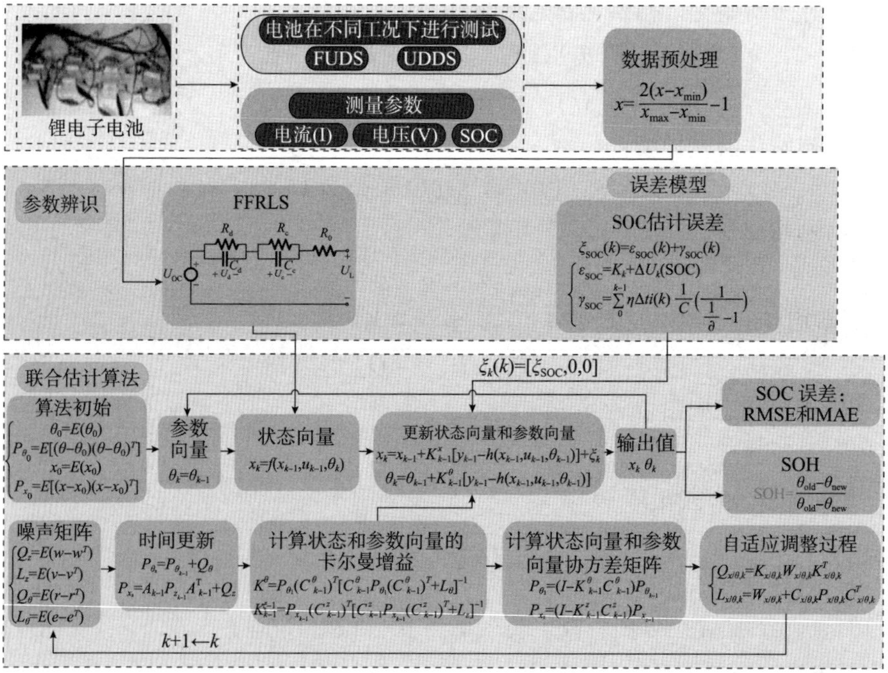

图 5-11　基于 IDAEKF 与误差模型相结合的 SOC 和 SOH 联合估计流程图

5.4.5　实验结果分析

1. 城市道路循环工况实验验证

为了验证所提模型的有效性，将动力电池组在 UDDS 工况下进行测试，来验证本章所提的基于 IDAEKF 算法的 SOH 的联合估计算法的有效性。首先对电池组的开路电压进行拟合。

从图 5 - 12 可以推断，基于多项式拟合的 OCV - SOC 拟合曲线能够很好地跟踪实际值，OCV - SOC 拟合的最大误差为 12.4% V。实验结果表明，该方法拟合误差较小，验证了拟合算法的可行性。然而，在拟合过程中，不可避免地会出现拟合误差，主要原因是忽略了高阶项。作为卡尔曼滤波器的反馈部分，OCV 和 SOC 的拟合误差将直接影响估计结果。此外，电池容量的降低也会降低 SOC 的估计精度。基于此，本章提出了提高 SOC 估计精度的误差模型。为了分析 OCV - SOC 拟合精度和容量对 SOC 估计的影响，设置两个可变电池状态以分析 SOC 估计结果，如表 5 - 2 所示。

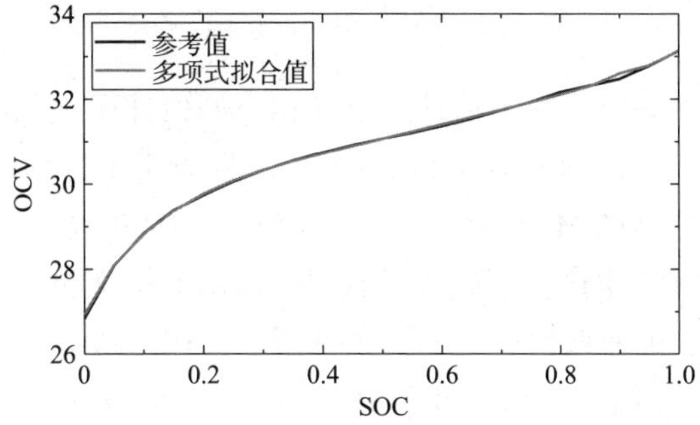

图 5 - 12　OCV 拟合曲线

表 5 - 2　基于不同变量的估计模型

变量	DAEKF - 1	DAEKF - 2	DAEKF - 3	IDAEKF - 1	IADEKF - 2	IDAEKF - 3
OCV - SOC	不考虑	考虑	考虑	不考虑	考虑	考虑
容量	考虑	不考虑	考虑	考虑	不考虑	考虑

在使用所提算法获得各参数估计结果之前，将状态和参数估计的初始协方差设置为：

$$P_{x,0} = diag\{10^5,\ 10^5,\ 5\times10^{-3}\}；P_{\theta,0} = diag\{3\times10^3,\ 4.6\times10^{-4}\} \quad (5-57)$$

初始的过程噪声和测量噪声的协方差矩阵为：

$$\boldsymbol{Q}_{x,\theta} = diag\{1\times10^5,\ 2.3\times10^3\}；R_{x,\theta} = diag\{1\times10^2,\ 4.2\times10^2\} \quad (5-58)$$

为了进一步说明模型的有效性，对电池组在城市道路循环工况（Urban Dynamometer Driving Schedule，UDDS）进行测试，同时验证模型的鲁棒性和适应性，初始 SOC 设置为 0.85，相应的电流和 SOC 分布如图 5 - 13 所示。

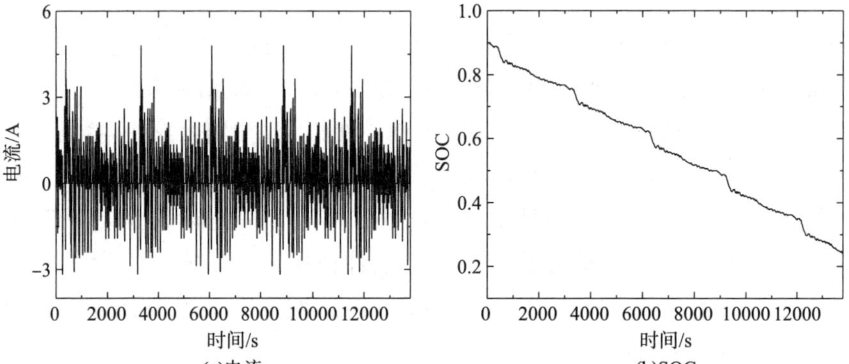

(a)电流 (b)SOC

图 5-13 电池测试图

每个估计器在不同变量下的估计结果和相应的估计误差如图 5-14 所示。由图 5-14 可以看出，通过四种方法估计的 SOC 收敛于实际值。结果表明，基于 DAEKF-1 的 SOC 估计的 MAE 为 2.19%，模型的 RMSE 为 1.24%。此外，基于 DAEKF-2 估计的 SOC 也产生了较大的误差，SOC 估计的 MAE 为 1.32%。为了验证改进自适应算法的有效性，在相同条件下，采用 IDAEKF 算法对 SOC 进行了估计。与 DAEKF 估计结果类似，基于 IDAEKF-1 和 IDAEKF-2 的 SOC 估计的 MAE 分别为 1.97% 和 1.23%。实验结果表明，基于动态窗口的卡尔曼滤波算法可以提高模型的精度和稳定性。

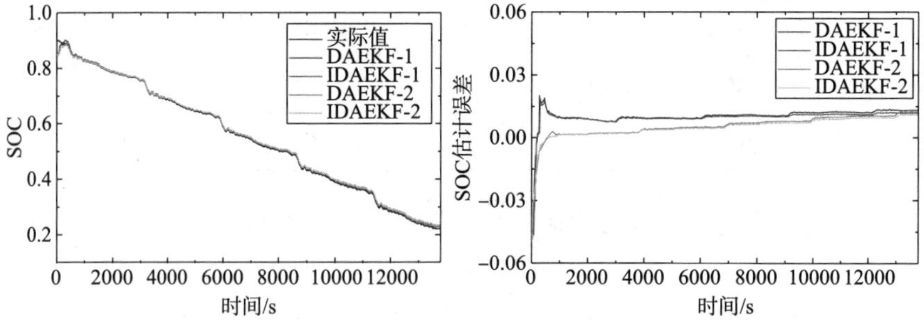

(a)SOC估计结果 (b)SOC估计误差

图 5-14 不同模型下的 SOC 估算结果

然而，根据图 5-14 和表 5-3 中的结果，如果在上述两种既定状态下不更新电池容量，SOC 估计的误差将随着时间逐渐增加，并且 OCV-SOC 拟合引起的误差也将导致更大的 SOC 估计误差。实验结果表明，电池容量的降低和 OCV-SOC 的拟合误差对 SOC 估计的准确性有很大影响。

基于上述分析，本章提出了一种结合误差模型的卡尔曼滤波器，以提高 SOC 的估计精度。为了证明所提出的模型对初始 SOC 误差的鲁棒性，初始 SOC 值设置为实际值的85%偏移量。SOC和终端电压的估计误差如图5－15所示。图5－15(a)表明，两种方法预测的终端电压也可以收敛到实际值。与DAEKF－3模型相比，IDAEKF－3模型预测的电压MAE从5.86%V降低到4.53%V，电压估计精度提高了22.6%。RMSE从2.36%降低到1.72%，表明改进的DAKEF具有良好的稳定性和鲁棒性。

在图5－15(b)和(c)中，可以推断由两种算法估计的SOC也可以收敛到实际值。与图5－14相比，在不考虑误差模型的情况下，估计SOC误差波动在3%以内，而IDAKEF－3的估计SOC误差小于1%，这验证了IDAEKF与误差模型的结合可以有效地减小估计误差，提高SOC估计的稳定性。实验结果表明，与IDAKEF－1和IDAKEF－2模型相比，SOC估计精度分别提高了51.3%和21.9%，验证了该模型的有效性和鲁棒性。

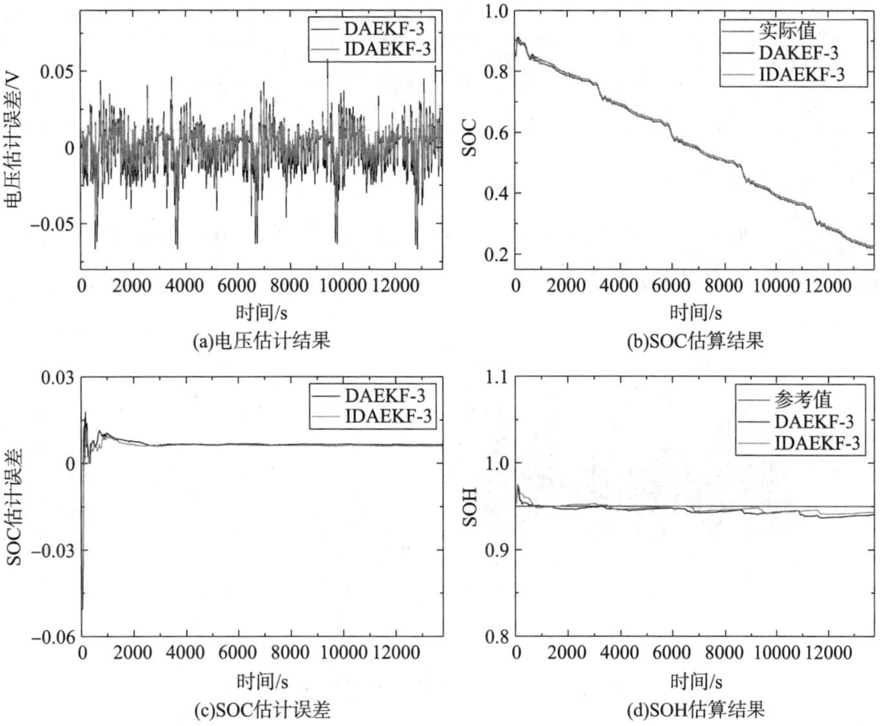

图5－15　UDDS条件下的估算结果

从图5－15和表5－3可以看出，与DAEKF－3模型相比，改进自适应算法的SOC估计MAE从1.14%降低到0.96%，RMSE从1.05%降低到0.94%，SOC估计精度和模型的稳定性分别提高了15.8%和10.5%。实验结果表明，改进的基于动态窗口的自适应算法不仅提高了SOC估计的精度和稳定性，而且提高了电压估计的精度。此外，SOH 估计结果如图 5－15(d)和表 5－4 所示。随着时间的增加，误差趋于稳定，与 DAEKF－3 相比，SOH 估计的 RMSE 下降了 1.04% 至 0.93%，SOH 估计精度提高了 10.8%。随着时间的增加，误差趋于稳定，总误差小于 1%，验证了算法的有效性。

表 5－3　UDDS 循环下估算 SOC 的比较　%

评价指标	DAEKF－1	DAEKF－2	DAEKF－3	IDAEKF－1	IDAEKF－2	IDAEKF－3
MAE	2.19	1.97	1.14	1.34	1.16	0.96
RMSE	1.31	1.25	1.05	1.18	1.12	0.94

表 5－4　UDDS 循环下估算终端电压和 SOH 的比较　%

算法	终端电压		SOH
	MAE	RMSE	RMSE
DAEKF－3	5.86	2.36	1.04
IDAEKF－3	4.53	1.72	0.94

2. 联邦城市驾驶工况实验验证

类似地，为了进一步验证所提出算法的高性能，在 FUDS 条件下对电池进行了测试，相应的电流和 SOC 曲线如图 5－16 所示。

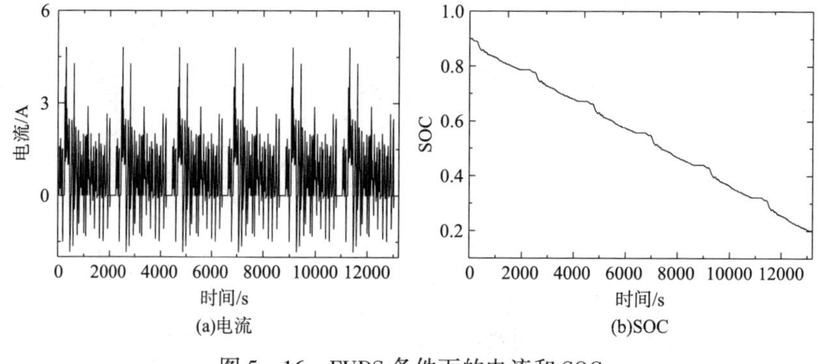

图 5－16　FUDS 条件下的电流和 SOC

同样地，图 5－17 中每个估计器估计的 SOC 也可以收敛到实际值。结果表明，基于 DAEKF－1 的 SOC 估计的 MAE 为 1.91%，模型的 RMSE 为 1.17%。此外，基于 DAEKF－2 估计的 SOC 也会产生较大的误差。从图 5－17(b)可以看出，SOC 估算的 MAE 为 1.44%，模型的 RMSE 为 1.08%。此外，与 UDDS 测试结果相似，基于 IDAKEF－1 的 SOC 估计的 MAE 为 1.66%，模型的 RMSE 为 1.13%。实验结果进一步表明，与传统的 DAEKF 算法相比，基于动态窗口调整的自适应算法能够提高 SOC 的估计精度。

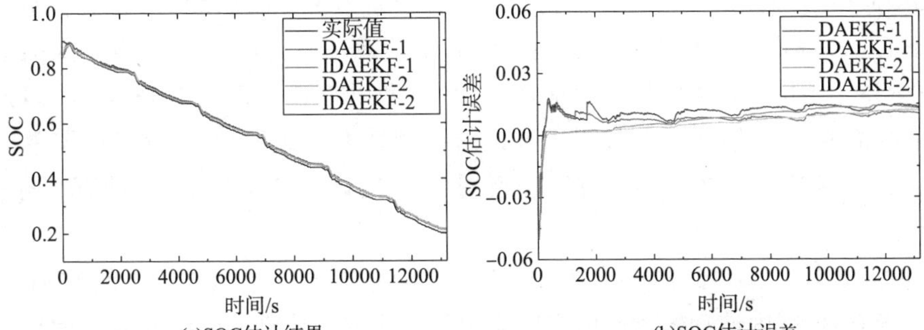

(a)SOC估计结果　(b)SOC估计误差

图 5－17　不同模型下的 SOC 估算结果

由以上两种模型的估计结果可知，电池容量和 OCV－SOC 拟合误差也会产生较大的 SOC 估计误差。因此，本实验将进一步验证所提出的误差模型的有效性。

图 5－18(a)表明，通过两种方法预测的终端电压也可以收敛到实际值。与 DAEKF－3 模型估算的终端电压相比，IDAEKF－3 模型预测的电压 MAE 从 4.05% V 降至 3.86% V，RMSE 从 2.12% 降至 1.67%。实验结果表明，改进的自适应算法能够提高电压估计的精度和稳定性。

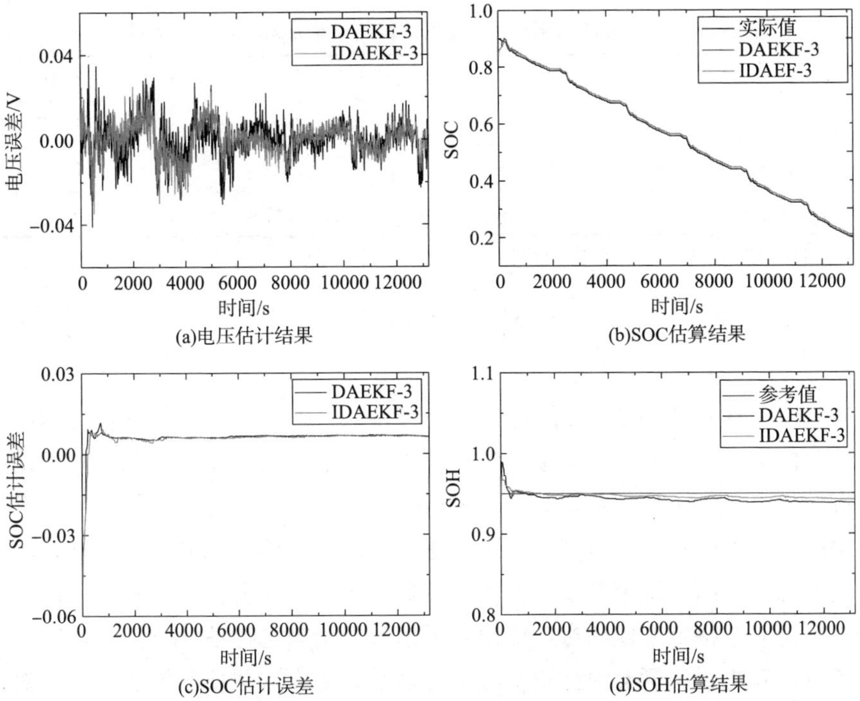

(a)电压估计结果　(b)SOC估算结果

(c)SOC估计误差　(d)SOH估算结果

图 5－18　FUDS 条件下的估算结果

此外，SOC估算结果如图5－18(b)～(c)所示。图5－18(c)显示了IDAEKF－3和DAEKF－3模型的稳健性，因为即使初始误差为5%，估计SOC也会收敛到实际值。与DAEKF－3模型相比，改进的自适应算法估计的SOC具有更高的估计精度。基于IDAEKF－3估算的SOC的MAE和RMSE分别为1.14%～0.94%和1.04%～0.91%。估计结果表明，该误差模型能有效地减小SOC估计误差的波动，总误差控制在1%以内，进一步表明SOC估计精度得到了全面提高(见表5－5)。

除此之外，SOH的估算结果如图5－18(d)和表5－6所示。虽然SOH估计在0～500s范围内波动较大，但主要原因是算法的适应性。随着时间的增加，误差趋于稳定，与DAEKF－3相比，基于IDAEKF－3估算的SOH估计精度提高了7.54%。随着时间的增加，误差趋于稳定，总误差小于1%，进一步验证了该模型的优越性。

表5－5　FUDS循环下各模型估计SOC的比较　　%

评价指标	DAEKF－1	DAEKF－2	DAEKF－3	IDAEKF－1	IDAEKF－2	IDAEKF－3
MAE	1.91	1.44	1.14	1.66	1.23	0.94
RMSE	1.17	1.08	1.04	1.13	1.06	0.91

表5－6　FUDS循环下各模型估算终端电压和SOH的比较　　%

算法	终端电压		SOH
	MAE	RMSE	RMSE
DAEKF－3	4.05	2.12	1.06
IDAEKF－3	3.86	1.67	0.98

5.5　本章小结

首先，将现有的SOH估计方法分类，每种SOH估计方法都有自己的缺点和改进的可能性。一方面，基于模型的特征对于电池的实验室分析和电池的动态性能是有效的。另一方面，数据驱动的分析特征需要较低的计算工作量，并且可以考虑预测中的不确定性，但需要有效的滤波。基于原始特征的电池管理系统适用于在线预测，但给系统带来了很大的计算负载。综合来看，不同领域的研究人员应该根据他们在特定领域的专业知识和可用数据量来选择估计方法。其次，详细讨论了设计新能源车辆电池预测和健康管理系统的内部和外部挑战。并针对这些挑战，建立预测健康管理系统，包括识别适当的特征和有效的相关算法，由不同地理区域的估计模型组成。任何电池的诊断都是在从模型数据库中选择最佳模型后进行的。一旦 SOH 已知，EV 电池的第二次使用寿命就可以预测。最后，通过分析得知，传统 SOH 估计方法主要关注电池模型和算法的可靠性，但未能考虑其他因素对估计结果影响的缺点，因此，为准确估计动力电池的状态参数，结合等效电路模型，建立了一种基于双重自适应扩展卡尔曼滤波的新方法，以提高 SOC 和 SOH 的估计精度。具体地说，将二阶等效电路模型作为本章的电池模型，并用 FFRLS 方法识别模型参数；建立了一种改进的基于动态窗口的双重自适应扩展卡尔曼滤波算法。基于剩余新息序列的变化，自适应调整窗口以提高 SOC 的估计精度。除此之外，建立了两种单变量电池状态，分析了 OCV－SOC 和电池容量对 SOC 估计的影响。在此基础上，结合 IDAEKF 算法提出了一种误差模型，以提高 SOC 和 SOH 的估计精度。结果表明，无论是从模型的估计能力还是估计结果的准确性来看，所提方法都具有较高的鲁棒性和有效性。这为电池管理系统中 SOH 估计提供了一种可能性。

6 锂离子电池剩余寿命预测方法研究

储能已成为主要行业之一，因为大多数消费电子产品都采用类似电池的技术，可再生能源发电也在迅速发展。随着发电量从不可预测的水平迅速增加以及可变能源的开发利用，能源形势正在发生重大变化。发展中国家能源市场的日益退化、运输部门的变化，也加速对能源储存的认识。能源存储技术可分为：

(1)电化学存储可实现短时间存储和高效率，如电池技术。

(2)大容量和大功率的机械存储，如压缩空气能量存储。

(3)低效率但储存期长的化学储存，如氢气和甲烷。

(4)高效长寿命的储热，如热化学能的储存、感热的储存和潜热的储存。

可充电电化学存储或电池技术的应用较为常见。电池将电化学能量转换为电能，用作便携式电源，体积小，可以放置在任何地方。最常用的电池是铅酸电池、氧化还原电池、硫酸钠电池和锂离子电池。

在各种应用中，锂离子电池比其他电池更受欢迎，因为锂离子电池寿命长、电位密度大、质量轻、自放电少。这些应用包括飞机、新能源车辆、卫星、海洋系统、手机、笔记本电脑和其他消费电子产品。但是，与其他现有电池技术相比，锂电池寿命短、降解速度快，如果完全放电就会被破坏，成本更高，起火的风险更大。在过去的十年中，由于 LIB 的故障已经发生了许多事故。对锂离子电池的巨大需求意味着评估其可靠性至关重要。在这方面，综合研究的重点是充电和放电的管理、剩余使用寿命(Remaining Useful Life，RUL)的估计以及锂离子电池性能退化的表征。性能退化和许多不可预见的原因导致的锂离子电池的意外故障可能导致灾难性故障、运行维护困难、暴露，以及性能退化。

要克服目前 LIB 技术的局限性，先进的电池管理可能会有所帮助。为了更好地进行电池管理和 RUL 预测，仔细选择最合适的数据集是很重要的。由于锂离子电池的研究是一个热门的研究课题，许多组织已经为各种电池模型提供了数据集。使用这些数据集可以在电池状态估计和 RUL 预测方面提供更好的结果，并且使用这些数据集将节省构建新数据集的时间。更好地了解数据集还可以通过提高电池状态估计的准确性改善电池管理。图 6－1 描述了 LIBs RUL 预测的数据采集过程。首先，选择特定的电池单元，并借助测量元件获取可靠的参数数据。这些数据用于构建健康指标，这些指标有助于 RUL 的估计。

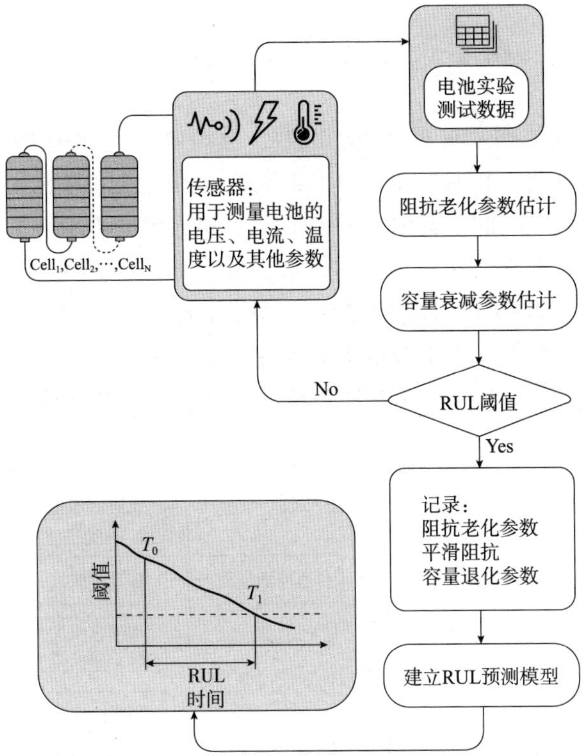

图 6－1　从锂离子电池数据采集到 RUL 预测过程

虽然林等的一篇综述认为仅限于基于衰老机制的五个模型可用于检验 SOH，然而，没有强调审查的关键问题。Cuma 和 Koroglu、Zhang 和 Lee 没有对 SOH 和 RUL 的评估方法进行详细描述。此外，问题和挑战未发现与 SOH 和 RUL 相关。Ungurean 等和 Berecibar 等探讨了 SOH 的估计策略。然而，该研究并没有强调 SOH 的影响因素。吴等用数据驱动的方法总结了 RUL 的预测方法，然而，仅详细讨论了锂离子电池 RUL 估计的四个问题。Su 等综述了锂离子电池 RUL 的预测方法。尽管如此，RUL 方法的关键问题尚未得到全面探讨。为了弥补不足，林等的综述揭示了一个新的贡献，详细解释了预测 SOH 和 RUL 的估计方法。此外，该综述还确定了 SOH 和 RUL 估计策略的影响因素和挑战。本次评审旨在实现以下目标。

（1）综合讨论新能源车辆技术中锂离子电池 SOH 和 RUL 的估算方法。

（2）识别 SOH 和 RUL 估计方法内部和外部挑战的原因和影响。

（3）强调解决内部和外部挑战的有效方案。

（4）为新能源车辆应用中 SOH 和 RUL 估计方法的完善提供建议。

6.1 RUL 预测方法研究

RUL 预测电池的剩余时间或循环次数，直到电池的 SOH 降至 0。以 RUL 估计预测电池的无效期，并通过评估电池状况将电池的危险降至最低，这是计划正确维护和降低事故风险的主要因素。RUL 由于缺乏数据可用性、模型复杂性和受系统限制，估计的准确性并不总是达标。因此，不同的模型被应用于各种方法，以尽可能精确地预测 RUL。即使不能直接测量电池的老化程度，也可以估计电池的剩余寿命，然后用于计算电池的老化水平。如图 6－2 所示，RUL 方法可分为四类，即自适应滤波方法、人工智能方法、统计分析法和其他方法。本节稍后将讨论这些分类。

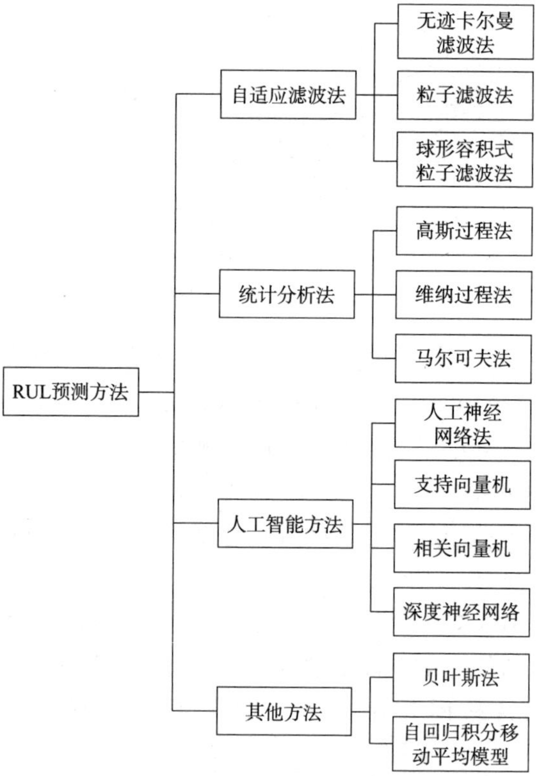

图 6－2　锂离子电池 RUL 预测方法

RUL 预测步骤如图 6－3 所示。在图 6－3 中，显示了一个通用的锂离子电池 RUL 预测程序。LIB 可靠性测试数据的单个单元格被提供给一个模型，该模型验证数据用以估计 RUL，为数据验证执行了几个筛选的步骤。

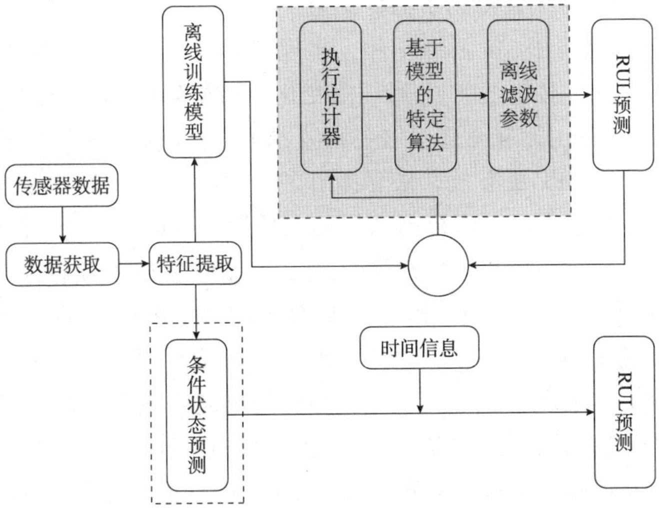

图 6－3 RUL 预测步骤

6.1.1 自适应滤波方法

在图像处理中，自适应滤波器通常用于通过分离噪声来恢复和增强数据。以下是一些自适应滤波器技术在锂离子细胞 RUL 预测中的应用。

1. 无迹卡尔曼滤波器

2015 年，有学者在文献中引入了一种使用关联向量回归（RVR）和无迹卡尔曼滤波器（UKF）的方法，并将其应用于电池单元短期容量近似的 RUL 预测。所提出的模型比扩展卡尔曼滤波器（EKF）具有更高的准确性和保证性。Xue 等在 2019 年提出了一种组合算法，该算法集成了遗传算法优化支持向量回归（GAS-VR）和自适应无条件卡尔曼滤波器（AUKF），以提高锂离子电池 RUL 近似的准确性。与现有的无迹卡尔曼滤波器、扩展卡尔曼滤波器、自适应无迹卡尔曼滤波器、自适应扩展卡尔曼滤波器（AEKF）和相关向量回归等技术相比，所提出的模型具有更好的逼近精度。2019 年，在文献中，UKF 方法再次与反向传播（BP）神经网络相结合，以提高 LIBs 的 RUL 的近似精度。BP 神经网络采用自回归形式对 UKF 的残差进行近似，UKF 利用估计的残差对退化模型框架进行迭代更新。仿真表明，所提出的方法获得了更高的近似精度，并且更适合于几个单独电池组的各种近似起点的退化特征。

2. 无气味颗粒过滤器

2013 年，出现了一种改进的无迹粒子滤波器（UPF）算法预测电池 RUL。分别介绍了 UPF 算法和 PF 算法，并根据锂离子电池的受力情况建立了降解模型，通过 UPF 算法和退化模型得到了估计结果。在分析结果后，观察到 UPF 预测与实际 RUL 的误差减少了 5%。2014 年，出现了另一种改进的 UPF 方法，用于分析储存细胞的 RUL。传统 UPF 中无气味变化的西格玛样本是通过显著的左值分解产生的。Sigma 点由标准无迹卡尔曼滤波器生成，以产生复杂的建议分配。研究表明，该方法比 UPF 更有效。张等提出了一种改进的 UPF 方法，该方法依赖于线性优化组合重新采样，以提高结果的准确性。可以观察到，除了可用的 PF 依赖性和 UPF 依赖性方法外，所建议的方法在 LIBs 的 RUL 预后方面具有更高的准确性。2020 年，有学者提出了一种使用 UPF 和优化多核相关向量机（OMKRVM）的方差混合方法，以弥补 LIBs RUL 估计中单一方法的不足。将 UPF - OMKRVM 方法与传统方法进行比较，测试结果表明该方法在锂离子电池 SOH 和 RU 估计中具有较高的预测精度。关于 RUL 电池估计，有文献提出了一种基于条件变分自动编码器（CVAE）和重加权策略的新型 PF 框架。从测试结果来看，该方法与一些传统方法相比，取得了更准确的预测结果。

3. 球形容积式颗粒过滤器

2016 年，有学者提出了一种估计 LIBs RUL 的技术。对于电池容量，最初建立了状态空间模型计算电池退化程度然后应用球形容积粒子滤波器（SCPF）识别状态空间模型的解。研究表明，所提出的模型以球体积积分方程和标准 PF 表示变换变量的均值和方差，在 RUL 预测中比现有的基于 PF 的预测算法更有效。

6.1.2 人工智能方法

人工智能技术现在被用于检测语义丰富和复杂的数据，以及建立智能信息模型，还被用于估计电池的使用寿命。下面将讨论一些技术。

1. 人工神经网络

人工神经网络是一种公认的机器学习算法，由于其发现变量之间非线性关系的能力而被广泛使用。文献提出了一种基于长短期记忆模型、经验模式分解和深度神经网络（DNN）近似锂离子细胞的 RUL 的方法。所提出的方法比自回归综合经验模式分解的混合网格模型产生了更准确的预测结果。Mao 等在 2020 年开发了一种滑动时间窗（LSTM - STW）、长短期记忆网络和正弦或高斯函数、Levenberg - Marquardtalgorithm（L - M）杂交电池单元 RUL 估计过程，该过程依赖于集成经验模式分解（EEMD）计算 RUL 预测的不准确性。结果表明，该方法具有较高的预测精度。所建议的过程比任何其他电池 RUL 预测过程都更有效。Quetal 等在 2019 年提出了一种基于神经网络的方法，该方法将长短期记忆（LSTM）网络的粒子群优化与 LIBs 的 RUL 预测和 SOH 观察的注意程序相结合。他们应用美国国家航空航天局提供的锂离子电池数据集对所提出的方法进行了判断，测试结果表明，所提出的工艺比传统工艺具有更高的准确性。2018 年，有学者研究了深度学习使能模式 RUL 估计。LSTM 递归神经网络(RNN)被用于研究锂离子电池容量退化时的长期可靠性。所建立的过程能够近似细胞的 RUL，并且不需要任何离线训练数据。如果有任何离线数据可用，则可以比传统过程更快地估计 RUL。2016 年初，电荷曲线和 RUL 之间的关系是由前馈神经网络(FFNN)产生的，因为其清晰有效。然而，重要抽样内的 FFNN 被证明是 RUL 估计的准确预测方法。有学者利用方差数据驱动过程，提出了一种用于 LIBs RUL 预测的多因素优化过程。该方法应用了与理想解相似的排序偏好技术(TOP－SIS)。该过程依赖于改进的粒子群优化(PSO)、信息熵和用于多参数优化的移动平均滤波器(MAF)。该方法在低温和高温条件下都具有很高的估计精度，并且使用较少的训练数据。文献中显示了一种基于预测的测试优化方法，用于降低锂离子电池的循环测试和估计寿命。混合迁移学习方法自动选择历史测试数据和其他公式的训练模型，以帮助构建目标电池的模型。尽管短期测试数据包含的全局退化信息不足，但可以提高预测精度。文献提出了一种新的基于 LSTMW 的 RUL 预测过程，用于预测容量再生现象的复合物中的 RUL。来自 BMS 的多个可测量数据，如温度充电曲线、电压和电流，其形式随着老化而变化。与传统的 LSTM 方法不同，该方法均衡了输出部分和输入部分，如一对一配置，本章支持多对一配置，以适应不同的输入类别，同时显著减少变量数量，从而实现更精细的泛化。2020 年，文献提出了用于 RUL 估计的自动 CNNLSTM 方法。该模型是基于深度卷积神经网络(CNN)和 LSTM 开发的，用于挖掘更深层次的信息无限数据。自动编码器用于增加数据的维度，以提高 CNN 和 LSTM 训练的有效性。

2. 支持向量机

2019 年，研究学者建议采用支持向量回归(SVR)和人工蜂群(ABC)对锂离子细胞的 RUL 进行预测，以改善估计结果，并在美国航空航天局埃姆斯电池卓越预测中心数据集的帮助下，使用测试数据进行了模拟，以验证建议的过程。结果表明，与粒子群算法相比，ABC 算法的框架增强是鲁棒的。此外，ABC－SVR 过程比 PSO－SVRas 具有更高的精度，并且超过了现有的过程。2019 年，研究者再次提出了一个完美的局部放电数据(PDD)相关 SVM 过程，用于 RUL 估计。该方法完成了从 PDD 的电动势和热变化中提取临界特性的任务，用于指导预测 RUL 的 SVM 方法可用于在线 RUL 预测。文献中建立了一种完美的 SVR 依赖细胞 SOH 状态空间方法强制 RUL 预测和 SOH 评估。结果表明，所提出的 SOH 近似方法具有精确和稳健的结果。

文献提出了一种将回归和支持向量机分类相结合的 LIBs RUL 预测新方法，

基于支持向量机的临界特性建立了 RUL 预测过程。2014 年，研究者使用了支持向量 - 回归粒子滤波器(SVR - PF)预测电池的 RUL。与优质粒子滤波(PF)方法相比，所提出的 RUL 预测方法获得了更好的结果，SVR - PF 具有更好的预测能力。

3. 相关向量机

可通过交替应用灰色模型(GM)和关联向量机(RVM)，估计电池 RUL 和 SOH。RVM 和 GM 连续校正彼此的预测结果，有助于减少最终预测误差。美国国家航空航天局数据集的测试结果表明，与仅使用 RVM 或仅使用 GM 过程相比，所建议的过程可能会准确地建立降解模型，并获得更精细的 RUL 预测结果。刘等在 RVM 算法中实现了一个在线训练模型来改进估计结果，并借助于一个组织良好的在线训练过程将一个日益丰富的 RVMal 算法引入模型中。该建议的在线训练方法获得了丰富的预测结果，也提高了电池 RUL 预测的运行效率。2017 年，出现了一种依赖于关联向量机(RVM)和深度置信网络(DBN)的 RUL 预测过程。该混合方法使用 DBN 从 LIBs 和 RVM 的容量级提取特征，以利用检索到的特征从 CALCE 细胞数据集中估计 RUL。Wang 和 Feng 从电池电流曲线中提取了一个可以在线直接测量的无电健康指标(HI)。此外，该指标还通过 Box - Cox 变换进行了优化。这是通过相关性调查进行评估的，以便准确地进行降解建模。RVM 公式用基于提取的 HI 对电池 RUL 进行预测。

4. 深度神经网络

Ren 等提出了一种集成自动编码器(交替深度神经网络 ADNN)的深度学习方法，用于多个锂离子电池的 RUL 预测。为了构成电池健康退化，作者提出了伴随自动编码器模型的 21 维特征提取方法。该方法应用于美国国家航空航天局提供的数据集，使用深度神经网络(DNN)数据驱动模型来估计 LIBs 的 SOH 和 RUL。这项工作的结果在美国国家航空(NASA) Ames 卓越预测中心(Prognostics Center of Excellence，PCoE)提供的 LIB 数据集中进行了测试。将其结果与各种基于 ML 的公式结果进行了对比，认为该模型尚处于初步阶段，只使用了深度神经网络来构建深度学习模型。分数布朗运动(FBM)是一种非马尔可夫方法，被建议用于预测锂离子细胞的 RUL。该模型的参数是应用最大似然预测进行预测的。赫斯特指数是使用飞行优化算法估计的。Chen 等使用基于误差补偿(EC)和支持向量回归(SVR)的混合数据驱动方法研究了 LIBs 的 RUL 预测。将 RUL 预测与相空间重构 SVR(PSR - SVR)预测和预测误差相结合，实现了 EC 的思想。为了获得更好的精度，将关键参数与通用算法(GA)一起使用，采用美国国家航空航天局提供的 LIBs 数据集验证了其工作的有效性。张等表明，高斯过程回归(GPR)可以预测 RUL，利用电化学阻抗谱(EIS)估计 LIBs 的容量。在不同的容量和温度状态下生成了总计超过 2 万个具有宽频率范围的 EIS 光谱的大数据集。该模型比传统方法更准确。

6.1.3　统计分析法

1. 高斯过程回归

2020 年，通过将高斯过程回归方法与概率预测相结合，完成了短期 SOH 估计。采用 GPR 方法，可以将 SOH 值与三个间接健康指标一起用于预测锂离子细胞的 RUL。2019 年初，一个完美的过程结合了二次健康指标和许多高斯过程回归过程预测电池的 RUL。HI 用于提取恒压恒流变化方法中的特征，GPR 模型与合并的核函数一起用于更好地预测电容产生。估计的容量用于与阈值进行对比，以实现 RUL 估计结果。

2. 维纳过程

唐等建议根据 Wiener 过程和测量误差对锂离子单体电池进行完美的 RUL 预测。通过考虑预测漂移因子的分配和测量的不确定性，利用预测退化水平获得了一个闭合形式的准确 RUL 分布。为了获得更好的 RUL 估计精度，采用了群体相关参数预测的最大似然估计方法。

6.1.4　其他方法

1. ARIMA 法

ARIMA 或自回归积分移动平均模型加载了时间序列数据，用于估计序列中的未来点，或比 ARMA 更好地表征数据。2016 年，有学者提出了一种将自回归综合移动平均(ARIMA)模型和经验模式分解(EMD)相结合的完美方法，用于锂离子细胞的 RUL 预后。首先，应用 EMD 和 ARIMA 模型估计容量再生和全球退化趋势。其次，将该预测用于实现 SOH 估计，从而预测 RUL。该模型比单调回声状态网络、关联向量机和 ARIMA 模型表现更好，并获得更准确的结果。

2. 贝叶斯法

考虑到不同的电流速率和环境温度，有学者提出了一种基于朴素贝叶斯(NB)的方法用于细胞降解方法估计 RUL。当处于恒定放电环境中时，可以使用 NB 方法估计 RUL，而不需要精确的功能参数值。各种方法的比较研究表明，预测结果在稳健性和准确性方面优于支持向量机。在文献中使用动态贝叶斯网络提出了一种基于充电过程中提取的特征的电池退化建模和健康预测的概率方法。

6.2 数据采集和可用的锂离子电池数据集

数据在预后建模中起着至关重要的作用。在数据采集过程中，从许多传感器捕获并存储一系列监测数据。互联网极大地增加了数据的可用性，这些数据也可以用于软件模拟数据。然而，为了获取实时数据，必须建立一个数据采集系统。Jamshidi 等使用 NASA 提供的数据集，使用基于神经模糊的飞行事故记录器技术对 LIB 进行建模。

图 6－4 强调了生成模拟电池数据的基本信息——电池应为移动钻机的电机通电，需要使用电池的电流和电压。使用数据采集卡，可以在 MATLAB 中生成数据集。这些数据是实验性的，但可以使用包含 EV 模型的实时计算机来模拟数据集，车辆网络工具箱有助于与实时计算机进行通信。电池为新能源车辆模型供电，电压和电流退化通过数据采集卡产生。

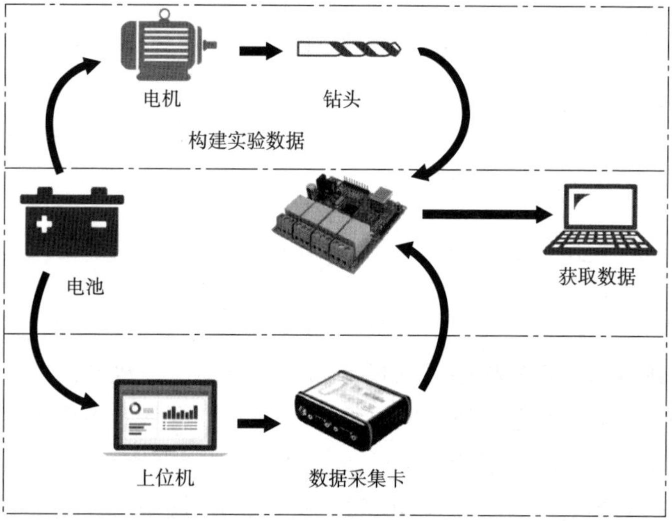

图 6－4　生成实验和模拟电池数据

多年来，由于对电池技术，特别是锂离子电池的研究不断增加，已经公布了一些数据集。这些数据集可以在网上获得，在某些条件下，大多数数据集可以免费用于研究。这些电池数据集是使用一系列电池模型构建的，可用于在一系列条件下估计许多电池状态，如健康状态、安全状态、充电状态、温度状态、功率状态和能量状态。确定这些状态对于支持更好的电池管理和 RUL 预测是必要的。以下是一些可用的在线数据集，讨论了其特性和应用。

接下来，将介绍相关文献中常用的数据集——NASA 数据集。

1. 数据集1

(1)数据集简介：该数据集由美国航空航天局埃姆斯分校的预测 CoE 提供，并通过 LIB 实验获得。

(2)数据集属性：

①数据集记录了在不同温度下充放电时作为破坏指标的阻抗。

②此数据集以 MATLAB 格式(.mat)提供。数据也是 zip 文件格式。

(3)数据集应用：该数据集应用于许多研究工作。Hill 等使用这些数据来验证针对小型电动飞机的剩余飞行周期近似值。Bole 等采用了电化学相关的 LIB 模型。研究人员对该模型进行了调整，以供随机使用。Olivares 等使用基于粒子滤波的预测将这些数据用于 SOH 再生现象。这些数据集的一些治疗应用包括预后方法、RUL 估计、航空电池的健康监测以及许多其他研究。

2. 数据集2

(1)数据集简介：美国国家航空航天局的这一存储数据取自针对 edge 540 飞机 HIRF 机舱的测试。

(2)数据集属性：此数据以.mat 格式提供。数据也在 zip 文件中。

(3)数据集应用：Hill 等应用该数据来确认小型电动飞机的剩余飞行周期。

6.3 案例分析

6.3.1 案例1

6.3.1.1 锂离子电池充放电过程

为了进一步对动力电池 RUL 预测方法的有效性和可行性说明，在实际使用中，锂离子电池从出厂到寿命终止往往需要几年的时间。因此，为快速判断电池质量并预测寿命，厂家和研究人员往往对电池进行加速寿命试验，以期在数月内将电池寿命耗尽，探究电池衰退规律。

本章选择了美国国家航空航天局美国卓越预测中心的锂离子电池数据。在室温(24℃)下，记录了 18650 块锂离子电池的充放电数据，其中 4 块型号为 B5、B6、B7 和 B18。电池额定容量 2A·h，正极成分 $Li\ Ni_{0.8}CO_{0.15}Al_{0.05}O_2$，负极采用碳素材料。采用标准充电方法对电池进行充电，然后采用 2A 放电电流对测试电池进行恒流放电。电池加速寿命试验条件如表 6-1 所示，测试探究了温度、放电截止电压、放电电流对电池衰退的影响。

表 6－1　不同型号电池加速寿命试验条件

电池型号	最低电压/V	放电电流/A	温度/℃
B5	2.7	2	24
B6	2.5	2	24
B7	2.2	2	24
B18	2.5	2	24

一个完整的充放电周期包含一个充电过程和一个放电过程，其中充电又分为恒流充电和恒压充电，放电则为恒流放电。在试验中，通过温控装置设定试验环境的温度为24℃，并采用了恒流/恒压充电和恒流放电的充放电策略。一次充放电过程的实施步骤如下。

①恒流充电：以大小为1.5A的电流对电池进行充电，直至电池电压达到充电截止电压4.2V；

②恒压充电：当电池电压达到4.2V时，维持电池电压为4.2V，降低充电电流，直至电流衰减到充电截止电流20mA，结束充电；

③恒流放电：以2A大小的电流进行放电(由于放电，图6－5放电电流为负)，电池电压达到放电截止电压2.5V时结束放电。

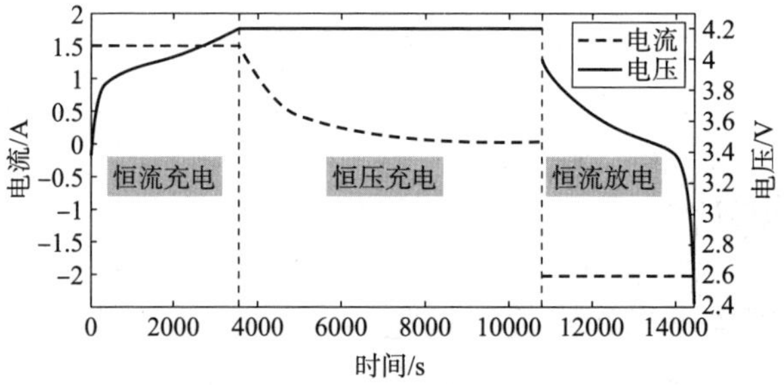

图6－5　锂离子充放电过程

在规定的充电和放电条件下，RUL定义为最大可用容量衰减到不可接受水平的循环次数。通常，选择电容和阻抗表征电池故障。容量衰减是电池失效的主要途径之一。随着充放电循环次数的增加，电容会发生退化。当容量衰减到70%～80%的额定容量，锂离子电池被视为失效。在本节，电池的失效阈值为1.38A·h。因此，锂离子电池的RUL是从预测起点到1.38A·h的循环数。由于B18的数据不完整，因此选择B5、B6、B7进行分析。每个电池的容量衰减曲线如图6－6所示。

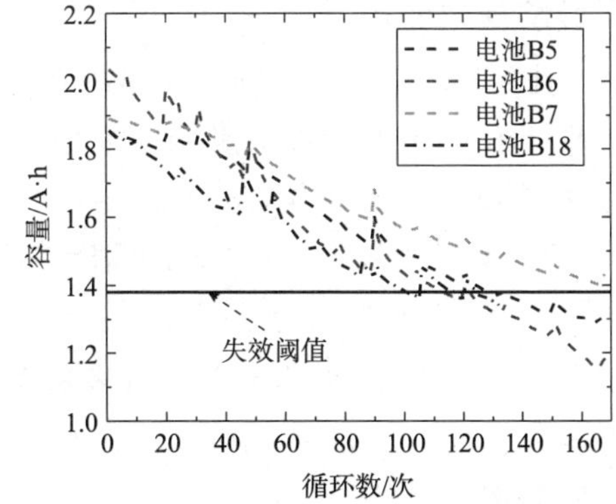

图 6-6　不同电池的容量衰退曲线

LIB 的可测量参数电流、温度和电压可以通过外部设备直接获得。在此基础上，以 B5 锂电池为例，如图 6-7 所示。通过对不同运行条件下的曲线分析，选择了 5 种间接 HI，包括最小放电间隔(MDI，HI1)、放电峰值温度间隔(DPTI，HI2)、充电电压饱和间隔(CVSI，HI3)、恒流充电间隔(CCCI，HI4)和充电峰值温度间隔(CPTI，HI5)。

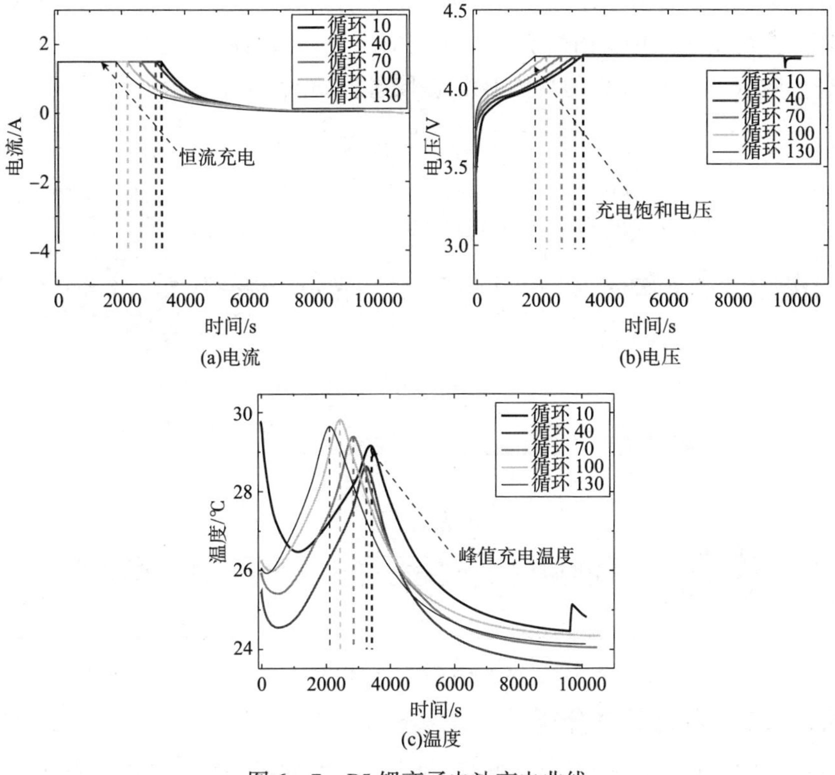

图 6-7　B5 锂离子电池充电曲线

6.3.1.2 堆叠式自动编码器方法

在电池测试过程中，其参数的采集会受到传感器精度、噪声、温度等外部因素的干扰，导致测量误差。HI 的不准确提取影响了模型的预测能力。为了降低提取的 HI 的特征维度并抑制噪声，堆叠自动编码器(SAE)方法被提出。

SAE 是监督自动编码器(AE)的基础，包括编码器和解码器，由输入层、隐藏层和输出层组成。假设 AE 模型的输入为 $x=[x_1, x_2, \cdots, x_m]^T$，可以从编码器中获得隐藏层的特征值 $h=[h_1, h_2, \cdots, h_q]^T$，其表示为：

$$h=f(w_e x+b_e) \tag{6-1}$$

式中，w_e 是权重矩阵，b_e 是偏移向量。

在编码器获得隐藏层特征值之后，解码器在公式(6-2)中重建：

$$\hat{x}=g(w_d x+b_d) \tag{6-2}$$

监督层和隐藏层之间的关系是：

$$Y_j=P(w_j h+b_j) \tag{6-3}$$

式中，Y_j是监督级别的输出。

SAE 的培训分为两个步骤。预训练阶段：将 IHIs 作为 AE 的输入，然后将第一次 AE 获得的隐藏层作为下一次监督 AE 的输入层，直到训练完最后一次监督。微调阶段：初始化预训练阶段获得的编码器参数，然后用梯度下降法对所有层的参数进行微调。基于 SAE 的具体 IHIs 提取过程如图 6-8 所示。

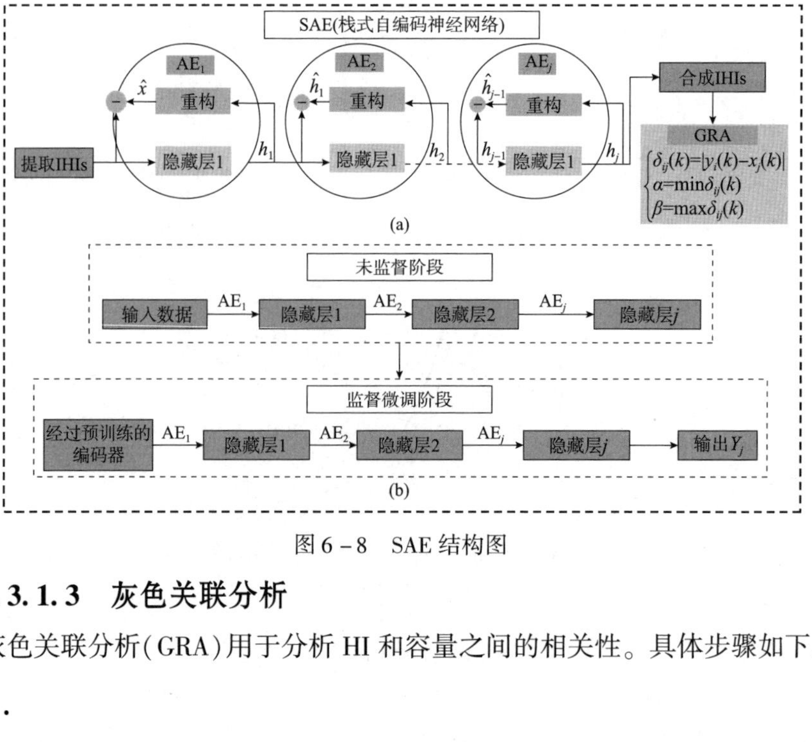

图 6-8　SAE 结构图

6.3.1.3 灰色关联分析

灰色关联分析(GRA)用于分析 HI 和容量之间的相关性。具体步骤如下。

(1)将容量参考序列定义为 $y_i(k)$，提取的特征序列为 $x_j(k)$。

(2)归一化容量序列 $y_i(k)$ 和特征序列 $x_j(k)$。

(3)使每组特征序列形成公式(6-4)：

$$(\mathrm{HI}_1, \mathrm{HI}_2, \cdots, \mathrm{HI}_m)^T = \begin{bmatrix} hi_2(1) & hi_2(2) & \cdots & hi_2(n) \\ hi_1(1) & hi_1(2) & & hi_1(n) \\ \vdots & \vdots & \vdots & \vdots \\ hi_m(1) & hi_m(2) & \cdots & hi_m(n) \end{bmatrix} \tag{6-4}$$

其中 $\mathrm{HI}_j = [hi_j(1), hi_j(2), \cdots, hi_j(n)]^T$，并确定参考数据序列：

$$\mathrm{HI}_0 = [hi_0(1), hi_0(2), \cdots, hi_0(n)]^T。$$

(4)对每个比较序列和参考序列逐一计算 λ_{ij}，∂ 和 β：

$$\begin{cases} \lambda_{ij} = |hi_0(k) - hi_j(k)| \\ \partial = \min \lambda_{ij}(t) \\ \beta = \max \lambda_{ij}(t) \end{cases} \tag{6-5}$$

其中：$k=1, 2, \cdots, n$；$j=1, 2, \cdots, m$。

(5)计算灰色相关系数：

$$\xi_{ij}(k) = \frac{\partial + \mu\beta}{\xi_{ij}(k) + \mu\beta} \tag{6-6}$$

式中，μ 为判别系数，取 $\mu=0.5$。

(6)计算灰色关联度：

$$r_{ij} = \sum_{i=1}^{n} \xi_{ij}(k) \tag{6-7}$$

表6-2表明间接提取的HI与容量具有很强的相关性。

表6-2　基于GRA的容量与HI之间的相关性

GRA	5#	6#	7#
HI_1	0.995	0.992	0.988
HI_2	0.921	0.933	0.953
HI_3	0.817	0.694	0.886
HI_4	0.851	0.808	0.891
HI_5	0.817	0.692	0.863

6.3.1.4　RUL预测方法

1. 基于WOA优化的GPR模型

高斯过程回归(GPR)是一个非参数模型。设 $D=(x, y)$ 表示训练数据集，其

中 $x=\{x_i\}$，$y=\{y_i\}$，假设隐藏函数 f 服从高斯分布：

$$f(x) \sim GP[m(x), k_f(x, x')] \tag{6-8}$$

其中 $k_f(x, x')$ 是符合高斯分布的核函数。平方指数(SE)核函数的选择如下：

$$k_f(x, x') = \sigma_f^2 \exp\left[-\frac{(x-x')^2}{2l^2}\right] \tag{6-9}$$

其中 σ_f^2 是 SE 核函数的方差，l 表示输入维度的特征长度，公式(6-8)可以描述为：

$$y = f(x_n) + \xi_n \tag{6-10}$$

其中 $\xi_n \sim N(0, \sigma_n^2)$ 表示高斯噪声。因此 y 服从正态分布先验：

$$y \sim N[m(x), K_f(x, x) + \sigma_n^2 I_n] \tag{6-11}$$

通过公式(6-11)使用梯度下降方法根据方程求解超参数 $\Theta = [\sigma_f, l_1, l_2, \cdots, l_D]^T$。

$$\begin{cases} \dfrac{\partial}{\partial \Theta_i} \log p(y \mid x, \Theta) = \dfrac{1}{2}\left\{aa^T - [K_f(x, x) + \sigma_n^2 I_n]^{-1} \dfrac{\partial}{\partial \Theta_i}[K_f(x, x) + \sigma_n^2 I_n]\right\} \\ a = [K_f(x, x) + \sigma_n^2 I_n]^{-1} y \end{cases} \tag{6-12}$$

GPR 模型可以通过求解来建立：

$$p(y^* \mid x, y, x^*, \Theta) = N(\mu^*, \textstyle\sum^*) \tag{6-13}$$

预测值 y^* 和协方差 $\sum^*$ 分别定义为：

$$y^* = K_f(x, x^*)^T [K_f(x, x) + \sigma_n^2 I_n]^{-1} y \tag{6-14}$$

$$\textstyle\sum^* = K_f(x^*, x^*) - K_f(x^*, x^*)^T [K_f(x, x) + \sigma_n^2 I_n]^{-1} K_f(x, x^*) \tag{6-15}$$

2. 引入 WOA 方法

然而，采用共轭梯度法对其进行优化，降低了探地雷达的预测性能。因此，引入 WOA 方法提高探地雷达的预测能力。WOA 具有强大的探索和开发能力。具体优化步骤如下。

1)包围猎物

在鲸鱼群的协同狩猎模式中，多个鲸鱼个体会包围并捕食猎物，位置更新模式可以定义为：

$$X(t+1) = x(t) - A \cdot D \tag{6-16}$$

$$D = |C \cdot x(t) - X(t)| \tag{6-17}$$

式中，x 是当前猎物的最佳位置，X 是鲸鱼位置，t 是迭代次数，A 和 C 是系数，定义为：

$$A = Aa \cdot r - a \tag{6-18}$$

$$C = 2 \cdot r \tag{6-19}$$

其中 a 从 2 线性减小到 0，并且是一个随机向量。

2）泡沫网捕食

WOA 算法设计了两种类型的位置更新：收缩边界和螺旋运动位置更新。当通过收缩边界采用位置更新模式时，由公式(6－18)控制。当 a 的值为[－1，1]时，个体鲸鱼将捕食目标猎物；以螺旋方式狩猎时，模型定义为：

$$\begin{cases} X(t+1) = D' \cdot e^{bl} \cdot \cos(2\pi l) + x(t) \\ D' = |x(t) - X(t)| \end{cases} \tag{6-20}$$

其中 D' 表示个体鲸鱼和猎物之间的距离，t 是 －1 到 1 之间的随机数。因此，设置 WOA 以 50% 的概率模拟鲸鱼的两种行为，其表示如下：

$$X(t+1) = \begin{cases} x(t) - A \cdot D, & p < 0.5 \\ D' \cdot e^{bl} \cdot \cos(2\pi l) + x(t), & p \geq 0.5 \end{cases} \tag{6-21}$$

3）狩猎阶段

为了进一步寻找猎物，WOA 利用 A 值的变化进行探索。当 $|A| > 1$，鲸鱼种群进行了随机搜索。当 $|A| < 1$，每头鲸鱼都会根据猎物的位置更新其位置，具体表现为：

$$X(t+1) = X_{rand} - A \cdot |C \cdot X_{rand} - X(t)| \tag{6-22}$$

$$D = |C \cdot X_{rand} - X(t)| \tag{6-23}$$

其中 X_{rand} 是随机选择的个体鲸鱼的位置。因此，整个鲸鱼位置更新可以定义为：

$$X(t+1) = \begin{cases} x(t) - A \cdot |C \cdot X_{rand} - X(t)|, & p < 0.5 \text{ 或 } |A| < 1 \\ X_{rand} - A \cdot |C \cdot X_{rand} - X(t)|, & p < 0.5 \text{ 或 } |A| > 1 \\ D' \cdot e^{bl} \cdot \cos(2\pi l) + x(t), & p \geq 0.5 \end{cases} \tag{6-24}$$

基于 WOA 优化的 GPR 模型如图 6－9 所示。

6.3.1.5 改进的 WOA 方法

1. SCA 方法的原则

WOA 根据公式(6－21)实现了全局探索能力，这种随机生成鲸鱼个体的方法只有在满足 $p < 0.5$ 或 $|A| > 1$ 时才能进入全局探索阶段，这使得 WOA 容易降低算法的搜索能力。为了解决该问题，提出了一种基于正余弦算法的改进 WOA 算法。

SCA 使用正弦函数和余弦函数的值更新位置，可以表示为：

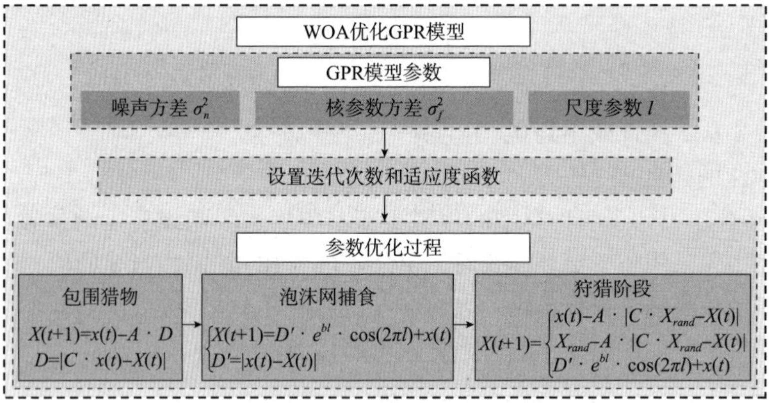

图 6－9　基于 WOA 优化的 GPR 模型

$$X(t+1)=\begin{cases} X(t)+m \cdot \sin(r_1) \cdot (kP_t^t - X_t^t), & r<0.5 \\ X(t)+m \cdot \cos(r_1) \cdot (kP_t^t - X_t^t), & r \geqslant 0.5 \end{cases} \tag{6-25}$$

式中，X_t^t 是在 t 时间的 get 位置，P_t^t 是在 t 时间具有最高适应度的个体的位置，以及 $r_1 \in [0.2\pi]$，$k \in [0.2\pi]$，$r \in [0.2\pi]$。参数 m 定义如下：

$$m=a-a\frac{t}{T} \tag{6-26}$$

通常设置 a 为 2，T 是最大迭代次数，m 决定了下一次更新的个体移动方向。当 $m>1$，$m\sin(r_1)$ 和 $m\cos(r_1)$ 值大于 1 或小于 －1 时，个体远离当前最优个体，算法将探索更宽的求解区域，以确保整体探索能力；当 $m \leqslant 1$ 时，$m\sin(r_1)$ 和 $m\cos(r_1)$ 值在 －1 和 1 之间，这将准确地搜索该区域。参数 r_1 确定个体的移动距离；k 为 P_t^t 提供权重，这有助于避免迭代结束时过早收敛；r 有助于正弦函数到余弦函数的转换。

2. 基于 SCA 方法的改进 WOA

结合非线性收敛因子策略，将公式(6－25)引入 WOA，并且公式(6－22)可以重新定义为：

$$D_1=\begin{cases} m \cdot \sin(r_1) \mid C \cdot X_{\text{rand}} - X \mid, & \theta<0.5 \\ m \cdot \cos(r_1) \mid C \cdot X_{\text{rand}} - X \mid, & \theta \geqslant 0.5 \end{cases} \tag{6-27}$$

其中 m 以非线性递减方式从 2 递减到 0。在传统的 WOA 方法中，当 $|A|>1$ 时，随机选择鲸鱼个体以实现位置更新。然而，当参数 $a'>1$，基于 SCA 方法 $|A|>1$，随机使用正余弦函数可以生成更大的 D，这使得可以通过公式(6－20)结合公式在更大的范围内探索 WOA。

类似地，SCA 策略被引入 WOA 的本地开发过程中，并且公式(6－17)可以被重新定义如下：

$$D_2 = \begin{cases} m \cdot \sin(r_1) \mid C \cdot x - X \mid, & \theta < 0.5 \\ m \cdot \cos(r_1) \mid C \cdot x - X \mid, & \theta \geqslant 0.5 \end{cases} \tag{6-28}$$

在 WOA 方法中，根据具有当前最佳适应度的鲸鱼个体的位置来更新位置，在 $|A|<1$ 实现局部搜索。现在，基于 SCA 方法，当 $|A|<1$ 时鲸鱼个体位置更新将在较小的范围内进行，这进一步提高了参数识别的准确性。

根据公式(6－20)，在 WOA 方法中，个体总是以对数螺旋轨迹的形式更新其位置。尽管这种螺旋位置更新方法可以加快整体收敛速度，但会导致整个种群失去多样性。因此，SCA 策略也被用于改进螺旋更新方法，如下所示：

$$X(t+1) = \begin{cases} x(t) + m \cdot e^{bl} \cdot \sin(2\pi l) \cdot D_3, & \theta < 0.5 \\ x(t) + m \cdot e^{bl} \cdot \cos(2\pi l) \cdot D_3, & \theta \geqslant 0.5 \end{cases} \tag{6-29}$$

$$D_3 = | kx(t) - X(t) | \tag{6-30}$$

6.3.1.6 基于 DFSSCA－WOA 方法提出的改进模型

为了进一步提高 SCA 的后期搜索能力，本章采用了分散搜索策略。在 DFS 方法中，可以根据分散率(DR)将一些搜索代理重新定位到搜索空间中有希望的区域，并且可以更新其位置：

$$\begin{cases} X_i^{t+1} = X_i^t + \rho \cdot \beta_i^t \cdot B_i^t \\ \beta_i^t = (X_{n1}^t - X_{n2}^t) \end{cases} \tag{6-31}$$

其中 $\rho \sim N(0.5, 0.1^2)$ 控制觅食阶段移动距离的比例因子为分散触发因子，B_i^t 用于判断种群是否实施分散策略：

$$B_i^t = \begin{cases} 1, & \text{rand} < \varepsilon \\ 0, & \text{rand} \geqslant \varepsilon \end{cases} \tag{6-32}$$

其中色散因子 ε 定义为：

$$\varepsilon = \varepsilon_0 e^{\frac{t}{T}} \tag{6-33}$$

在公式(6－30)中，引入 DFS 生成每个鲸鱼个体位置的候选解，可随机性改变下一次迭代的一些候选解，因此 ε 用于确定一些候选解决方案以执行去中心化操作。因此，应用 DFSSCA－WOA 方法提高模型的预测能力。预测框架如图 6－10 所示，预测步骤如下。

①获取训练数据集，定义目标函数，初始化算法参数。

②定义和更新参数 A，C，l，θ，k，r。r 和 A 的值根据公式(6－18)确定。

③当 $p<0.5$ 时，如果 $|A| \geqslant 0.5$，则应用公式(6－27)来更新单个位置；如果 $|A|<0.5$，则利用公式(6－28)更新个体位置。

④当 $p \geq 0.5$，采用公式(6－29)来更新个体位置。

⑤通过 DFS 方法为每个个体的位置生成候选解，并根据公式(6－30)更新个体的最优解。

⑥输出 $\mu^* = K_f(x, x^*)^T[K_f(x, x) + \sigma_n^2 I_n]^{-1} y$。

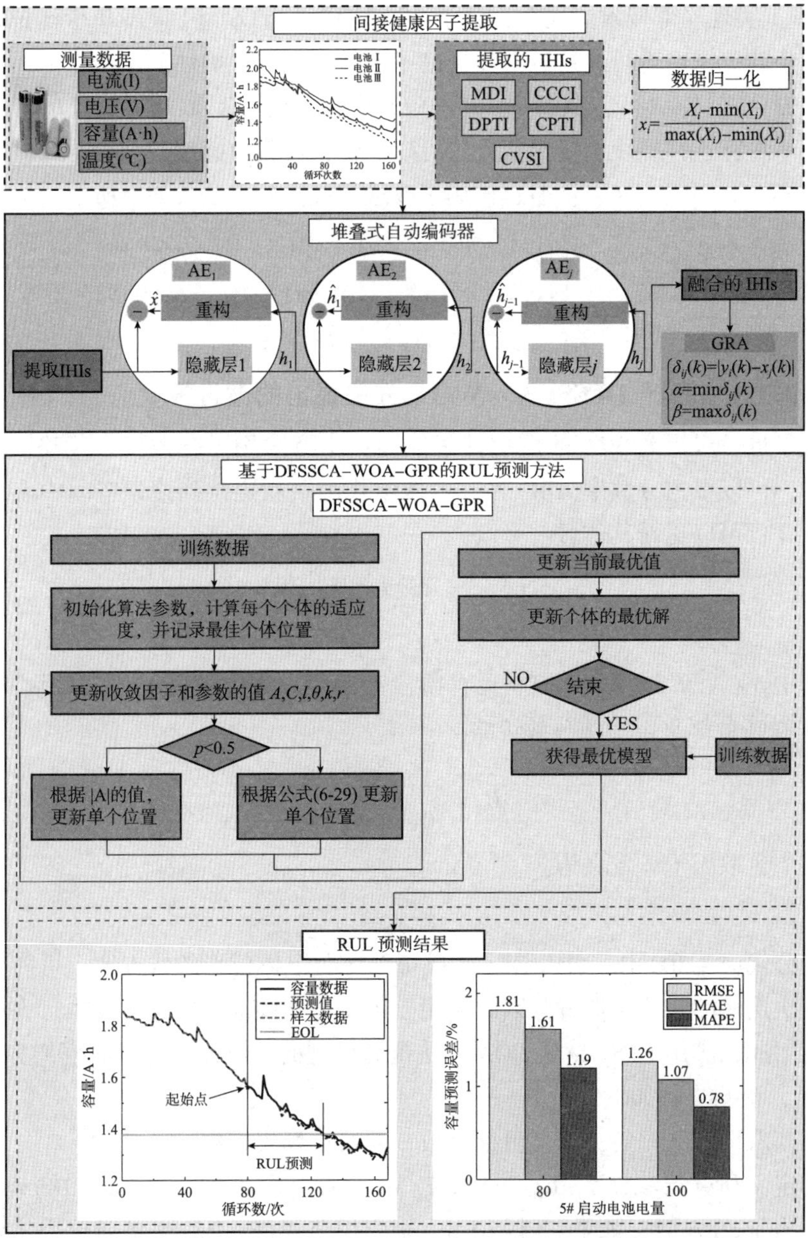

图 6－10　基于 DFSSCA－WOA－GPR 方法的 RUL 预测框架

6.3.1.7 实验结果分析

1. 所提出的 DFSSCA - WOA - GPR 方法的 RUL 预测

本章采用 DFSSCA - WOA - GPR 模型对 LIB 的 RUL 进行了预测。为了验证所提出的方法在不同起点上的有效性，以 NASA 数据集电池 5#为例，从第 80 个和第 100 个循环开始的时间序列用作训练数据集，其余数据用作验证集，如图 6 - 11所示。为了验证所提出算法的优越性，本章选择均方根误差(RMSE)、平均绝对误差(MAE)和预测误差作为评估指标，如下所示：

$$\begin{cases} \mathrm{RMSE} = \sqrt{\dfrac{1}{N}\sum_{k=1}^{N}(y_{\mathrm{pre},k} - y_{\mathrm{acl},k})^2} \\ \mathrm{MAE} = \dfrac{1}{N}\sum_{k=1}^{N}\left|y_{\mathrm{pre},k} - y_{\mathrm{acl},k}\right| \\ \mathrm{MAPE} = \dfrac{1}{N}\sum_{k=1}^{N}\left|\dfrac{y_{\mathrm{pre},k} - y_{\mathrm{acl},k}}{y_{\mathrm{acl},k}}\right| \\ E_{\mathrm{RUL}} = \dfrac{1}{N}\left|RUL_{\mathrm{pre},k} - RUL_{\mathrm{acl},k}\right| \end{cases} \tag{6-34}$$

式中，$y_{\mathrm{pre},k}$表示预测电池容量，$y_{\mathrm{acl},k}$表示实际电池容量，$RUL_{\mathrm{pre},k}$代表预测 RUL，$RUL_{\mathrm{acl},k}$代表实际 RUL。

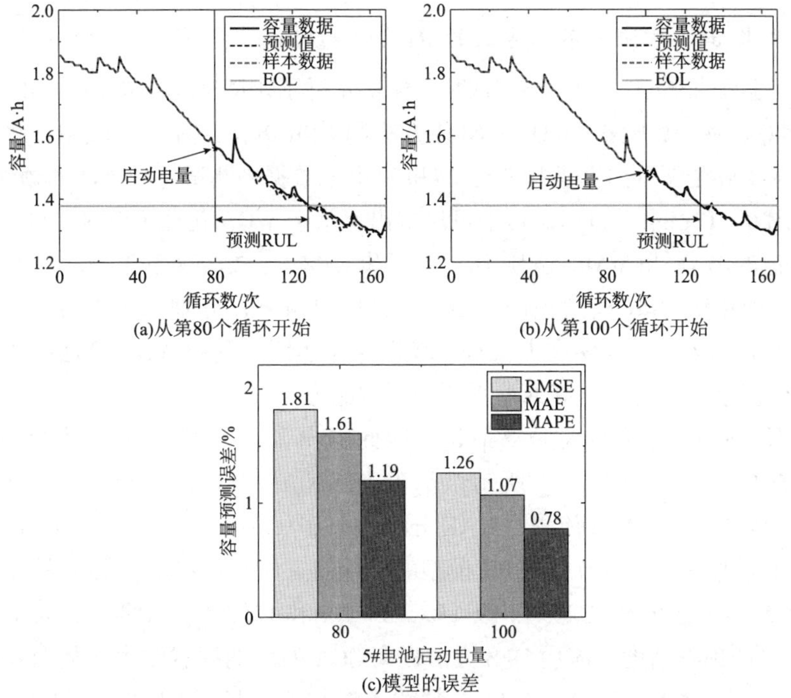

(a)从第80个循环开始

(b)从第100个循环开始

(c)模型的误差

图 6 - 11 基于所提出方法的 RUL 预测结果

图 6－11(a)～(b)分别显示了 NASA 电池 5#在第 80 次和第 100 次循环之后的 RUL 预测结果，其中品红色线 EOL 是 LIB 的容量故障阈值。在图 6－11 中，所提出的算法可以很好地预测电池的 RUL。随着预测周期的增加，预测的 RUL 结果更接近实际的 RUL 值。

表 6－3 显示了对图 6－11(c)中两个数字的分析。由表 6－3 可以看出，RUL 的预测值和实际值之间的误差随着训练数据的增加而减小。通过分析 RUL 预测过程中电池容量衰减的预测误差，获得了 RUL 预测结果的 RMSE、MAE 和 MAPE 值。当使用 100 个数据集进行训练时，100 个训练数据的 MAE 和 MAPE 分别为 1.71% 和 1.03%。与基于 80 个训练数据的预测结果相比，RUL 的预测准确率分别提高了 18.2% 和 42.1%，模型的稳定性参数 RMSE 也提高了 22.3%。实验结果表明，随着数据量的增加，RMSE、MAE 和 MAPE 值均降低，表明模型的预测能力得到了提高。

表 6－3　基于所提出的融合方法的 5#电池 RUL 预测结果

训练数据	实际 EOL	实际 RUL	RUL 预测	RMSE	MAE	MAPE	E_{RUL}
80	128	48	42	2.38%	2.09%	1.78%	6
100	128	28	26	1.85%	1.71%	1.03%	2

2. 所提出的方法与不同方法的 RUL 预测比较

为了验证所提出方法的有效性，本节分析了 DFSSCA－WOA－GPR 方法、SCA－WOA－GPR 方法、WOA－GPR 方法和 GPR 方法。在本实验中，将预测起点设置为 100 个循环，并选择 5#、6#和 7#电池数据来测试每种方法的预测能力。

从图 6－12(b)、(d)和(f)中可以看出，基于 WOA 优化 GPR 模型的 5#、6#和 7#电池的 MAE 和 MAPE 分别为 1.38% 和 1.08%、2.25% 和 1.66%、1.82% 和 1.33%，而传统 GPR 模型预测的 RUL MAE 和 MAPE 分别为 1.64% 和 1.21%、2.53% 和 1.95%、2.01% 和 1.45%。实验结果表明，利用 WOA 算法能够优化探地雷达模型参数，可以提高探地雷达的预测能力。

然而，WOA 容易陷入局部最优，因此提出了一种基于 SCA 优化 WOA 的 GPR 预测模型。如图 6－12 所示，基于 DFSSCA－WOA－GPR 方法和 SCA－WOA－GPR 方法的 RUL 预测的 MAE 分别为 1.07% 和 1.19%、1.53% 和 1.82%、1.24% 和 1.47%。与 WOA－GPR 模型的估计能力相比，RUL 的预测精度分别提高了 22.5% 和 13.8%、32% 和 19.1%、33.7% 和 12.3%。特别地，为了进一步提高 RUL 的预测精度，应用 DFS 方法提高 SCA 的后期搜索能力。从图 6－12 中可以看出，与 SCA－WOA－GPR 的预测性能相比，基于 DFSSCA－WOA－GPR

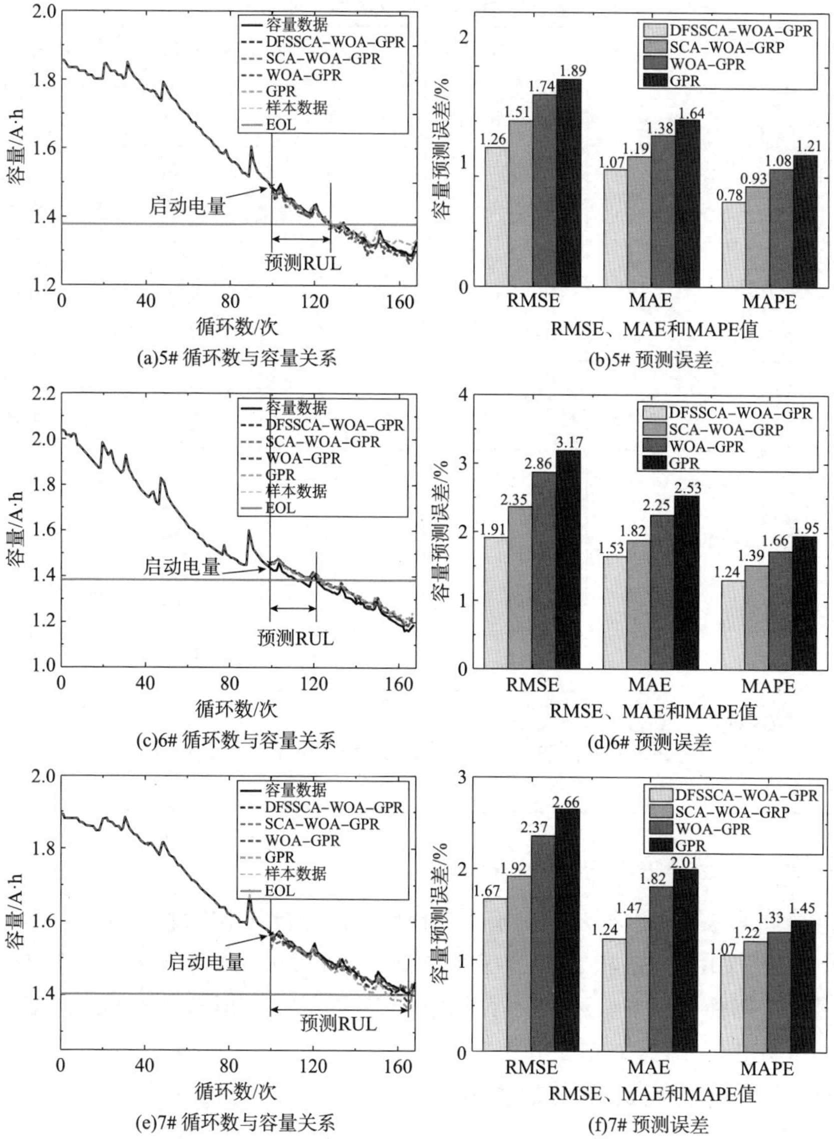

(a)5# 循环数与容量关系 (b)5# 预测误差
(c)6# 循环数与容量关系 (d)6# 预测误差
(e)7# 循环数与容量关系 (f)7# 预测误差

图 6－12 所提出的电池方法的 RUL 预测和误差

模型的 RUL 预测的 MAE 和 MAPE 分别提高了 10.1% 和 16.1%、15.9% 和 10.8%、24.4% 和 16.4%。此外，模型的稳定性参数也得到了显著的提高。以 5 #电池数据为例，基于 DFSSCA－WOA－GPR 模型的 RMSE 为 1.26%。与 SCA－WOA－GPR 模型相比，该方法的预测稳定性提高了 16.6%，验证了该算法的有效性和准确性。具体参数如表 6－4 所示。

表6－4　RUL不同方法的预测结果　　%

方法	电池	RMSE	MAE	MAPE
DFSSCA－WOA－GPR	5#	1.26	1.07	0.78
	6#	1.91	1.53	1.24
	7#	1.67	1.24	1.07
SCA－WOA－GPR	5#	1.51	1.19	0.93
	6#	2.35	1.82	1.39
	7#	1.92	1.47	1.22
WOA－GPR	5#	1.74	1.38	1.08
	6#	2.86	2.25	1.66
	7#	2.37	1.82	1.33
GPR	5#	1.89	1.64	1.21
	6#	3.17	2.53	1.95
	7#	2.66	2.01	1.45

3. 四种方法的RUL预测比较

本节将所提出的方法与现有的四种方法进行了比较：WOA－NN方法、NARX方法、GRU方法和LSTM－CNN方法。从图6－13和表6－5可以得出结论，尽管这四种常用方法可以很好地预测LIB的RUL，但基于NN的RUL预测的RMAE和MAE分别为3.75%和3.29%、4.97%和3.88%、4.26%和3.43%。无论是模型的稳定性还是RUL的预测精度，神经网络的预测性能都不如传统的GPR模型。LSTM－CNN模型结合了LSTM和CNN各自的优势，以6#电池数据为例，其RUL预测精度RMSE和模型稳定性MAE分别为2.43%和1.99%。与WOA－GPR模型和GPR模型相比，稳定性提高了23.3%和15%，预测精度也提高了21.3%和11.5%。然而，LSTM－CNN无法避免后期数据梯度爆炸的缺点，其预测能力低于所提出的模型的预测结果。可以进一步解释的是，所提出方法的预测准确性较高。

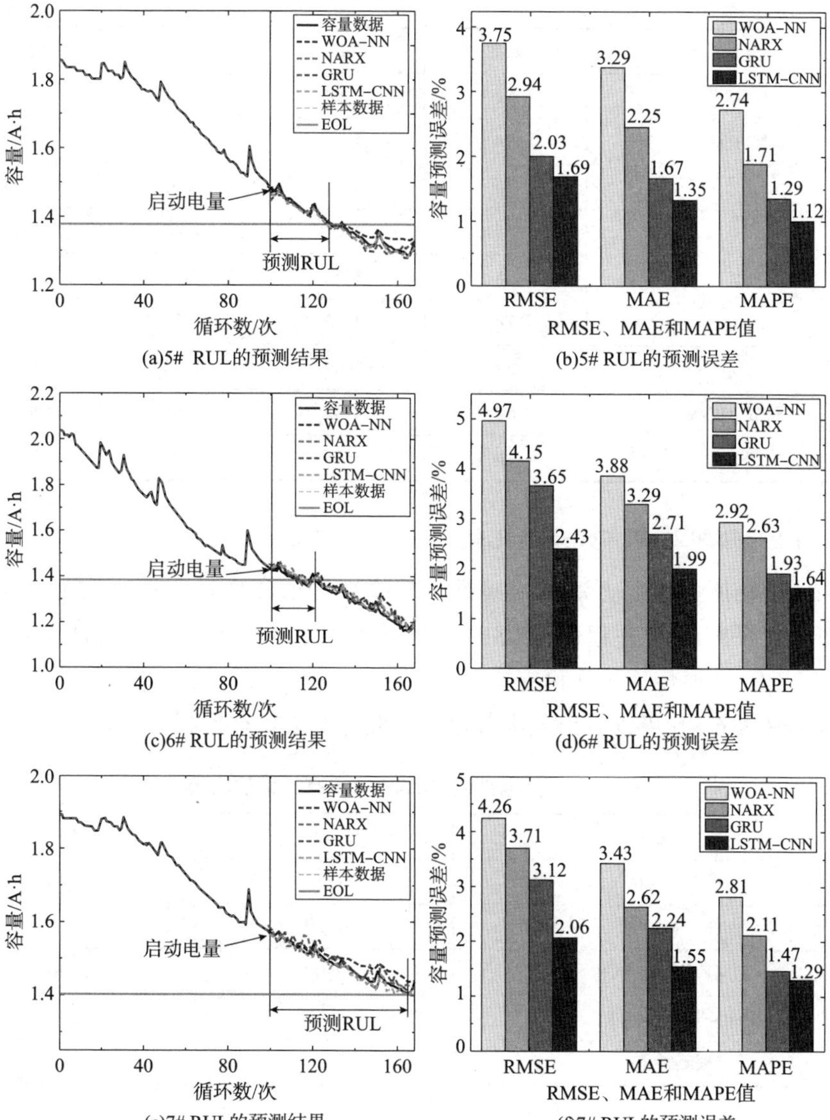

(a)5# RUL的预测结果　(b)5# RUL的预测误差

(c)6# RUL的预测结果　(d)6# RUL的预测误差

(e)7# RUL的预测结果　(f)7# RUL的预测误差

图 6－13　RUL 预测与其他电池方法的误差

表 6－5　不同方法的 RUL 预测结果　%

方法	电池	RMSE	MAE	MAPE
WOA－NN	5#	3. 75	3. 29	2. 74
	6#	4. 97	3. 88	2. 92
	7#	4. 26	3. 43	2. 81

续表

方法	电池	RMSE	MAE	MAPE
NARX	5#	2.94	2.25	1.71
	6#	4.15	3.29	2.63
	7#	3.71	2.62	2.11
GRU	5#	2.03	1.67	1.29
	6#	3.65	2.71	1.93
	7#	3.12	2.24	1.47
LSTM－CNN	5#	1.69	1.35	1.12
	6#	2.43	1.99	1.64
	7#	2.06	1.55	1.29

4. RUL 预测与现有方法的比较

为了说明所提出的方法的准确性，与线性均值高斯过程回归(LM－GPR)、平方指数多尺度高斯进程回归(SE－MGPR)、自适应无迹卡尔曼滤波(PSR－GASVR－EC)和遗传算法优化支持向量回归(AUKF－GA－SVR)等经典算法进行了比较。从表6－6可以看出，本节建立的混合方法具有较高的精度。

表6－6 预测性能 RMSE 与现有结果的比较 %

方法	5#	6#
LM－GPR	1.36	6.86
SE－MGPR	1.29	2.11
AUKF－GA－SVR	2.00	5.00
PSR－GASVR－EC	4.00	3.00
预测性能	1.26	1.91

6.3.2 案例2

锂离子电池退化是一个非线性过程，在利用 GPR 预测 RUL 时，会受到电池内部损耗和外界环境不确定因素的影响，如温度和噪声等，导致其退化过程呈现出局部非高斯、非线性的特性，而具有不确定性信息表达能力的滤波预测方法，如粒子滤波等方法较适用。但在建立状态方程和观测方程时，获取新的观测数据较困难，因此，为了解决这些问题，本节建立了基于 UPF－GPR 框架的 RUL 预测算法，将 GPR 模型作为滤波算法的观测方程，并结合 UPF 算法预测电池的

RUL，减弱滤波过程中产生的不可避免的观测误差带来的影响，从而更加准确地预测锂离子电池退化模型的参数，提高算法的预测精度。首先介绍一下 GPR 模型。

6.3.2.1 改进的高斯过程回归

传统的 GPR 模型利用共轭梯度法对核函数中的超参数进行调优时，对初始值的依赖性很强，目前初始值的设置没有理论依据。如果初始值设置不当，共轭梯度法在参数辨识时会陷入局部最优甚至无法收敛，降低 GPR 的预测性能。为克服共轭梯度法的不足，本节提出利用闪电搜索算法（Lightning Search Algorithm，LSA）对核函数中的超参数进行调整和优化。

Shareef 等发明了 LSA 智能优化算法，该算法以二叉树结构排列，具有调节参数少、收敛精度高和全局寻优能力强等优点。LSA 通过空间放电体的建模和最优运动的数学模型模拟实现，该过程主要包括过渡空间放电体、处于领先的空间放电体以及处于最佳位置的空间放电体，下面对其过程进行简要介绍。

1. 过渡空间放电体

放电体在初始阶段以随机顺序生成，因此，可以将其建模成符合标准均匀概率分布的概率函数，该函数 $f(x^T)$ 可以定义为：

$$f(x^T)=\begin{cases}\dfrac{1}{b-a}, & a\leqslant x^T\leqslant b\\ 0, & \text{其他}\end{cases} \tag{6-35}$$

式中，x^T 是可以提供各阶段领先者 sl_i 和初始能量 E_{sl_i} 的随机数，a 和 b 分别表示解空间的下界和上界，$SL=[sl_1, sl_2, \cdots, sl_N]$ 表示种群数量为 N 的空间放电体领先者，$P^T=[p_1^T, p_2^T, \cdots, p_N^T]$ 表示满足 N 个解的维度。

2. 处于领先的空间放电体

空间放电体的位置可以建立服从标准正态分布的概率密度函数，从而获取相关随机数，服从正态概率密度函数 $f(x^L)$ 可以定义为：

$$f(x^L)=\frac{1}{\sigma\sqrt{2\pi}}e^{-(x^L-\mu)^2/2\sigma^2} \tag{6-36}$$

式中，μ 和 σ 分别表示形状参数和尺度参数。那么空间放电体 p^L 在下一迭代时刻的位置可以写为：

$$p_{\text{new}}^L=p^L+normrand(\mu_L, \sigma_L) \tag{6-37}$$

式中，$normrand$ 是由正态分布函数生成的随机数。类似地，新的放电体位置 p_{new}^L 的适应度函数更优，那么放电体位置由 p^L 更新为 p_{new}^L，否则，空间放电体将保持不变，直到下一次迭代。

3. 处于最佳位置的空间放电体

当空间放电体在下一个时刻进行演变时，放电体的位置进行更新，即 $P^S=[p_1^S, p_2^S, \cdots, p_N^S]$ 可以建模成为一个随机数，该随机数是由参数 μ 的指数分布生成的，指数分布的概率密度函数 $f(x^S)$ 定义为：

$$f(x^S)=\begin{cases}\frac{1}{\mu}\mathrm{e}^{-x^S/\mu}, & x^S\geqslant 0\\ 0, & \text{其他}\end{cases} \tag{6-38}$$

式中，μ 表示形状参数，控制下一时刻空间放电体的位置或方向，影响 P_i^S 和 p^L 之间的距离，根据此定义，在下一迭代时刻，放电体的位置 P_i^S 可以写为：

$$P_{i\_new}^S=P_i^S\pm \mathrm{exp}rand(u_i) \tag{6-39}$$

式中，exp*rand* 表示指数随机数，如果 P_i^S 为负值，则应减去生成的随机数，因为公式(6-38)只提供正值。u_i表示 P_i^S 和 p^L 之间的距离，如果 $P_{i_new}^S$所处位置的适应度函数更加优越，那么放电体的最佳位置由 P_i^S 更新为 $P_{i\_new}^S$，否则，空间放电体的最佳位置将保持不变，直到下一次迭代。

综上所述，基于 LSA 优化 GPR 算法的 RUL 预测流程如图 6-14 所示，选用前 100 次循环的数据训练 GPR 模型，并用剩余循环数据进行模型验证。在此次训练中，最大迭代次数设置为 800，预测性能的目标设置为 10^{-6}。然后，基于适应度函数的最小值，使用 LSA 优化 GPR 核函数中的 σ、σ_f 以及 l，适应度函数定义为：

$$f=\min\left[\frac{1}{N}\sum_{i=1}^{N}(y_{\mathrm{est},i}-y_{\mathrm{acl},i})^2\right] \tag{6-40}$$

式中，$y_{\mathrm{est},i}$表示预测值，$y_{\mathrm{acl},i}$表示实际值。LSA 优化算法以较小的方差、较小的误差和预测函数的最佳拟合可提高 GPR 的预测性能，同时避免了可能存在的欠拟合和过拟合问题。

6.3.2.2 基于粒子滤波方法的锂离子电池剩余寿命估计

1. 电池模型

考虑到数据集的选择，锂离子电池的退化经验模型可以描述如下：

$$C_{k+1}=\eta_c C_k+\beta_1\mathrm{e}^{(-\beta_2/\Delta t_k)} \tag{6-41}$$

式中，C_k表示 k 循环时的电池容量，η_c 表示电池的库伦效率，Δt_k 表示单位时间间隔，β_1及β_2是待确定的未知参数。

锂离子电池的可用容量随着循环次数的增加而降低，因此采用粒子滤波方法对锂离子电池的容量进行预测，然而在滤波算法中，建立观测方程和获取新的观测数据往往比较困难，针对这一问题，本节将 GPR 模型作为观测方程，为滤波

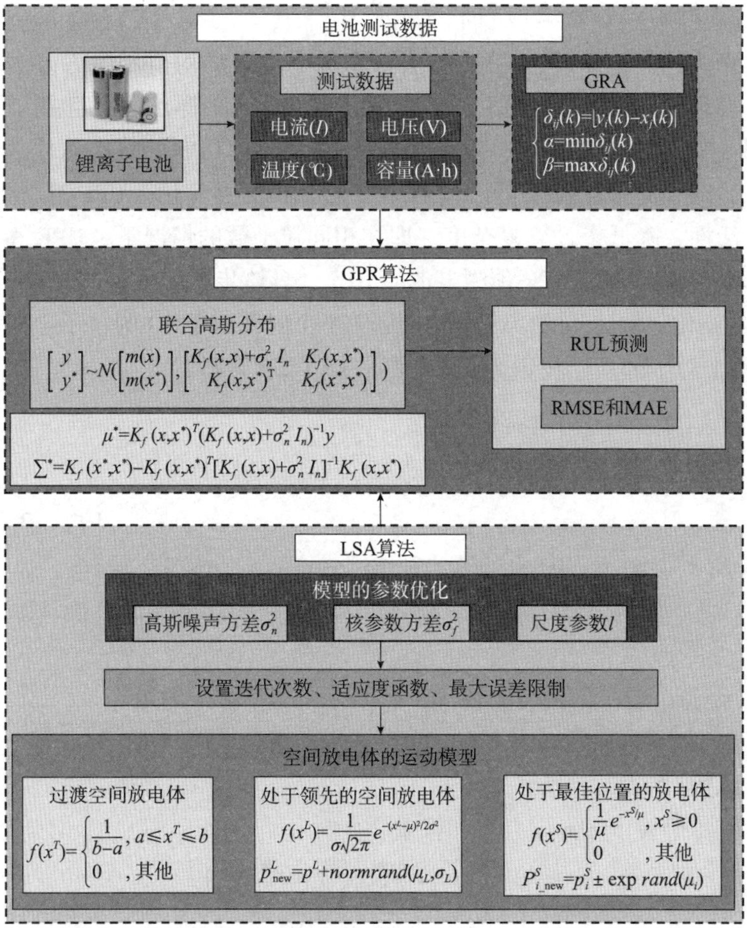

图 6－14　基于 LSA 优化 GPR 算法的 RUL 预测流程图

算法提供未来时刻的虚拟观测值。根据 GPR 模型，建立了基于滤波算法的锂离子电池容量估计状态空间方程，定义如下：

$$\begin{cases} x_k = \eta_c x_{k-1} + \beta_1 \mathrm{e}^{(-\beta_2/\Delta t_k)} + q_k \\ y_k = g(x_{k-1},\ s_k) + r_k \end{cases} \tag{6－42}$$

式中，$x_k = C_k$，q_k 和 r_k 分别表示系统噪声和测量噪声，$g(x_{k-1},\ s_k)$ 为训练好的 GPR 模型。但作为滤波算法的观测方程，预测观测向量的准确性会影响滤波算法的迭代过程，为了减少 UPF 的观测误差，将上一小节建立的 LSA－GRP 算法作为 UPF 的观测方程，采用 LSA－GRP 算法校正 UPF 预测过程中产生的观测误差，提升滤波预测精度并减少参数预测噪声影响。

2. 基于粒子滤波方法的剩余寿命估计

UPF 算法的关键是通过 UKF 算法计算每个粒子的均值和协方差，并在采样阶段建立合理的粒子分布，通过 UT 变换获得 Sigma 采样点，并且基于 PF 框架，UPF 使用 UKF 生成粒子分布，以引导 PF 采样粒子。UPF 的每次迭代都利用新的测量信息，产生的采样粒子可以近似后验证分布的真实值。UPF 算法继承了 PF 方法的灵活性，降低了计算复杂度，即在相同粒子数的情况下，UPF 算法精度优于粒子算法，因此采用 UPF 预测电池的 RUL，具体步骤如下。

(1)初始化：从已知的初始分布中提取 N 个时间为 $k=0$ 的粒子，即 $\{x_0^i\}_{i=1}^N \sim p(x_0)$，每个粒子的初始权重为 $\omega_0^i = 1/N$，$i=1:N$，则：

$$\begin{cases} \bar{x}_0^i = E[x_0^i] \\ P_0^i = E[(x_0^i - \bar{x}_0^i)(x_0^i - \bar{x}_0^i)^T] \end{cases} \tag{6-43}$$

$$\bar{x}_0^{ia} = E[\bar{x}_0^{ia}] = [\bar{x}_0^i, 0, 0]^T P_0^{ia} = E[(x_0^{ia} - \bar{x}_0^{ia})(x_0^{ia} - \bar{x}_0^{ia})^T] = \begin{bmatrix} P_0^i & 0 & 0 \\ 0 & R & 0 \\ 0 & 0 & Q \end{bmatrix} \tag{6-44}$$

式中，P_k^{ia} 是每个粒子的协方差矩阵，x_k^a 表示的是 Sigma 的矩阵。

(2)重要性采样阶段：对于 $k=1:T$，$i=1:N$，使用 UKF 生成每个粒子的重要性密度函数。

①计算每个粒子 Sigma 点集和权重：

$$x_{k-1}^{ia} = [\bar{x}_{k-1}^{ia}, \bar{x}_{k-1}^{ia} - \gamma, \bar{x}_{k-1}^{ia} + \gamma] \tag{6-45}$$

$$\boldsymbol{W}_j^m = \begin{cases} \dfrac{\lambda}{L+\lambda}, & j=0 \\ \dfrac{1}{2(L+\lambda)}, & j=1, 2, \cdots, 2L \end{cases} \tag{6-46}$$

$$\boldsymbol{W}_j^c = \begin{cases} \dfrac{\lambda}{L+\lambda} + (1+\beta-\alpha^2), & j=0 \\ \dfrac{1}{2(L+\lambda)}, & j=1, 2, \cdots, 2L \end{cases} \tag{6-47}$$

式中，$\boldsymbol{W}_j^m$ 为权重均值，$\boldsymbol{W}_j^c$ 为相应权重的协方差矩阵，β 在高斯分布下取 2；L 是状态向量的维度；$\gamma = \sqrt{(L+\lambda)P_{k-1}^{ia}}$；$\lambda = \alpha^2(L+\kappa) - L$；$\alpha$ 是比例修正系数，决定了 Sigma 点的分散程度，取值范围为$[10^{-4}, 1]$；κ 是二次采样因子，通常为 0 或 $3-L$。

②通过对 Sigma 采样点进行预测，得到每个粒子的状态预测值和预测协方差。

$$\begin{cases} x_{k|k-1}^{ia} = f(x_{k-1}^{ia}) \\ \bar{x}_{k|k-1}^{ia} = \sum_{j=0}^{2L} W_j^m x_{j,k|k-1}^{ia} \\ P_{k|k-1}^{i} = Q_k + \sum_{j=0}^{2L} W_j^c [x_{j,k|k-1}^{ia} - \bar{x}_{j,k|k-1}^{i}][x_{j,k|k-1}^{ia} - \bar{x}_{j,k|k-1}^{i}]^T \end{cases} \tag{6-48}$$

③得到观测预测值，并进行加权：

$$\begin{cases} z_{k|k-1}^{i} = h(x_{k|k-1}^{ia}) \\ \bar{z}_{k|k-1}^{i} = \sum_{j=0}^{2L} W_j^c z_{j,k|k-1}^{i} \end{cases} \tag{6-49}$$

④通过加权计算自协方差矩阵和互协方差矩阵：

$$\begin{cases} P_{z_k z_k}^{i} = R_k + \sum_{j=0}^{2L} W_j^c [z_{j,k|k-1}^{i} - \bar{z}_{j,k|k-1}^{i}][z_{j,k|k-1}^{i} - \bar{z}_{j,k|k-1}^{i}]^T \\ P_{x_k z_k}^{i} = \sum_{j=0}^{2L} W_j^c [x_{j,k|k-1}^{i} - \bar{x}_{j,k|k-1}^{i}][z_{j,k|k-1}^{i} - \bar{z}_{j,k|k-1}^{i}]^T \end{cases} \tag{6-50}$$

⑤计算卡尔曼增益，并用最新测量值更新粒子状态和协方差，以生成重要性概率密度函数：

$$\begin{cases} K_k^i = P_{x_k z_k}^{i} (P_{z_k z_k}^{i})^{-1} \\ \bar{x}_k^i = x_{k|k-1}^{i} + K_k^i (z_k - \vec{z}_{k|k-1}^{i}) \\ \hat{P}_k^i = P_{k|k-1}^{i} - K_k^i P_{z_k z_k}^{i} (K_k^i)^T \end{cases} \tag{6-51}$$

⑥更新权重：

$$\omega_k^i = \omega_{k-1}^i \frac{p(z_k \mid \hat{x}_k^i) p(\hat{x}_k^i \mid \hat{x}_k^{i-1})}{q(\hat{x}_k^i) \mid x_{0:k-1}^i, z_{1:k}} \tag{6-52}$$

⑦重采样：设置阈值 N 判断有效粒子的数量：

$$N_{\text{eff}} = \frac{1}{\sum_{i=1}^{N} (\omega_k^i)^2} \leqslant \frac{3}{N} \tag{6-53}$$

⑧状态估计及更新协方差矩阵：

$$\begin{cases} \hat{x}_k = \sum_{i=1}^{N} \omega_k^i \hat{x}_k^i \\ \hat{P}_k = \sum_{i=1}^{N} \omega_k^i (\hat{x}_k - \hat{x}_k^i)(\hat{x}_k - \hat{x}_k^i)^T \end{cases} \tag{6-54}$$

综上所述，基于所提出的 UPF－GPR 融合算法的锂离子电池 RUL 预测流程如图 6－15 所示。

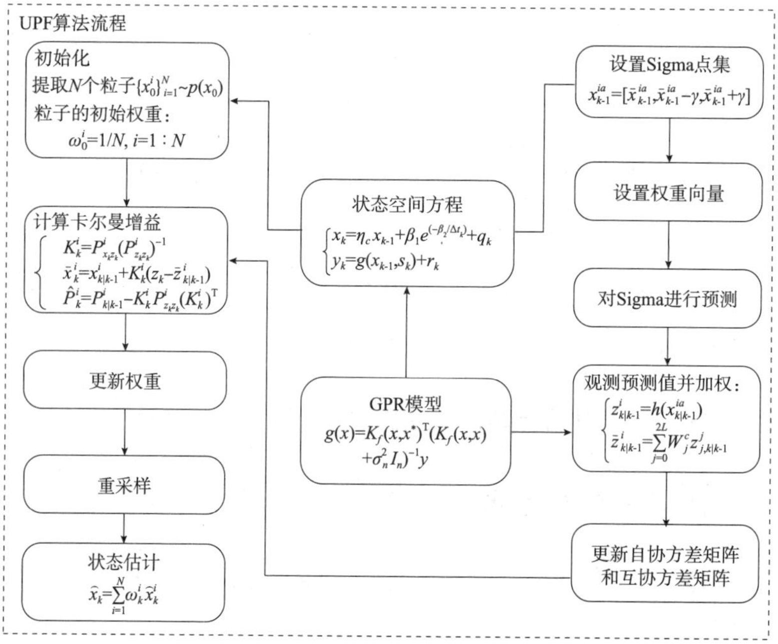

图 6－15　基于 UPF－GPR 融合算法的锂离子电池 RUL 预测流程

6.3.2.3　实验结果分析

为了验证该方法的可行性，选用两种评价指标进行判定，分别是均方根误差 RMSE 和平均绝对误差（Mean Absolute Error，MAE），定义如下：

$$\begin{cases} \mathrm{RMSE} = \sqrt{\dfrac{1}{n}\sum\limits_{k=1}^{n}(y_k - \hat{y}_k)^2} \\ \mathrm{MAE} = \dfrac{1}{n}\sum\limits_{k=1}^{n}\left|\left(\dfrac{\hat{y}_k - y_k}{y_k}\right)\right| \end{cases} \tag{6-55}$$

其中 RMSE 又被称为标准误差，用来描述算法的稳定性，MAE 是实际值和预测值之间的平均绝对误差，通常用来衡量实际结果与预测值的接近程度。y_k 和 $\hat{y}_k$ 分别表示电池容量的实际值和预测值，对于 RMSE 和 MAE，其值越接近于 0，则 RUL 的预测精度越高。

本节从充放电数据中提取五个间接 HIs，并采用 GRA 分析其与容量的关系。通过比较和分析不同循环条件下的充放电电压、电流和温度，选择五个间接 HIs，包括最低放电时间 HI1、温度上升到最高点 HI2、充电电压饱和时间 HI3、恒流充电时间 HI4 和充电峰值温度间隔 HI5。

根据 GRA，容量和提取 HIs 之间的关系如表 6－7 所示，说明间接提取的 HIs 与能力有很强的相关性。

表 6 –7　灰色关联度分析结果

GRA	电池 5#	电池 6#	电池 7#
HI1	0. 993	0. 990	0. 982
HI2	0. 989	0. 992	0. 971
HI3	0. 808	0. 663	0. 848
HI4	0. 842	0. 774	0. 891
HI5	0. 802	0. 669	0. 852

如表 6 – 7 所示，HI1 和 IHI2 的相关系数平均值大于 0. 9，而其他三个 HI（HI3、HI4、HI5）的相关系数平均值小于 0. 9，电池容量与这两个健康因子之间存在良好的相关性。因此，选用这两种健康因子预测锂离子电池的 RUL。

在算法验证中，由于 B18 的数据不足以进行分析，因此选择循环周期数相同的 5#、6#和 7#电池作为分析对象，并选择第 100 个循环周期作为预测的起始点，电池的失效阈值分别选择为 1. 38A · h、1. 38A · h 和 1. 5A · h，将粒子数设置为 $N=100$。图 6 – 16 ~ 图 6 – 18 展示了三组电池在不同算法下的 RUL 预测曲线及相关统计评估指标。

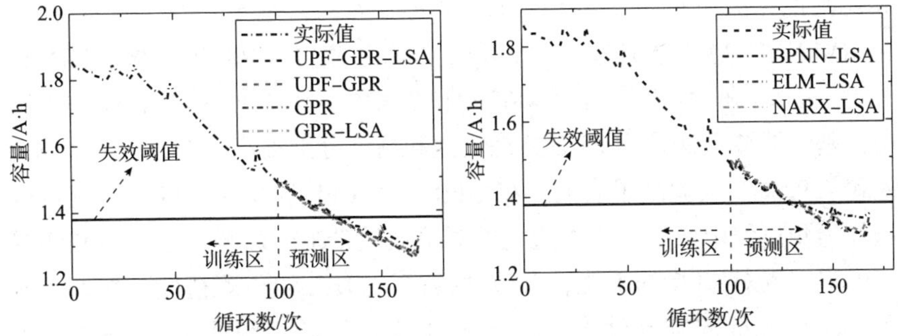

图 6 – 16　5#电池的不同预测方法的 RUL 预测结果对比

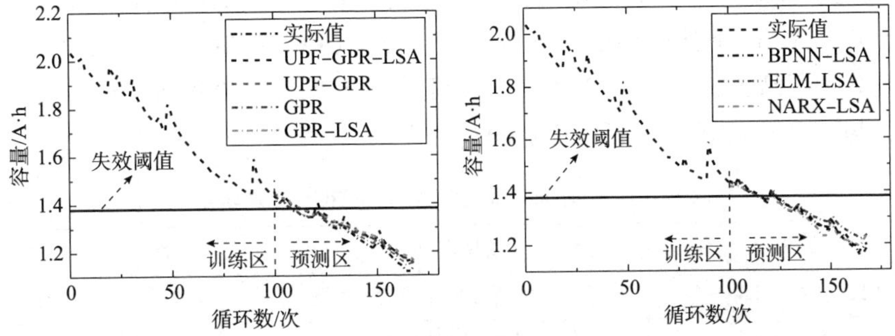

图 6 – 17　6#电池的不同预测方法的 RUL 预测结果对比

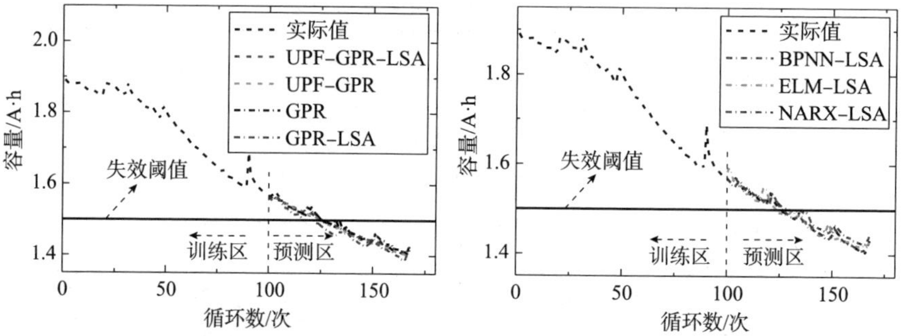

图 6－18　7#电池的不同预测方法的 RUL 预测结果对比

为了验证基于 GPR 和 UPF 两种算法的有效性和精度，分别将传统的 GPR 模型和基于 LSA 优化后的 GPR 作为观测方程对电池的 RUL 进行预测，并与基于 LSA 优化的前馈神经网络(Back Propagation Neural Network，BPNN)，极限学习机(Extreme Learning Machine，ELM)以及 NARX 网络进行比较。RUL 预测结果分别如图 6－16～图 6－18 所示，训练数据包括测试数据的第一个到第 100 个周期。从表 6－8～表 6－10 可以看出，基于 GPR 算法预测的 RUL 误差大于 UPF－GPR 和 UPF－GPR－LSA 两种方法的预测误差，且基于 UPF－GPR－LSA 算法预测的 RUL 相比其他算法更接近实际值。以 5#电池为例，基于 UPF－GPR 算法预测 RUL 的 RMSE 和 MAE 分别为 3.94% 和 3.14%，基于 GPR 和 GPR－LSA 算法预测 RUL 的 RMSE 和 MAE 分别为 4.62% 和 3.87%、4.24% 和 3.41%，相比数据驱动法，基于滤波算法预测 RUL 的稳定性和精度分别提高了 14.72% 和 18.86%、7.08% 和 7.92%，实验结果表明，将 GPR 作为 UPF 的观测方程，不仅可以削弱滤波迭代预测过程中产生的不可避免的观测误差带来的影响，也可以减小噪声等外界不确定因素对 GPR 的干扰，有效地提高了 RUL 的预测精度。然而，作为观测方程，GPR 模型的准确性会对结果产生直接影响，因此利用 LSA 算法优化 GPR 算法中的超参数，进一步提高整体算法的估计性能。从表 6－8 可以看到，将优化后的 GPR 作为 UPF 的观测方程后，基于 UPF－GPR－LSA 算法预测 RUL 的 RMSE 和 MAE 分别为 3.73% 和 2.83%，相比 UPF－GPR 算法，预测的稳定性和精度分别提高了 5.33% 和 9.87%，验证了所提算法的预测结果具有较高的可信度，与其 RUL 预测结果相比更准确。

表 6－8　5#电池不同预测方法的 RUL 预测结果　%

方法	训练数据	RMSE	MAE
UPF－GPR－LSA	第一个到第 100 个周期的数据	3.73	2.83
UPF－GPR	第一个到第 100 个周期的数据	3.94	3.14

续表

方法	训练数据	RMSE	MAE
GPR	第一个到第 100 个周期的数据	4. 62	3. 87
GPR - LSA	第一个到第 100 个周期的数据	4. 24	3. 41
BPNN - LSA	第一个到第 100 个周期的数据	5. 49	4. 43
ELM - LSA	第一个到第 100 个周期的数据	4. 81	4. 07
NARX - LSA	第一个到第 100 个周期的数据	4. 52	3. 66

表 6 - 9　6#电池不同预测方法的 RUL 预测结果　　%

方法	训练数据	RMSE	MAE
UPF - GPR - LSA	第一个到第 100 个周期的数据	3. 65	2. 71
UPF - GPR	第一个到第 100 个周期的数据	3. 88	2. 96
GPR	第一个到第 100 个周期的数据	4. 51	3. 62
GPR - LSA	第一个到第 100 个周期的数据	4. 17	3. 23
BPNN - LSA	第一个到第 100 个周期的数据	5. 06	4. 19
ELM - LSA	第一个到第 100 个周期的数据	4. 65	3. 84
NARX - LSA	第一个到第 100 个周期的数据	4. 33	3. 47

表 6 - 10　7#电池不同预测方法的 RUL 预测结果　　%

方法	训练数据	RMSE	MAE
UPF - GPR - LSA	第一个到第 100 个周期的数据	1. 97	1. 58
UPF - GPR	第一个到第 100 个周期的数据	2. 21	1. 74
GPR	第一个到第 100 个周期的数据	3. 59	2. 61
GPR - LSA	第一个到第 100 个周期的数据	3. 36	2. 44
BPNN - LSA	第一个到第 100 个周期的数据	4. 17	3. 21
ELM - LSA	第一个到第 100 个周期的数据	3. 85	2. 82
NARX - LSA	第一个到第 100 个周期的数据	3. 42	2. 59

从图 6 - 16 可以进一步得知，基于 LAS 优化后的 GPR 预测精度优于 GPR 的，预测性能分别提高了 8. 23% 和 11. 87%，表明利用 LSA 可以提高 GPR 的估计性能。除此之外，在相同的优化算法下，相比 BPNN - LSA、ELM - LSA 和 NARX - LSA 算法，GPR - LSA 在 RUL 的预测中具有较高的预测精度，预测 RUL 的 MAE 分别提高了 23. 02%，16. 21% 和 6. 83%，实验结果表明，GPR - LSA 算法在常用的数据驱动方法中对于 RUL 预测具有较好的预测性能。图 6 - 17 和

图 6 - 18 分别展示了 6#和 7#电池的实际容量数据和不同方法的 RUL 预测结果。从表 6 - 9 和表 6 - 10 可以得知，所提出的 UPF - GPR - LSA 算法优于 UPF - GPR 算法，预测的曲线能更好地跟踪电池退化的趋势，更接近于实际的退化过程。同时利用 LSA 优化的 GPR 在相同条件下，预测精度也优于 BPNN、ELM 和 NARX，且提供了较准确的预测结果。

6.4 本章小结

首先，总结了锂离子电池剩余使用寿命预测方法，并列出了其共同特征。基于统计分析的方法执行效率高、计算简单，可以在短时间内获得相应的结果。基于自适应滤波技术的方法在预测 RUL 中有着广泛的应用和高性能，然而建立准确的模型和获得足够的计算能力是一项挑战。数据驱动方法可以应用于复杂非线性系统中有丰富历史数据的情况。其次，为克服了单一算法在预测 RUL 时的缺点，在案例 2 中对数据集进行挖掘，建立了基于 GPR 的 RUL 预测算法，并利用 LSA 优化 GPR 中的超参数，以提升 GPR 算法的可靠性。同时，为削弱因滤波迭代预测过程中产生的不可避免的观测误差带来的影响，在跟踪退化模型的过程中，采用 LSA 优化后的 GPR 作为观测方程，校正 UPF 预测过程中产生的观测误差，提升滤波预测精度并减少参数预测噪声影响。最后，在 NASA 数据集下，以 7#电池为例，与未优化的 GPR 模型作为滤波算法的观测方程，基于 UPF - GPR - LSA 算法的预测精度控制在 2% 以内。

7 锂离子电池故障诊断方法研究

近年来，锂离子电池以其使用寿命长、能量密度高、环保等优点被广泛商业化，被认为是新能源车辆领域最有前途的储能装置，在所有销售的新能源车辆中占有越来越大的份额。然而，锂离子电池的故障诊断技术却很少受到重视。伴随着新能源车辆产销量及保有量的不断提升，相关的起火事件才引起了各方的高度关注，其安全运行问题也逐渐进入学者和企业各界的视野中。由此引发的安全事故成为限制新能源车辆发展与普及的关键因素之一。2023 年国家应急管理部公布的新能源车辆2023 年一季度自燃数据显示：共出现 640 起，同比自燃率上涨了 32%，平均每天有 7 辆新能源车辆发生火灾，全部与电池有关；比亚迪电动出租车在充电过程中起火。

尽管锂离子电池是众所周知的长期使用设备，但寿命在很大程度上取决于环境条件和运行模式。高温、过充/过放电等情况都会缩短使用寿命，因此用户有必要了解老化机理，并在发生严重事故之前发现故障。锂离子电池的故障通常来自老化过程或滥用操作。通常，SOH 的概念用于描述当前的健康状况或剩余寿命。然而，仅用一个变量描述一个细胞是不够的，尤其是对于诊断系统来说。应提供更多信息，如操作历史和实时变化，以预测进一步的性能，这对于锂离子电池的梯次使用很重要。近年来，故障诊断技术以先进的模型、算法和思想在工业中得到了发展和应用。然而，与机械或纯电气系统不同，锂离子电池由于其电化学性质而更加复杂。迟滞和不一致性是电池很难直接提取故障症状的原因。因此，对锂离子电池的故障诊断需要全面了解其老化机理和掌握一定的先进诊断技术。

7.1 动力电池老化机制

动力电池老化，通常会出现容量减少和电阻增长，可能还有可用功率衰减，是系统安全最具挑战性的问题之一。寿命预测和故障诊断技术需要对这一过程有很好的了解。锂离子电池老化的主要原因是 SEI(固体电解质相间)的分解、阳极沉积、阳极金属溶解、活性材料损失和锂镀层形成。由于正极和负极的降解机制可能不同，故从电极降解的角度讨论其机制。

7.1.1 阳极老化

在本节中，只讨论当前最流行的阳极材料石墨。许多研究人员认为电极/电解质的电化学变化是阳极老化的主要原因。由电极/电解质界面的还原性电解质成分引起的分解产物，在最初的几个循环中形成了覆盖电极表面的所谓“SEI”。SEI是稳定的，并且具有相对较长的老化过程，除非电池在不适当的条件下运行，如高温或重循环。

高温加速了SEI的分解或溶解，并导致降解速率增加。如果过充或SOC存储过高，石墨燃烧产生的气体会导致SEI的裂纹和活性区的损失，而低温可能会降低锂的扩散。在这种情况下，SEI被锂电镀覆盖，安全问题导致了高精度的锂电镀和锂枝晶生长。阳极老化的其他原因，如活性材料的变化、复合电极的变化和接触损耗，此处不再详细讨论。值得注意的是，这些因素并不是孤立的，彼此之间的关系不能单独讨论。如高速率放电和低温都可以限制扩散，而高温和过充电都直接向电池中提供附加能量。

7.1.2 阴极老化

Bourlot等报道，在所有电池利用水平下，阴极形态都没有明显变化。他们量化了活性锂/金属在阳极和活性锂在阴极的含量，发现对于老化电池，与新鲜电池相比，在0.5V的低速放电下，在阴极可观察到更多的活性锂。作者将此归因于阳极的局限性，这是老化机制的主要影响。尽管阴极的变化对电池老化的影响可能会比阳极的变化小，但这种影响确实存在。SEI也在界面处形成，经历了相同的生长、老化和分解过程。老化源于SEI分解、复合电极和化学分解的变化以及溶解反应，并且根据阴极的组成而不同。目前生产中最流行的化学物质是 $LiCoO_2$、$LiMn_2O_4$和 $LiFePO_4$。这些阴极材料各有优缺点。如 $LiFePO_4$由于其高稳定性、低成本和与环境的高兼容性而具有吸引力。主要缺点在于其电导率低和锂离子的扩散率低。导电添加剂可能是克服其自身缺点的一种可用方法。碳纳米管已被证明是提高复合阴极电化学性能和保证其安全性的最有效的材料。

7.2 老化试验与分析

在上一节中，将电池老化归因于外部因素，如不适当的温度、过充电/过放电、高电压存储和意外负载状况，所有这些因素都会以不同的方式影响电池。此外，各因素之间的交叉依赖性使得量化老化行为变得更加困难。因此，学者们对环境因素及其后果进行了深入的研究。以下简要回顾老化试验以及这些因素与老性能之间的关系。

7.2.1 循环和储存期间的性能

根据现有文献可知，许多关于锂离子电池正常运行的研究都是为了了解循环和储存过程中的性能退化。Bloom 等试图以功率衰减和 ASI(面积比阻抗)增加的形式找到外部条件和性能退化之间的数学关系，在试验期间改变了日历试验的温度和 SOC。其表达式为

$$Q = A\exp\left(\frac{-E_{\mathrm{a}}}{RT}\right)t^{z} \tag{7-1}$$

式中，Q 为评估的参数、ASI 或功率。

在日历测试中，将 z 拟合在 1/2 左右(从 0.46 到 0.61 不等)，遵循阿伦尼斯动力学，因此考虑了由于 SEI 层生长而导致的老化。但是在高 SOC 循环(ΔSOC = 6%)期间，z 下降到 1/10，这表明发生了更复杂的反应。他们用拟合方程预测了锂离子电池在不同条件下的使用寿命。

7.2.2 极端环境下电池性能

1. 过度充电

对锂离子电池已进行了大量过充实验，特别是极端条件对衰老的影响。由于外部能量直接添加到电池中，过度充电被认为是导致热失控的最严重问题之一。在 50% 过充电和 200% 过放电的阳极和阴极分散时，可以观察到不可逆的变化，这两种情况都会导致活性物质的不可逆损失。研究人员通过对回收分离器表面的检查，认为过充电引起的热失控可能是由于生长物穿透分离器并加速阳极的化学反应而引发的微短路造成的。

2. 过度放电

过度放电几乎不会直接导致热失控。然而，过度放电的细胞会经历不可逆的容量损失和热稳定性的变化，这可能会影响对滥用条件的耐受性，并增加安全问题出现的可能性。为了验证过放电的解释，文献中进行了一系列 0 ~ 2.0V 的过放电试验。根据放电截止电压的不同，观察到不可逆的容量损失，在正常循环下，过放电电池表现出加速老化的趋势。此外，过放电到 0V 时情况变得更糟，行为变得不可预测。在检查隔膜后，在阳极侧发现了铜，这表明铜可能是从集电器中溶解并迁移至阳极的结果。

3. 温度异常

尽管阿伦尼斯理论通常用于描述老化，特别是温度的影响，但可能不适用于

所有温度范围。宽范围的温度测试表明，主要的老化机制是低温下金属锂在节点上的缓慢扩散，这是由参比电极对 Li/Li^+ 的负极化测量得出的。在这种情况下，输送的能量和效率较低，考虑到在 -20℃时为 60%，而在室温下为近 100%。相反，高温加速了阴极的降解和 SEI 在阳极的生长，导致了电容损失。性能退化通常表现出两个不同的斜率，拐点约为 25℃。Ramadass 等对锂离子电池在 25℃、45℃、50℃和 55℃下的性能进行了全面的表征和解释，当电池承受更高的温度时，其电容率更高。在 800 次循环后，25℃和 45℃的电池分别损失了约 31%和 36%的初始容量，而 50℃的电池在 600 次循环后损失了 60%以上的容量，55℃的电池则在 500 次循环后失去了 70%的容量。研究者将损失归因于欧姆损失、次级活性物质损失和初级活性物质损失，并分别量化了其贡献。

4. 高速率运行

充电和放电速率是一个重要因素，尤其是对于电力应用而言。高倍率放电通常意味着锂离子转移的时间较短。在这种情况下，离子没有完全脱嵌，这导致容量损失和锂枝晶。此外，高速率电流在相同的内部电阻器上形成更高的功耗，并加速内部温度的升高。副反应会增强，所以活性材料的损失会导致电池退化。因此，在经历高速放电时，总是会出现容量衰减和加速老化。文献中量化了不同速率下的容量衰减，并进行了深入研究，以了解电流分布和内部行为之间的关系。在文献中，提出了不同的充电协议，以实现具有最小化降级成本的快速充电策略。同样的方法也应用于放电情况，这表明驱动模式对电池寿命有很大影响。

通过先进的纳米技术可以缓解与高比率相关的问题。碳纳米管作为一种独特的锂离子电池一维添加材料，不仅增加了与电解质的接触面积，而且减少了离子的传输路径，提高了插入/去除率。在这种情况下，由高速率循环引起的容量损失减少。

5. 相互作用

越来越多的研究集中在不同老化因素之间的相互作用上，因为在实际应用中，例如，新能源车辆或混合动力车辆，上述所有因素总是同时发生。温度随气候和热管理而变化；负载分布取决于驱动模式，单个电池的电压取决于平衡协议。复杂的情况加速了性能的下降，使诊断变得更困难。Li 等考虑了以下因素：环境温度、放电速率、放电截止电压、充电速率和电池老化的充电截止电压，并试图验证这些因素之间的耦合，然而，结果似乎并不令人满意。Zhang 等还致力于寻找循环速率和低温之间的耦合。并提出，只有了解老化历史并进行适当的测试，老化的锂离子电池才能在二次寿命应用中部署。所有这些事实都需要进一步研究老化机制以及性能退化与相关因素之间的关系。

7.3　锂离子电池故障诊断方法

当故障发生时，该系统中的一些变量(直接或间接)表示与诊断系统从差异中提取故障信息，并及时处理故障。故障诊断是一个关键课题，在机械、空气静压、电气和军事领域得到了广泛应用。人们意识到故障检测/诊断对 LIB 安全可靠运行的重要性，进行了大量的研究，旨在开发一种准确、可靠、稳健且易于实施的故障诊断策略。Lu 等简要说明了开发有效的故障诊断系统对 LIB 动力系统的发展至关重要的原因。Xiong 等对传感器故障诊断进行了专门的研究。Lyu 等通过一项最先进的综述研究，详细讨论了 LIB 的失效机制及其可能的解决方案。文献中报道的故障诊断方法可以大致分为基于统计分析的方法、基于模型的方法、信号处理的方法和数据驱动的方法。LIB 故障诊断方法的详细分类如图 7－1 所示。

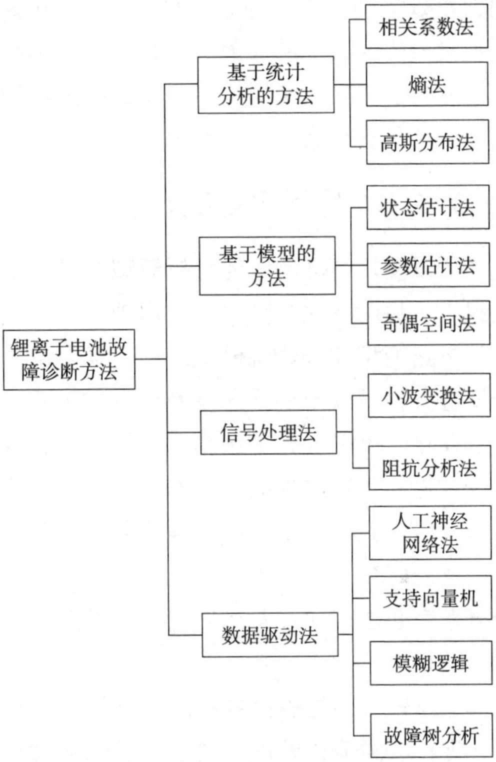

图 7－1　锂离子电池故障诊断方法分类

7.3.1　基于统计分析的方法

统计分析是基于数学统计对所获得的各种数据和信息的剖析。在 LIB 系统中，不同的传感器将收集电流、电压、温度、内阻和其他信息；采用各种统计方法，如熵、高斯分布、相关系数和最大似然，直接分析收集的数据；通过设置合理的阈值可以实现故障诊断。

基于统计分析的方法具有计算复杂度低、执行效率高的特点。有学者基于该方法提出了一种直接使用 LIB 包的电压测量值的短路故障检测方法。这种检测方法递归地计算相关系数，并且偏离趋势的电压降可以用于短路检测。

移动平均窗口用于监测最新电压趋势，从而确保对短路故障检测的高灵敏度。此外，该方法适用于具有高鲁棒性的平衡和不平衡 LIB 包，并且不需要任何额外的硬件或建模工作。统计分析方法具有很高的灵活性，可以与其他方法或模型相结合。Kang 等将相关系数法与非冗余交叉式测量电路相结合，用于在线多故障诊断。测量电路中的每个传感器都获得了相邻两个单元的电压和，然后通过相关系数法提取故障特征。此外，使用相邻电池的电流和电压差之间的相关系数将连接故障与其他故障隔离开来。这种多故障诊断框架利用了统计分析方法的适应性和包容性，避免了一些错误的故障检测，并对温度、健康状态和充电状态的不一致性具有很高的鲁棒性。

7.3.2 基于模型的方法

可以使用精确的电池分析模型获得指示单个电池中的变化的电池参数。在电池组中，故障电池与其他正常电池之间的差异表明系统故障。包括电化学模型、等效电路模型和分数阶模型已在文献中用于故障诊断。描述电池内部降解机制的副反应方程可以与电化学模型相结合。通过这种方式，模型可以反映电池内部的参数变化，可以补充外部信号(电压、电流、表面温度)的直接测量。然而，偏微分方程和代数方程的大量模型参数和高计算复杂度使得电化学模型不适合实际应用。与电化学模型相比，等效电路模型由于其复杂性和准确性的平衡而得到了更广泛的应用。基于数学模型的残差生成过程可以使用状态估计法、参数估计法和概率空间法，在残差评估过程中提供与故障阈值相比较的输入残差值，以确定诊断结果。

通过模型的先验信息和诊断对象的测量信息之间的差异，获得残差信号，并对其进行故障信息处理。这是基于模型的方法的主要原理，该方法可分为状态估计和参数估计。基本上有四种常见模型：数学模型、电化学模型、等效电路模型和实验模型。每个模型都有自己的重点，例如，数学模型是基于随机方法或经验方程，电化学模型表征内部动力学和热行为，而等效电路模型表征外部响应。等效电路模型具有参数物理意义明确、计算量小的特点，是最常见的模型之一，其中 R_0是电解质电阻，C_{dl}是双层容量，R_{ct}是电荷转移电阻，以及 Z_W表示 Warburg 阻抗。这些分离参数根据电池的状态而变化，可以作为电池老化的良好指标。

文献中简化了锂离子电池的 Randles 等效电路模型，并通过阻抗谱提取了感兴趣的参数。在过充和放电循环测试后，总结了循环对分离参数的影响，形成了规则库并更新了提出的模型。最后应用模糊逻辑对蓄电池运行中的过充和过放故障进行了诊断。类似的想法出现在其他文献中，并进行了一系列的过充电和过放电循环，采用卡尔曼滤波器构建了正常运行和故障运行的模型，采用多模型自适应估计(MMAE)将各模型的结果与实际结果进行比较，将故障信息以可能性的形式给出。如果故障模式已知，则可以通过基于模型的方法解决更多的故障，如在文献中，作者试图定位接触电阻器故障。

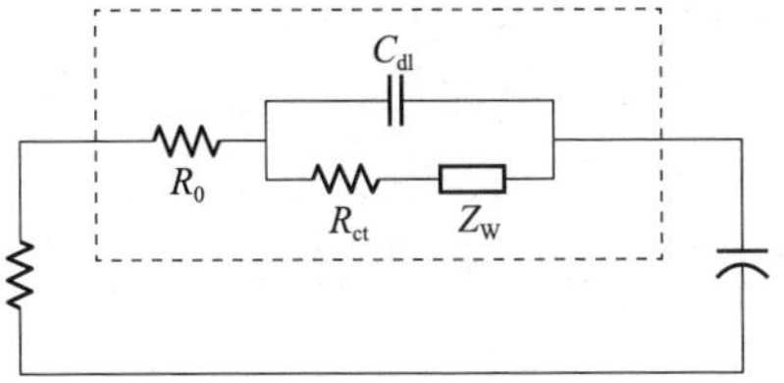

图 7 - 2 Randles 等效电路模型

基于模型的故障诊断通过检测模型预测输出与量测输出的残差信号进行判断，当残差信号保持在 0 附近认为无故障发生，当残差信号出现较大偏离时认为有故障出现，如图 7 - 2 所示。如果模型参数能够反映系统是否发生故障，则通过在线参数辨识，检测参数是否突变，也可以完成故障诊断。经典的内短路诊断通过计算卡尔曼滤波估计的电池荷电状态和基于安时积分估计的 SOC 之间的残差进行判断，使用检测到故障后的一段时间内 SOC 变化的差异估计等效内短路电阻或等效内短路电流。前种 SOC 估计通过电压修正，能较准确反映内短路电池 SOC，而安时积分仅使用负载电流计算 SOC，忽略了内短路电流的影响，因此会在时间累计下出现差异。这一方法常采用阈值判断内短路是否发生。Banaei 等在经典方案基础上使用递归最小二乘算法和中值滤波算法估计等效内短路电流，准确性和稳定性有所提升。进一步地，Moebes 等优化了状态空间方程结构，消除了老化引起的容量变化对估计精度的影响。Kim 等在充电和放电过程中循环估计电池容量，并基于容量变化估计等效内短路电阻，实验证明其对微短路有较好的估计精度（短路电阻为 151Ω，误差为 14%）。针对串联电池组，清华大学欧阳明高等将经典算法中通过安时积分得到的 SOC 参考值替换为对模组中的参考电池（如中位电池等）在线估计得到的 SOC。值得注意的是，以上方法均未充分实现内短路电流的同步估计，内短路检测与程度估计之间往往存在时间间隔。

1. 状态估计方法

滤波器和观测器，如卡尔曼滤波器，用于电池状态估计，以提取系统可观测或部分可观测时的故障特征。在数学模型的帮助下，将测量信号重建为新的可测量变量后，将估计值与真实值进行比较，并生成残差序列。然后，将获得的残差信号与给定的阈值进行比较，并根据比较结果或一些相应的评估规则来确定系统是否存在故障。

LIB 的状态变量主要包括 SOC、能量状态和极化电压。LIB 的内部状态可以通过可测量的外部信号来评估，包括端子电压和电流。欧阳明高等已经使用扩展卡尔曼滤波器通过对电流和端子电压的测量估计电池之间的平均 SOC 和 SOC 差异。实验结果表明，SOC 差值的估计精度较高，研究者在此基础上提出并验证了一种在线微短路诊断方法。LIB 的热失效一直是最关键的故障之一。当 LIB 工作时，发热量与内阻值成正比。Wei 等建立了一个电热耦合模型描述电池的电学和热学动力学，并应用李雅普诺夫观测器监测开路电压，采用卡尔曼滤波器评估电池表面温度的动态变化。验证了该方案能够有效地抑制模型和信号测量的不确定性。

基于状态估计的故障诊断的成功取决于建立准确的电池模型。综合利用系统的结构、功能、行为和其他特征实时检测突发故障。然而，由于电池动力学的高度非线性和复杂性，开发一个精确的数学模型在实际中具有挑战性。

2. 参数估计法

LIB 失效通常伴随着反映物理特性的异常参数。基于电池参数估计的故障诊断方法通常包括三个步骤：①识别相关参数；②分析演变特征；③与电池正常运行的参数值进行比较。与状态估计不同，参数估计方法不需要计算残差序列，在有效故障分离和容错控制方面具有一定的优势。还可以将状态估计方法与非线性系统的诊断补充，以提高诊断性能。

广泛使用的参数估计方法包括递归最小二乘法、粒子滤波器和遗传算法。潘等在 ISC 存在问题时，使用递归最小二乘法在线检测故障单元作为解决方案。粒子滤波被设计用于容量估计和剩余寿命预测。冯等将参数和状态估计相结合用于诊断对电池安全构成重大威胁的自发 ISC。从测量的电压和温度转换欧姆热阻和 SOC，以分别反映异常发热和过度的容量消耗，并计算了有助于确定可能的 ISC 故障的已识别欧姆热阻和估计 SOC 的偏差。结果表明，该方法可以在热失控发生前 30min 以上实现成功报警。

3. 奇偶空间法

奇偶空间方法是由 Chow 和 Willsky 在 20 世纪 80 年代初提出的，如图 7－3 所示。该方法的本质是比较实际系统和数学模型中输入和输出数据之间的冗余关系。LIB 的电压、电流和温度之间的分析冗余关系为动态方程和残差向量生成提供了基础。当 LIB 系统发生故障时，上述一致性关系不再有效，动态方程产生的残差也会相应变化，从而实现故障检测。奇偶空间方法只涉及求解低复杂度的线性方程组或线性优化问题。因此，该方法已广泛应用于车辆 BMS 领域。这种方法的一个限制是应用于非线性系统时精度会降低。

7.3.3 信号处理法

信号处理是故障诊断中最重要的步骤之一。对于一些直观的数据，基于信号处理的方法可以理解为设置阈值，超过该阈值，LIB 将被诊断为故障。对于一些直接处理复杂或与电池故障相关性低的其他信号，可以首先从原始信号中提取健康指标。接下来，可以建立健康指标和电池故障之间的关系。小波变换和阻抗谱分析都是常用的信号处理方法。基于信号处理的诊断方法的一个主要优点是不需

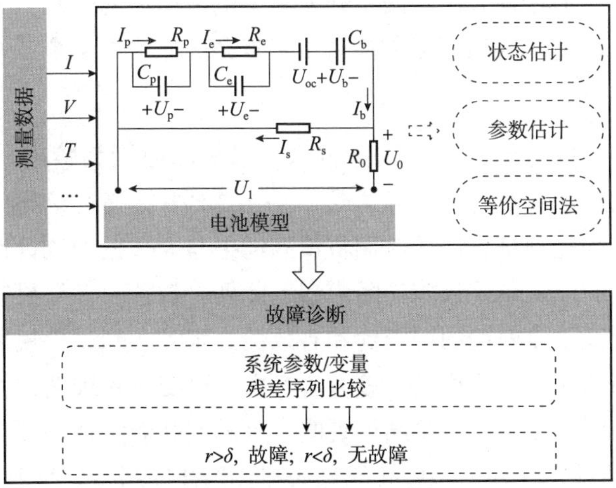

图 7－3 奇偶空间流程图

要电池系统的精确数学模型，从而节省了与模型开发相关的时间和成本。

小波变换在噪声抑制方面具有很高的性能，可以通过低通或高通滤波器对信号进行分解，以获得不同频率范围内的详细信息。故障将通过信号的突然变化来进行检测。在新能源车辆的实际运行中，由于电磁干扰、路况、驾驶习惯等因素，噪声电压或电流测量可能会导致误报。Yao 等提出使用小波变换抑制电压测量中的噪声。以 LIBs 的电压信号为初始参考值，利用离散小波分解和重构对原始数据进行处理，经过多层滤波，可以消除仪器精度和测量过程中的噪声影响。然后，基于滤波后的数据，提取包括电压差、协方差和方差在内的特征参数进行诊断。这种方法不仅可以检测和定位故障，而且可以根据曲线的波动评估故障的紧迫性。小波变换方法的一个关键优点是，因为只需要电压信号，适用于许多应用领域。为了进一步提高性能，小波变换方法可以与神经网络等数据挖掘算法相结合，以捕捉复杂的故障模式。

电化学阻抗谱可以提供关于电池内部降解机制的丰富电化学信息。Zhang 等收集了 2 万多个 LIBs 在不同 SOH、SOC 和温度状态下的 EIS 光谱，并将其用作估计 RUL 的关键指标。在三种不同的恒定温度下，所提出的方法是使用单个阻抗测量来估计电池容量和 RUL。通常，需要额外的高精度设备，如电化学站，获得 EIS 光谱，这是限制该方法在线使用的主要原因。

7.3.4 数据驱动法

数据驱动的方法不需要电池系统的精确数学模型。通过使用数据挖掘或机器学习算法处理大量历史数据检测系统的故障。尽管数据的收集和建立故障规则的训练过程很耗时，但这种方法克服了开发复杂电池模型的困难，尤其是物理驱动的电化学模型。因此，数据驱动方法适用于复杂的非线性系统。

1. 神经网络法

神经网络方法以电池测量数据为输入，以故障原因为输出。Zhao 等提出了一种基于数据的电池系统智能诊断方法。采用 3σ 多级筛选策略，以概率的方式进行故障检测。神经网络算法的应用将检测结果与大数据的统计调节相结合，有利于建立更完整的电池系统故障诊断模型。此外，数学验证结果表明，应用局部异常因子算法验证了该模型的可靠性和有效性。张等。利用长短期记忆结构建立了电池故障诊断的深度学习模型。该方法考虑了可变输入维度，并对预测结果进行了自适应时间序列预测。实验结果表明，该模型既能实现多步超前预测，又能实现长期 SOH 估计。此外，一些智能算法和各种神经网络分类器也被应用于 LIB 的故障诊断。

2. 支持向量机

SVM 是一种广义线性分类方法，通过建立支持向量将故障数据与正常数据分离。Yao 等提出了一种基于网格搜索 SVM 的 LIB 智能诊断过程。惩罚因子和核函数的优化使得故障识别更加有效，网格搜索方法的嵌入也提高了准确性和鲁棒性。在 Feng 等提出的在线 SOC 估计方法中，采用了基于支持向量机的预测诊断模型。图 7－4 显示了支持向量机模型的建立。在收集了实验测量的充电数据(如电压)后，通过线性规划方程确定了反映 LIB 固有特性的支持向量。随后确定了不同 SOH 条件下细胞的 SVM 的机器系数。SVM 训练完成后，将充电曲线与存储的 SVM 进行比较，最终实现快速在线诊断。

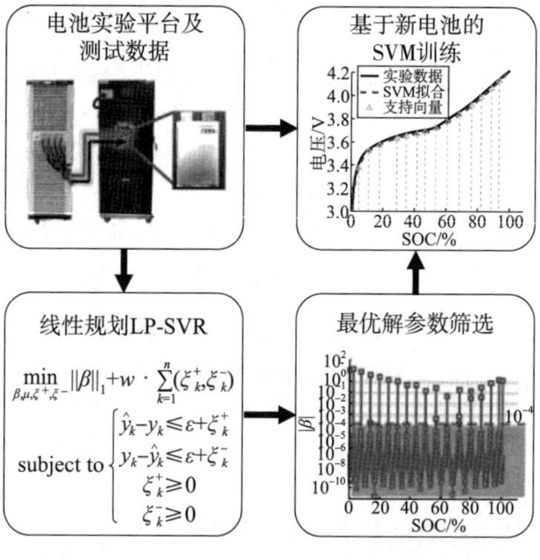

图 7－4　基于 SVM 的故障诊断流程图

3. 模糊逻辑

基于模糊逻辑的方法使用模糊集和模糊规则建立故障原因和故障现象之间的关系。WU 等研究了 LIB 的外部特征和内部化学机制之间的联系，以建立诊断系统。在所提出的系统中，使用模糊逻辑综合分析几种故障类型的特征，包括过热、低温、过充电和过放电。LIB 不同故障症状之间的相互作用对于故障识别和隔离非常重要。如果将模糊数学与其他方法相结合，如贝叶斯网络，则可以将输入数据转换为模糊规则下故障症状的隶属度形式，这可以降低诊断的不确定性。

4. 故障树分析

故障树分析描述了可能导致故障或不良后果的系统路径。该方法是自上而下的方法，起点是故障或意外事件，然后向下解析以显示意外事件的原因。与上述三种方法相比，故障树分析方法由于易于实现和适用于低复杂度的系统而得到更广泛的应用。然而，当涉及复杂系统时，故障树有限的处理能力不足以捕捉故障的复杂影响。为了降低电池充电的风险，Gao 等[600]分析了包括动力电池、供电设备和充电桩在内的各种系统组件的安全机制，然后建立了用于在线故障诊断的多级集成故障树。电池故障判断模块包括 SOC 监测、SOH 估计和热失控预测。

7.4 锂离子动力电池测试方案

作为电池关键数据的来源，合理高效的测试方案在电池管理算法的开发的过程中发挥着重要作用。根据不当充电劣化诊断方法研究的需要，所制定的测试方案中应当包含能够反映正常电池与不当充电后电池特性的试验。而为了支撑内短路检测方法的开发与验证，能够模拟电池内短路特性的试验同样不可或缺。

7.4.1 锂离子动力电池不当充电劣化试验

试验用于模拟不当充电的情况并得到劣化后的电池。在本研究中，考虑过充电及低温大倍率充电循环两种情况。对于所选用的该款三元锂离子电池，在前期的试验中，对 4 个电池单体在进行不同程度过充电后，电池容量及电化学阻抗谱的测试结果分别如图 7－5 及图 7－6 所示。

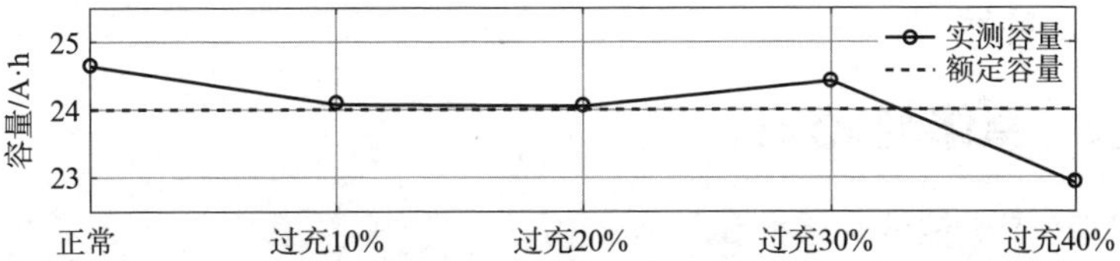

图 7－5　不同过充电程度后电池的容量

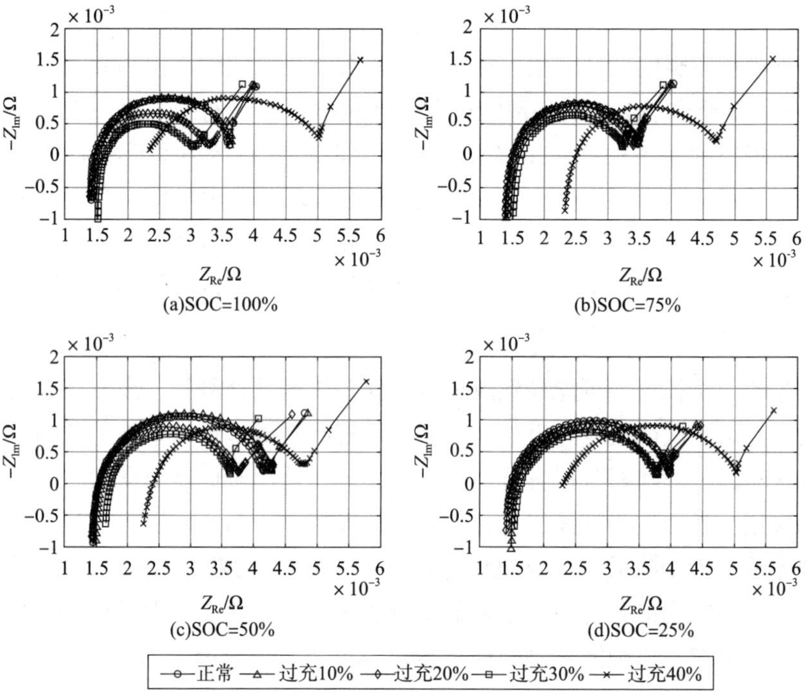

图7－6　不同过充电程度电池的 EIS 阻抗谱

图7－5显示，随着过充电程度的增加，电池容量的衰减变化并非线性，而是在超过一定程度后(此款电池为40%)发生骤降，表明过充电所引发的副反应加剧，严重影响电池特性。图7－6则给出的不同过充程度电池在各SOC下测量的EIS结果，电池的阻抗突变同样发生在过充40%的电池上。由此可见，对于该款电池而言，过充电量超过40%将造成严重的危害，电池特性大受影响，性能劣化。

因此，在过充电劣化试验中，首先对电池标准恒流恒压充电至100% SOC，然后以1/2C的倍率恒流充入40% SOC的电量。将过充后的电池放电至正常SOC范围后，标记为劣化状态，进行一轮特性试验以获取劣化后电池的特性。

在此基础上，进一步通过在低温环境(5℃)下的多次大倍率循环，使得电池劣化程度加剧，标记为严重劣化状态，并再次进行电池基础特性试验，获取严重劣化后电池的特性。

7.4.2　具体测试流程

三元锂离子电池的具体测试流程如下。

为支撑三元锂离子电池不当电池劣化及内短路诊断方法的开发与验证，本节制定了如图 7 - 7 所示的三元锂离子电池测试流程。共挑选同一批次且一致性较好的 3 个单体电池参与测试，并分别标号为 NCM1、NCM2 及 NCM3。其中，电池 NCM3 将依次经历不当充电试验(过充电及低温大倍率)，并进行内短路模拟试验；而电池 NCM1 及 NCM2 将主要进行内短路模拟试验，包括电特性模拟试验及电 - 热特性模拟试验，在动态工况(DST 或 FUDS 工况)下触发短路。

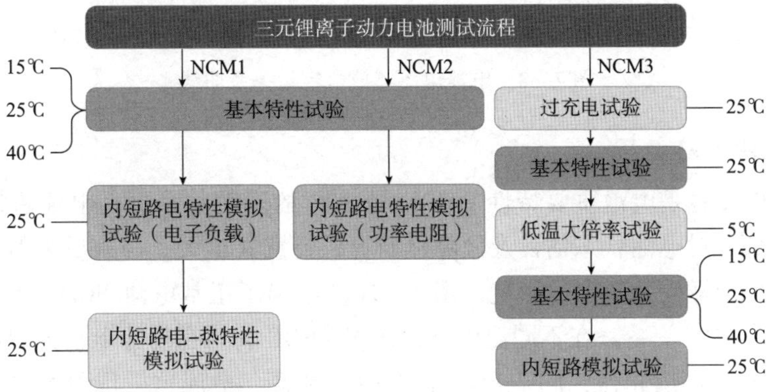

图 7 - 7　三元锂离子电池测试流程图

7.4.3　试验结果与分析

本节将主要展示三元锂离子电池在正常条件下与不当充电后的特性试验结果，以反映电池在劣化后特性的变化。

1. 电池最大可用容量

最大可用容量作为电池关键特性之一，直接决定电池能够储存/释放的总能量大小。而温度往往是影响电池容量的重要因素，也是限制电池能量释放的主要原因。图 7 - 8(a)给出不同环境温度下正常电池 NCM1 的电压与放电容量间的关系。由图 7 - 8 可以看出，温度越低时，电池将更快到达下截止电压，最大可用容量越低。这是因为低温条件下电解液黏度增大，导电率下降，极化现象加剧。尽管为避免对电池造成伤害，在 15℃时的放电倍率为 1/2C，但这并不影响“温度越低，容量越低”这一结论的得出。

除此之外，不当充电也将使电池容量受到巨大影响。图 7 - 8(b)则给出了 25℃下，正常电池 NCM1 及劣化电池 NCM3 的放电容量情况。结果显示，经历过充电的电池 NCM3 在容量上较 NCM1 有一定的减少，而进一步的低温大倍率则使得 NCM3 的容量发生了更为严重的衰减。这可能是因为低温大倍率充电下的析锂或二次 SEI 膜生成造成了可循环锂的损失。

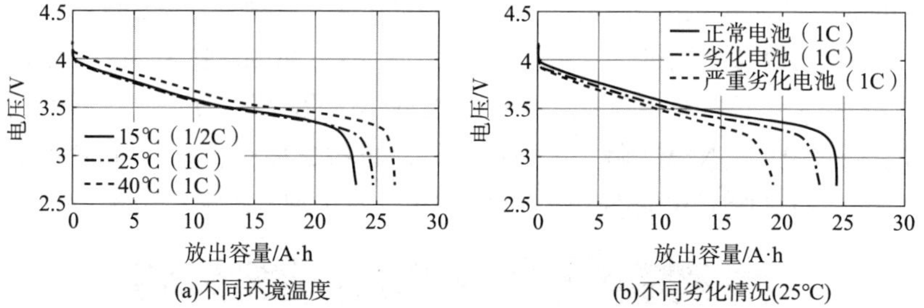

图 7－8　电池电压与放电容量关系曲线

2. 电池开路电压

开路电压也是电池重要特性，OCV 与 SOC 的映射关系更是电池建模中不可或缺的部分，对电池状态估计及故障诊断等研究意义重大。与容量类似，OCV－SOC 关系也同样受到温度的影响。图 7－9(a)给出了正常电池 NCM1 在不同温度下的 OCV－SOC 关系。在不同温度下，OCV－SOC 关系在趋势上较为相近，但在低 SOC 区间，温度越低，同一 SOC 下的 OCV 越高。造成这一现象的原因一方面可能是电池自身的电极电势随温度发生变化，另一方面也可能是低温条件下内阻增大而使得电池更快到达截止电压，造成放电不完全。

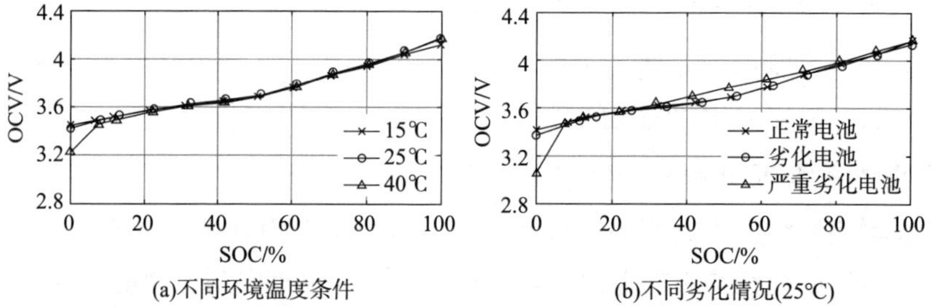

图 7－9　电池 OCV－SOC 关系

而图 7－9(b)则显示了正常电池 NCM1 与劣化电池 NCM3 的 OCV－SOC 关系的差异。NCM3 在过充电后 OCV－SOC 关系与 NCM1 的差异并不明显，但在进一步的低温大倍率充放电后，NCM3 的 OCV－SOC 则发生了较大的偏移。这充分说明了不当充电过程会造成 OCV－SOC 关系的变化而严重影响电池性能，同时也使得电池管控策略可能不再适用，给电池的运行带来风险。

3. 电池欧姆内阻

欧姆内阻则是影响电池功率性能及产热特性的重要因素。一种粗略地获取电池欧姆内阻的方式，是通过脉冲电流激励造成电池的压升或压降，从而利用脉冲瞬间的压差与脉冲电流，根据欧姆定律进行计算。在本小节中，基于 HPPC 测试数据，对电池在不同条件下的欧姆电阻进行了粗略的计算。图 7 - 10(a) 给出了正常电池 NCM1 在不同温度及 SOC 下的欧姆内阻。由于温度显著影响电池内部各材料的电导率以及离子扩散等过程，随着温度的升高，电池内阻将显著下降。此外，在低 SOC 区间电池往往具有更大的内阻。

图 7 - 10(b) 则显示了，不当充电同样会造成电池内阻的变化，使电池性能劣化。需要指出，对于大容量电池，测试中的接触电阻可能会对结果造成一定影响。

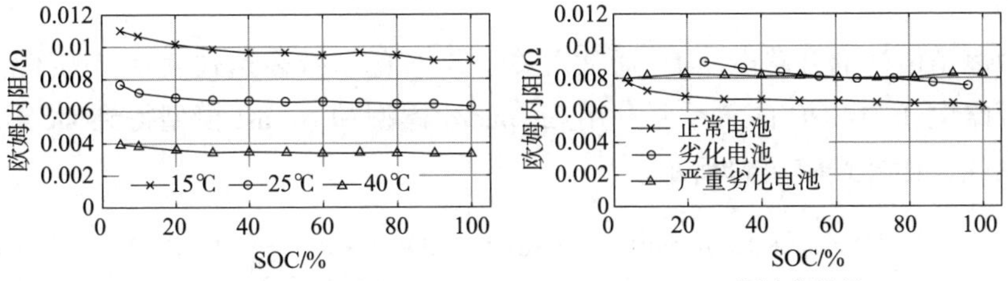

(a)不同环境温度条件　　(b)不同劣化情况(25℃)

图 7 - 10　电池欧姆内阻

7.5　基于多模型的状态估计框架

7.5.1　电池模型的搭建

当前，用于估计 SOC 的模型有 Rint 模型，RC 网络模型以及 PNGV 模型。根据实际应用中，RC 网络的模式是最普遍。本节选取常用的 RC 模型：Thevenin 模型和 DP 模型进行分析。模型结构如图 7 - 11 所示。

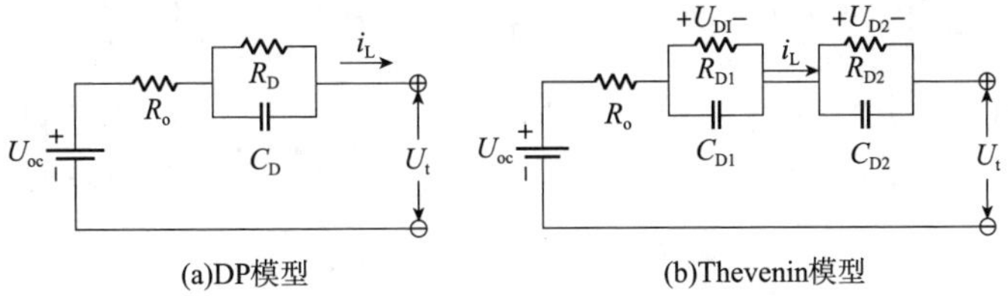

(a)DP模型　　(b)Thevenin模型

图 7 - 11　不同 RC 的电池模型结构图

根据基尔霍夫定律，图 7 - 11(a) 和 (b) 的电路模型方程分别设定为公式(7 - 2)和公式(7 - 3)：

$$\begin{cases}\dfrac{\mathrm{d}U_d}{\mathrm{d}k} = -\dfrac{U_d}{C_d R_d} + \dfrac{i_L}{C_d} \\ U_L = U_{oc} - U_d - R_0 i_L\end{cases} \tag{7-2}$$

$$
\begin{cases}
\dfrac{\mathrm{d}U_{\mathrm{d}}}{\mathrm{d}k} = -\dfrac{U_{\mathrm{d}}}{C_{\mathrm{d}}R_{\mathrm{d}}} + \dfrac{i_{\mathrm{L}}}{C_{\mathrm{d}}} \\
\dfrac{\mathrm{d}U_{\mathrm{c}}}{\mathrm{d}k} = -\dfrac{U_{\mathrm{c}}}{C_{\mathrm{c}}R_{\mathrm{c}}} + \dfrac{i_{\mathrm{L}}}{C_{\mathrm{c}}} \\
U_{\mathrm{L}} = U_{\mathrm{oc}} - U_{\mathrm{d}} - U_{\mathrm{c}} - R_0 i_{\mathrm{L}}
\end{cases} \tag{7-3}
$$

式中，U_{oc}表示模型的开路电压，R_0表示内阻；U_{t} 表示电池的终端电压；R_{d}和C_{d}表示 LIB 的电化学极化电阻和极化电容；R_{c}和 C_{c}分别表示浓度极化电阻和极化电容。

锂离子电池的开路电压 U_{oc}通常由关于 SOC 的函数表达式表示，为了精准地表征开路电压与 SOC 的关系，利用 Shepherd 模型和 Nernst 模型得到 OCV – SOC 的关系式，如公式(7 –4)所示。

$$
U_{\mathrm{oc}} = a_0 + a_1\ln(\mathrm{SOC}) + a_2\ln(1-\mathrm{SOC}) + a_3\frac{1}{\mathrm{SOC}} + a_4\mathrm{SOC} \tag{7-4}
$$

式中，a_0，a_1，a_2，a_3，a_4 为辨识系数。

根据安培 – 小时积分法对电池的 SOC 进行离散化处理得到：

$$
\mathrm{SOC}_k = \mathrm{SOC}_0 - \frac{\int_0^k \eta_i i_{\mathrm{L}}(k)\,dk}{C_n} \tag{7-5}
$$

式中，C_n 为额定容量，η_i 为库伦效率，k 为采样时刻。

以图 7 –11(b)中的等效电路模型为例，结合公式(7 –4)和公式(7 –5)可得到如下状态方程公式(7 –6)和空间方程公式(7 –7)：

$$
x(k+1) = \begin{bmatrix} 1 & 0 & 0 \\ 0 & \exp\left(-\dfrac{T}{\tau_{\mathrm{c}}}\right) & 0 \\ 0 & 0 & \exp\left(-\dfrac{T}{\tau_{\mathrm{d}}}\right) \end{bmatrix} x(k) + \begin{Bmatrix} -\dfrac{\eta T}{Cn} \\ R_{\mathrm{c}}\left[1-\exp\left(-\dfrac{T}{\tau_{\mathrm{c}}}\right)\right] \\ R_{\mathrm{d}}\left[1-\exp\left(-\dfrac{T}{\tau_{\mathrm{d}}}\right)\right] \end{Bmatrix} i_{\mathrm{L}}(k) + w(k) \tag{7-6}
$$

$$
U_{\mathrm{L}}(k) = U_{\mathrm{oc}}(k) - U_{\mathrm{c}}(k) - U_{\mathrm{d}}(k) - R_0(k)i_{\mathrm{L}}(k) + v(k) \tag{7-7}
$$

其中 $\tau_{\mathrm{c}} = R_{\mathrm{c}}C_{\mathrm{c}}$，$\tau_{\mathrm{d}} = R_{\mathrm{d}}C_{\mathrm{d}}$，为时间常数，$x = [\mathrm{SOC},\ U_{\mathrm{c}},\ U_{\mathrm{d}}]$，将其改写成一般式，可得：

$$
\begin{cases}
f(x_k,\ i_k) = A_k x_k + B_k x_k + w_k \\
g(x_k,\ i_k) = C_k x_k - R_{0,k} x_k + v_k
\end{cases} \tag{7-8}
$$

其中 $A_{x,k}=\dfrac{\partial f}{\partial x_k}=\begin{bmatrix}1 & 0 & 0\\ 0 & \exp\left(-\dfrac{T}{\tau_{c,k}}\right) & 0\\ 0 & 0 & \exp\left(-\dfrac{T}{\tau_{d,k}}\right)\end{bmatrix}$，$B_{x,k}=\begin{Bmatrix}-\dfrac{\eta T}{C_{\mathrm{a}}}\\ R_{\mathrm{c},k}\left[1-\exp\left(-\dfrac{T}{\tau_{\mathrm{c},k}}\right)\right]\\ R_{\mathrm{d},k}\left[1-\exp\left(-\dfrac{T}{\tau_{\mathrm{d},k}}\right)\right]\end{Bmatrix}$，

$C_{x,k}=\dfrac{\partial g}{\partial x_k}=\left[\dfrac{\partial U_{\mathrm{oc},k}}{\partial x_k}\ -1\ -1\right]$。

虽然基于 Thevenin 模型以及 DP 模型 SOC 估计方法得到了广泛的应用，但精度和可靠性仍然可以提高。此处利用扩展卡尔曼滤波方法，研究了 Thevenin 模型以及 DP 模型下的 SOC 估计结果，图 7－12 给出了 SOC－OCV 拟合曲线和 SOC 估计误差图。

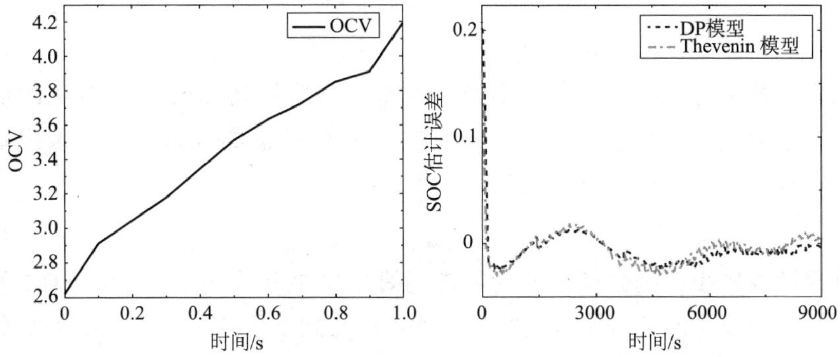

(a)拟合曲线　　(b)DST工况下的估计误差

图 7－12　SOC－OCV 拟合曲线和 SOC 估计误差

从图 7－12(b) 中可以看到，在工况初期 0～5000s 区间，DP 模型的估计误差较小。当工况进行到 7500s，Thevenin 模型的估计结果与真实 SOC 较为接近。之后至工况结束最优的 SOC 估计结果又切换至由 DP 模型得到的。综上所述，模型的差异影响着 SOC 的估计精度。为了提高 BMS 的冗余性以及可靠性，基于多模型的 SOC 估计方法应当被提出。

7.5.2　多模型融合的 SOC 估计

由图 7－12 的分析可以看出，基于单一模型的 SOC 估计方法并不是在整个电池工作区段内都能够保持最优估计值，本章提出基于多模型融合的估计框架，包括数据采集、SOC 估计方法和 SOC 融合计算。如图 7－13 所示。

如图 7－13 所示，将所测电压和电流作为系统的输入端，对选用的两个 ECM 的参数 $\theta=[a_0,\ a_1,\ a_2,\ a_3,\ a_4]$ 利用 FFRLS 方法进行参数辨识。然后基于本节

选用的滤波算法分别获得模型的荷电状态估计值 $SOC_{1,2}$ 和端电压估计值 $\widehat{U}_{1,2}$ 传送到数据中心。基于融合规则，应用估计的端电压计算不同模型的权重值 $\boldsymbol{\omega}$。最终，SOC 融合估计结果是将各个模型估计结果的加权和并反馈至各模型用以作为下一时刻状态估计的初始值。融合估算规则如下：

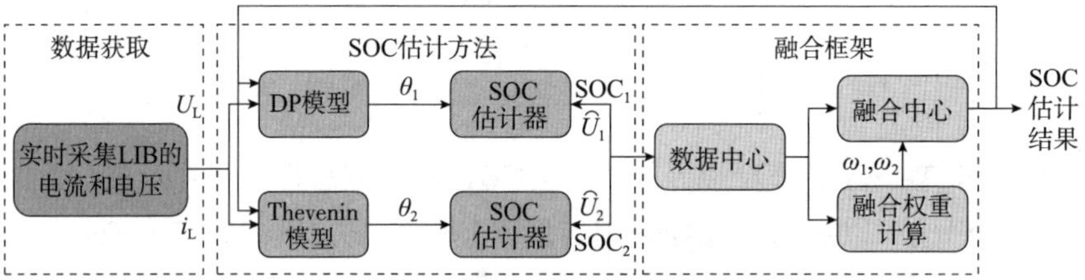

图 7－13　锂离子电池荷电状态多模型融合估计框架

$$\begin{cases} SOC_{fusion,k} = \omega_1 SOC_{1,k} + \omega_2 SOC_{2,k} \\ \omega_1 + \omega_2 = 1 \end{cases} \tag{7-9}$$

根据融合中心规则，在各模型经过状态观测器得到 SOC 与端电压的估计值后，到了融合估计的核心步骤确定各模型 SOC 估计值的权重。本章采用基于残差特性的概率方法计算权重。残差定义如下：

$$r_k = U_t(k) - \widehat{U}_t(k) \tag{7-10}$$

如果该值较小，则模型被认为能够与真实电池相吻合，估计的 SOC 可信度较高。将不同模型的端电压残差归一化就可以得到基于残差归一化的模型概率密度函数：

$$f[U_t(k) \mid H_i] = \frac{1}{(2\pi)^{1/2} Q_i^{1/2}} \exp\left[-\frac{1}{2} \lambda_i^T(k) Q_i^-(k) \lambda_i(k) \right] \tag{7-11}$$

H_i 表示第 i 个估计器的参数集，Q_i 表示第 i 个估计器对应的过程噪声方差。根据贝叶斯理论，得到测量值为 $U_t(k)$ 时的权重：

$$\omega_j = P[H_j \mid U_t(k)] = \frac{f[U_t(k) \mid H_i] P(H_j)}{\sum_{i=1}^{2} f[U_t(k) \mid H_i] P(H_i)} \tag{7-12}$$

式中，$P(H_i)$ 是第 i 个滤波器参数集有 H_i 确定的概率。

由贝叶斯理论可以得到：

$$P[H_i \mid U_t(k-1)] = \frac{P[U_t(k-1) \mid H_i] P(H_i)}{P[U_t(k-1)]} \tag{7-13}$$

结合公式(7－12)和公式(7－13)，每一个估计器对应的权重可以重新定义为：

$$\omega_j = P[H_j \mid U_t(k)] = \frac{f[U_t(k) \mid H_i] P[H_j \mid U_t(k-1)]}{\sum_{i=1}^{2} f[U_t(k) \mid H_i] P[H_j \mid U_t(k-1)]} \tag{7-14}$$

7.5.3　改进的卡尔曼滤波算法

为了实现基于多模型框架的锂离子电池状态的准确估计，采用改进的自适应无迹卡尔曼滤波器估计 SOC。一般式如公式(7－8)所示，具体步骤如下。

(1)初始化状态向量 x_0、协方差矩阵 P、过程噪声方差矩阵 S，测量噪声方差 R：

$$\begin{cases} \hat{x}_0 = E[x(0)] \\ P = P_0 = E\{[x(0) - \hat{x}(0)][x(0) - \hat{x}(0)^T]\} \end{cases} \tag{7-15}$$

(2)计算 $2n+1$ 个 Sigma 采样点：

$$\begin{cases} \hat{x}_0 = \hat{x}(k-1 \mid k+1) \\ \psi_i = \hat{x}(k-1 \mid k+1) + (\sqrt{(n+\kappa)P_x})_i, \ i=1, \cdots, n \\ \psi_i = \hat{x}(k-1 \mid k+1) - (\sqrt{(n+\kappa)P_x})_i, \ i=n+1, \cdots, 2n \end{cases} \tag{7-16}$$

式中，参数$\hat{x}(k-1 \mid k+1)$ and P_x 分别表示采样点的平均值和方差。$\kappa = \alpha^2(L+\beta) - L$ 是用于减少总预测误差的比例参数。

(3)时间更新。状态估计更新：

$$\begin{cases} \hat{x}(k \mid k-1) = f[\psi(k-1)] = \sum_{i=0}^{2n} W_i^m x_i(k \mid k-1) \\ P(k \mid k-1) = \sum_{i=0}^{2n} W_i^c [x_i(k \mid k-1) - \hat{x}(k \mid k-1)][x_i(k \mid k-1) - \\ \qquad \hat{x}(k \mid k-1)]^T + S(k-1) \end{cases} \tag{7-17}$$

式中，W_i^m 和 W_i^c 是权值，分别定义为：

$$\begin{cases} W_i^m = \dfrac{1}{2(n+\vartheta)} \\ W_i^c = \dfrac{\vartheta}{2(n+\vartheta)}(1-\partial^2+\beta) \\ \vartheta = \partial^2(n+\zeta) - n \end{cases} \tag{7-18}$$

式中，∂ 和 ζ 是缩放比例系数，分别设置为$10^{-4} \leqslant \partial \leqslant 1$ 和 $\zeta = 3-n$。

(4)测量更新：

$$\hat{\gamma}(k \mid k-1) = g[\hat{x}(k \mid k-1)] = \sum_{i=0}^{2n} W_i^m \hat{\gamma}(k \mid k-1) \tag{7-19}$$

$$\begin{cases} P_{\hat{\gamma}_k,\hat{\gamma}_k}(k \mid k-1) = \sum_{i=0}^{2n} W_i^c [\hat{\gamma}_i(k \mid k-1) - \hat{\gamma}(k \mid k-1)][\gamma_i(k \mid k-1) - \\ \qquad \hat{\gamma}(k \mid k-1)]^T + R(k-1) \\ P_{\hat{x}_k,\hat{\gamma}_k}(k \mid k-1) = \sum_{i=0}^{2n} W_i^c [\hat{x}_i(k \mid k-1) - \hat{x}(k \mid k-1)][\hat{\gamma}_i(k \mid k-1) - \\ \qquad \hat{\gamma}(k \mid k-1)]^T \end{cases} \tag{7-20}$$

(5)卡尔曼增益计算：

$$K(k)=(P_{\hat{\gamma}_k,\hat{\gamma}_k}P_{\hat{x}_k,\hat{\gamma}_k})^{-1} \tag{7-21}$$

(6)更新误差协方差矩阵：

$$P_{xx}(k|k)=P_{xx}(k|k-1)-K(k)P_{\hat{\gamma}\hat{\gamma}}(k|k)K(k)^T \tag{7-22}$$

(7)噪声协方差矩阵更新：

$$\begin{cases}H_k=\dfrac{1}{M}\sum_{i=k-M+1}^{k}u(k)u(k)^T\\S(k)=K_kH_kK_k^T\\R(k)=H_k+C(k)P_{xx}(k|k-1)C(k)^T\end{cases} \tag{7-23}$$

式中，$u(k)$表示端电压的新息序列，定义如下：

$$u(k)=\gamma(k)-\hat{\gamma}(k|k-1) \tag{7-24}$$

传统的AUKF方法是通过固定窗口长度(M)来计算H_k。然而，噪声特性易受测量设备以及外部环境等因素的干扰，加之状态估计的不准确，均会影响H_k的计算。如果不实时调整窗口的M值，则状态估计的精度将会降低。因此，本节提出了动态窗口宽度的自适应AUKF方法，定义残差序列：

$$\xi(k)=\gamma(k)-g[\hat{x}(k+1)] \tag{7-25}$$

则相应的噪声协方差矩阵更新可以调整为：

$$\begin{cases}Q(k)=K(k)T(k)K(k)^T\\L(k)=T(k)+C(k)P_{xx}(k|k-1)C(k)^T\\T(k)=\dfrac{1}{F}\sum_{i}^{n-1}u(k-i)u(k-i)^T\end{cases} \tag{7-26}$$

式中T表示自适应窗口宽度：

$$F(k+1)=[F(k)\sum_{j=1}^{n}\frac{\hat{\xi}(j|k-1)}{|\xi(j|k)-\hat{\xi}(j|k-1)|}]/n \tag{7-27}$$

式中，$[F(k)\sum_{j=1}^{n}\frac{\hat{\xi}(j|k-1)}{|\xi(j|k)-\hat{\xi}(j|k-1)|}]$四舍五入到最接近的整数；$\hat{\xi}(j|k-1)$表示$k-1$时刻的残差均值，$\xi(j|k)$表示$k$时刻的残差序列，窗口宽度可以用公式(7-27)实现动态调节。当系统噪声较为稳定的时候，公式(7-25)变化较小，此时窗口宽度F变大，减小噪声矩阵的调整频率。否则，如果公式(7-25)变化较大，缩小窗口宽度F，提高采样频率，使噪声矩阵能接近真实特性。因此，基于改进的卡尔曼滤波算法(IAUKF)和多模型的SOC估计框架如图7-14所示。

7.5.4 基于多模型故障电池的诊断方法

尽管电池在运行过程中会受到BMS严格管理，在不确定性因素(不当的充电

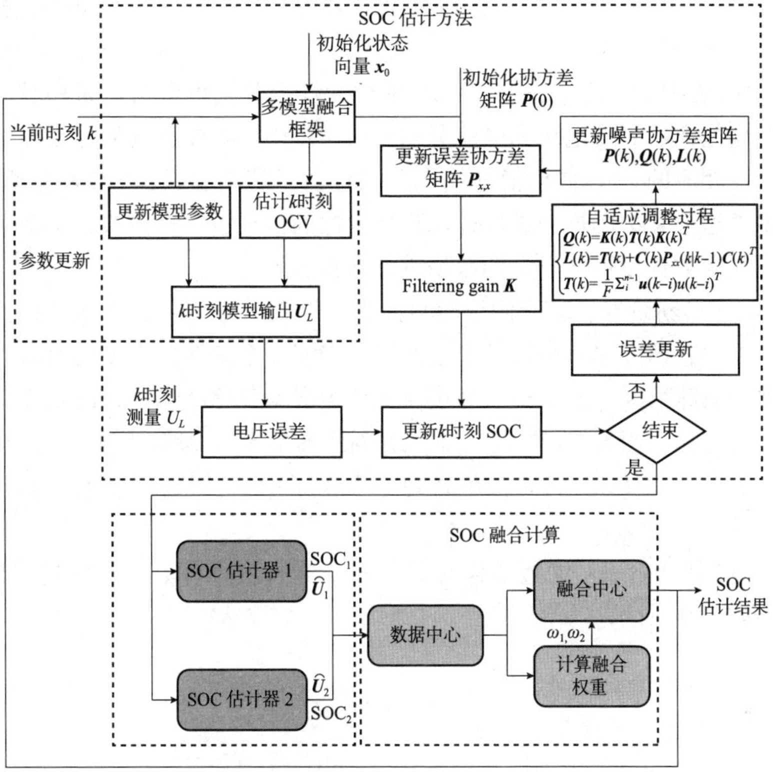

图 7－14　基于多模型和 IAUKF 的 SOC 估计框架

策略、电池不一致性等）的影响下，仍存在不当充电的现象。这不仅会导致电池性能衰退，降低 SOC 的估计精度，严重时还会给电池的安全管理带来巨大威胁。因此，对过充电池进行诊断是有必要的。为了诊断过充电池与正常电池的区别，基于第二部分建立的多模型估计框架，本章提出了基于多模型框架的故障诊断方法。如图 7－15 所示。

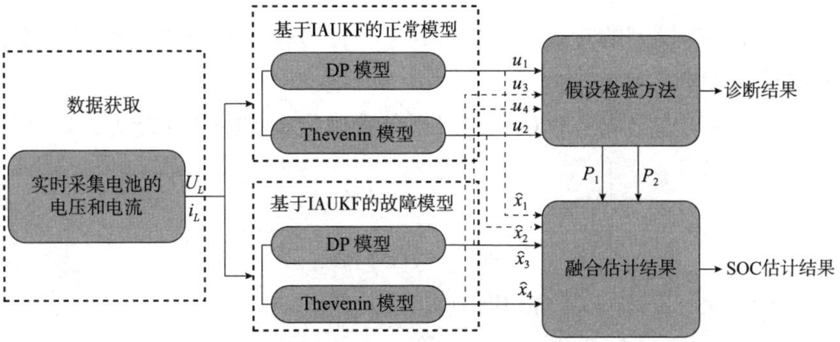

图 7－15　基于多模型框架的电池故障诊断

正如图 7－15 所示，该框架分为数据采集阶段、多模型估计框架，故障诊断阶段以及 SOC 估计阶段。

(1)多模型估计框架：将图 7－15 融合的模型分别设置为正常模型和损坏模型，将选用电池所测的电压和电流分别输入系统中，各模型滤波器独立完成估计过程，获取相应的 SOC 估计值和端电压估计值，利用公式(7－24)计算残差 u。其中正常模型框架中的模型参数选用正常电池的数据进行参数辨识，故障模型框架中的模型参数选用过充电池的数据进行参数辨识。

(2)故障诊断阶段：基于假设检验方法，也就是图 7－15 中融合计算框架中的权重计算法，该方法是衡量各模型滤波器与实际系统匹配程度的有效方法。为跟踪电池的故障情况，假设检验算法需要持续根据各滤波器生成的残差信号对匹配程度进行计算。当设置的模型与输入系统匹配良好，那么通过公式(7－12)计算的权重 P 将收敛于 1，否则概率将趋近于 0。因此，可通过模型概率达到故障诊断的目的。

(3)SOC 估计阶段：通过融合概率将 SOC 进行融合计算，计算过程如图 7－15 和公式(7－9)所示。

7.6 案例分析

本节选取容量为 2.2A·h 的 NCM 锂离子电池在正常条件下与过充电条件下的特性实验结果。该电池的额定电压和下截止电压分别为 3.7V 和 2.7V。实验平台包括一台上位机，电池充放电测试系统、可编程温度箱(DGBELL)、NEWARE 设计的连接 BTS 的硬件和和测试单元组成。实验测试通过上位机控制系统采集电池的电流、电压和温度，可编程温度箱用来控制环境温度，此次实验电池的环境温度设置为 25°C。

1. DST 条件下的 SOC 估计

为了验证所提模型的有效性，将 LIB 电池在 DST 工况下进行测试，测试的电流和 SOC 曲线如图 7－16 所示。

同时，采用均方根误差和最大绝对误差来确定模型的估计能力，定义如下：

$$\begin{cases} y_{\mathrm{RMSE}} = \sqrt{\dfrac{1}{n}\sum_{k-1}^{n}(y_{1,k} - y_{2,k})^2} \\ y_{\mathrm{MAE}} = \max|y_{1,k} - y_{2,k}| \end{cases} \tag{7－28}$$

式中，$y_{1,k}$和 $y_{2,k}$分别表示实际值和估计值。

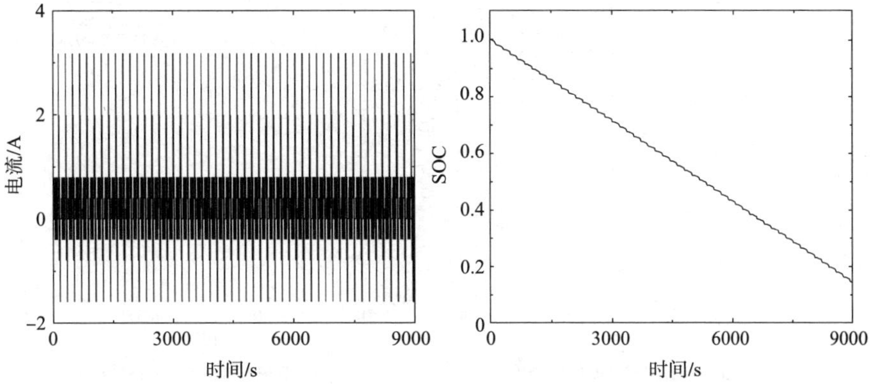

(a)电流 (b)SOC

图 7 - 16 DST 工况下电池数据采集

图 7 - 17 展示了不同模型在 DST 工况下的 SOC 估计图以及相应的估计误差。其中绿线、紫线和蓝线分别代表 DP 模型、Thevenin 模型和所提模型的估计结果。为了验证算法的鲁棒性，将初始 SOC 值设置为 0.8，从图 7 - 17 和表 7 - 1 表明，三种方法估计的 SOC 都可以收敛到实际值。其中基于 DP - AUKF 方法估计 SOC 的 RMSE 和 MAE 分别为 1.74% 和 2.47%，基于 Thevenin - AUKF 方法估计 SOC 的 RMSE 和 MAE 分别为 1.93% 和 2.84%，而基于所提模型 - AUKF 方法估计 SOC 的 RMSE 和 MAE 分别为 1.68% 和 1.61%，相比前两种类型的方法，所提方法估计精度分别提升了 41.2% 和 43.3%，模型的稳定性分别提升了 26.4% 和 33.7%。实验结果表明，所提模型在所有指标上均优于单一模型的估计策略，从图 7 - 17(a) 中的放大图可以明显看出，所提模型估计的 SOC 更贴近于实际值，验证了所提算法的有效性。

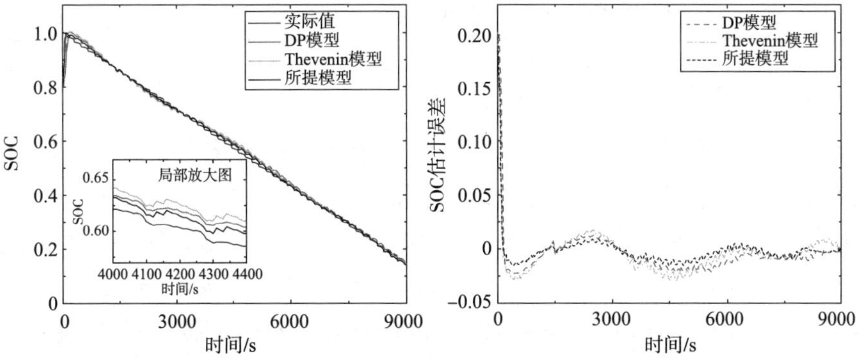

(a)SOC估计结果 (b)SOC估计误差

图 7 - 17 基于不同模型的估计结果和相应的误差

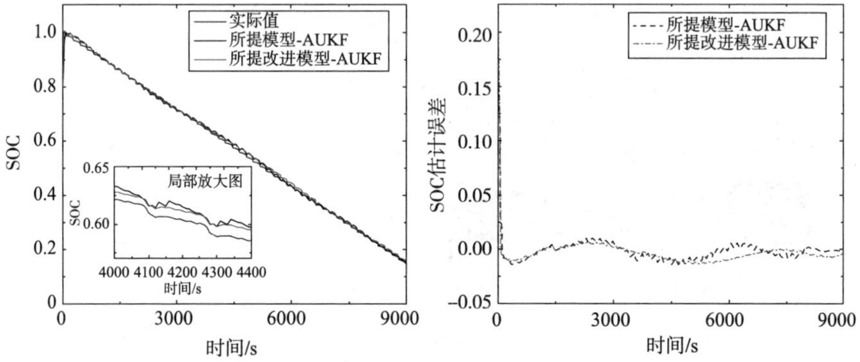

(c)改进AUKF的SOC估计结果　　(d)改进AUKF的SOC估计误差

图 7－17　基于不同模型的估计结果和相应的误差(续)

然而，由于传统的 AUKF 算法是利用固定窗口法则更新状态估计值，会因工况、噪声等外界因素的干扰会降低滤波精度。因此，本节改进了滤波算法的自适应过程，利用残差来调整窗口宽度大小，并结合所提模型实现 SOC 估计。如图 7－17(c)～(d)和表 7－1 所示，可以清晰地看到所提算法的优越性，SOC 估计误差从 1.61% 降至 1.22%，模型的稳定性也从 1.68% 变至 1.02%。实验结果表明，基于改进的算法，SOC 估计的准确性得到了全面提升。

表 7－1　DST 循环下的 SOC 估计特性　　%

统计参数	模型	MAE	RMSE
SOC	DP－AUKF	2.47	1.74
	Thevenin－AUKF	2.84	1.93
	所提模型－AUKF	1.61	1.68
	所提改进模型－IAUKF	1.22	1.02

2. BJDST 条件下的 SOC 估计

为了进一步验证所提算法的估计能力，LIB 在 BJDST 条件下进行测试，这是测试电池的另一个工作条件。测试的电流和 SOC 曲线如图 7－18 所示。

同样地，尽管 SOC 的初值不确定，不同模型估计的 SOC 都可以收敛于实际值。基于所提模型－AUKF 方法估计 SOC 的 MAE 和 RMSE 分别为 1.86% 和 1.34%，相比 DP－AUKF 方法和 Thevenin－AUKF 方法，SOC 估计精度 MAE 分别提升了 36.7% 和 41.7%，模型的稳定性 RMSE 分别也提升了 36.5% 和 33.7%，实验结果指出所提方法的估计能力得到了改善。从图 7－19(c)和表 7－2 可知，相比所提模型－AUKF 方法的估计能力，基于改进的 IAUKF 算法可以进一步提升

SOC 的估计精度。基于 IAUKF 估计的 SOC 的 MAE 和 RMSE 分别为 1.13% 和 0.97%，与上述方法相比，所提算法的有效性和高精度性得到了验证。

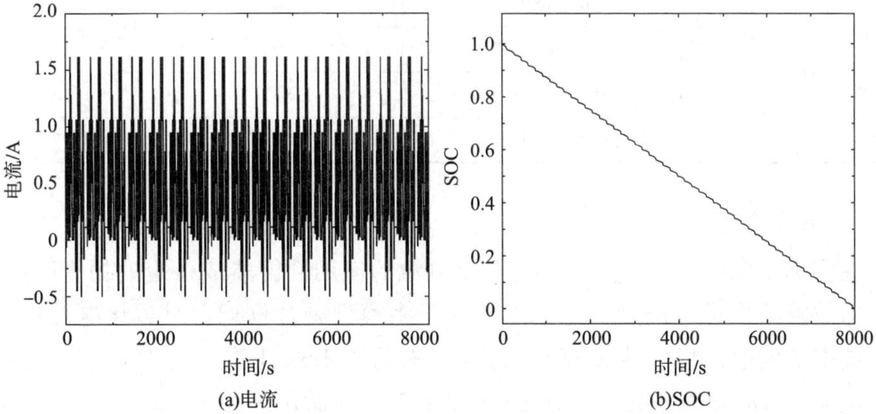

图 7－18　BJDST 工况下的电池数据采集

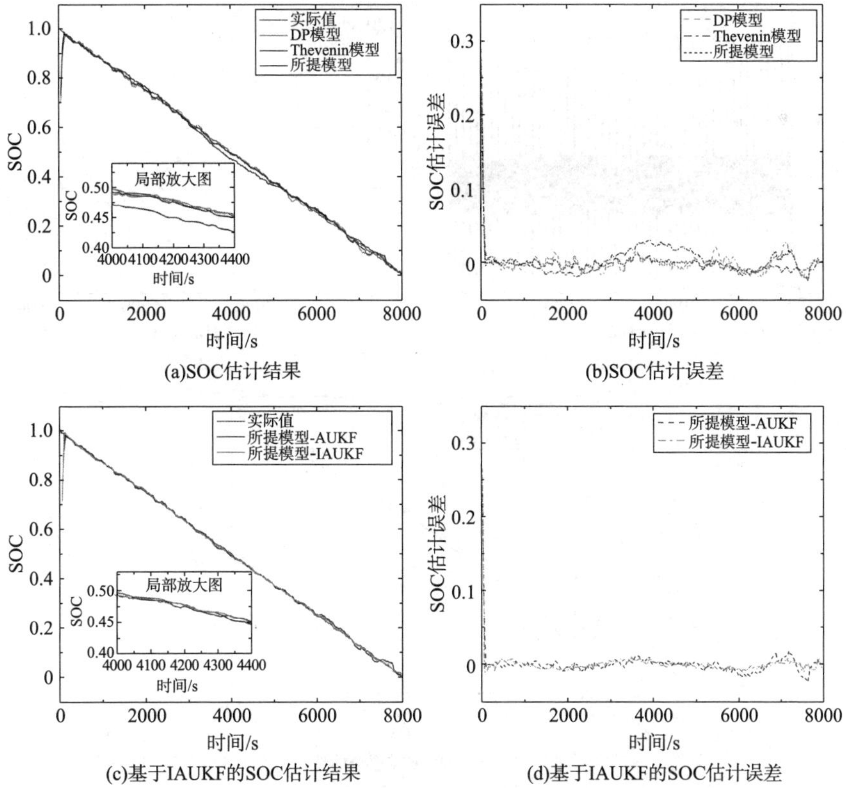

图 7－19　基于不同模型的估计结果和相应的误差

表 7 – 2　BJDST 循环下 SOC 估计特性　　%

统计参数	模型	MAE	RMSE
SOC	DP – AUKF	2.94	2.02
	Thevenin – AUKF	3.19	2.11
	所提模型 – AUKF	1.86	1.34
	所提模型 – IAUKF	1.13	0.97

3. 故障诊断

在实际工作过程中，持续过充会对电池的使用性能造成一定的损害，因此，为了对故障结果进行准确判定，本节基于多模型融合框架，对劣化电池进行诊断，此次实验中，将电池过充至 125%。然后在 DST 工况下对故障电池进行测试，电流、SOC 以及 SOC – OCV 曲线如图 7 – 20 所示。此时的故障电池容量为 2.14A · h。

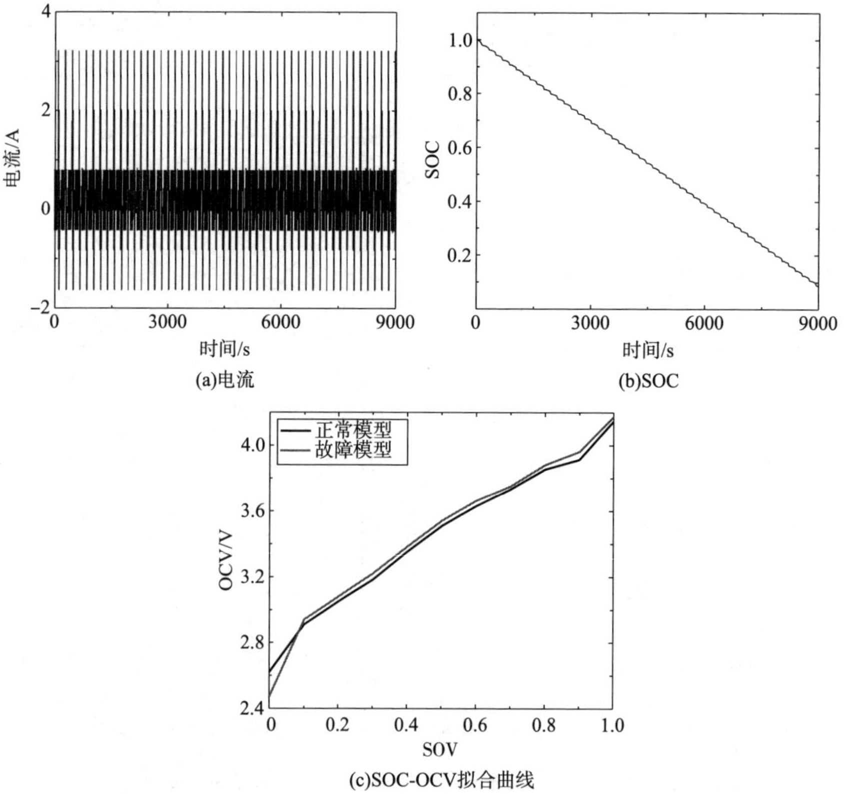

图 7 – 20　DST 工况下过充电池数据采集

根据图 7 – 15 建立的诊断框架，首先基于图 7 – 16 和图 7 – 20 的数据分别对建立的模型参数进行辨识，然后在输入端分别输入正常电池的采集的数据和故障电池采集的数据，基于图 7 – 15 建立的多模型框架估计的 SOC 和诊断概率如图 7 – 21 和图 7 – 22 所示。

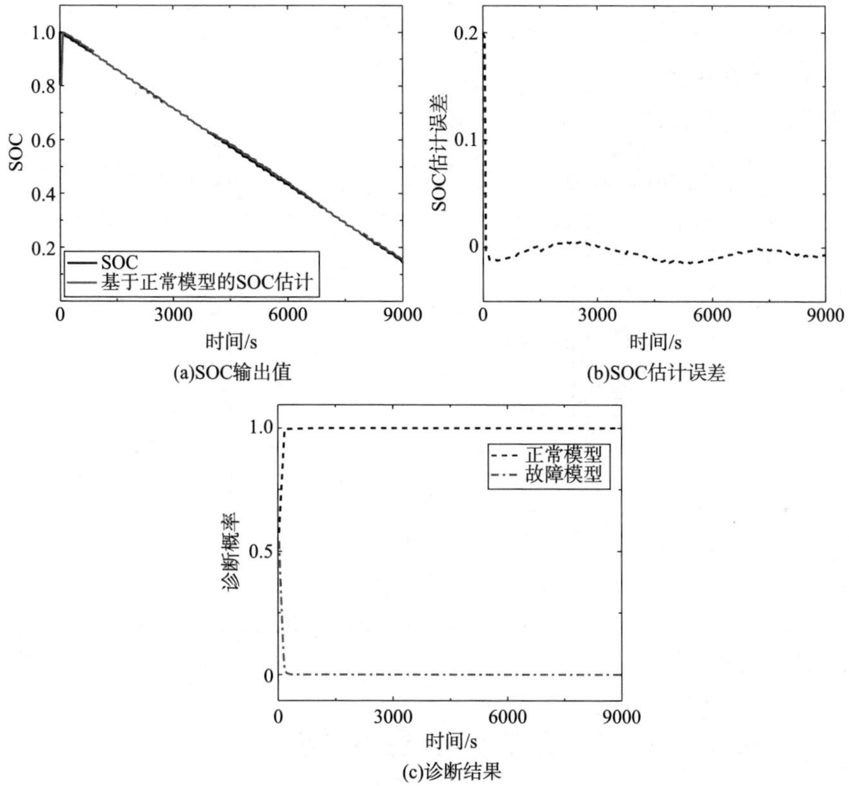

图 7 – 21　基于正常数据下的电池诊断结果

从图 7 – 21 中可知，估计的 SOC 收敛性于正常电池的 SOC 实际值，估计误差在 1.3% 以内，其正常模型的概率在短时间内收敛至 1，表明所测试的电池属于正常电池，符合预期。当系统的输入端的数据是故障电池数据时，如图 7 – 22 所示，系统输出的 SOC 会收敛于故障电池的 SOC 实际值，估计误差在 3% 以内，其损坏模型的诊断概率收敛到 1，而正常模型的概率则收敛为 0，实验结果表明系统输入端是故障电池数据，进一步验证了所提方法的可行性，可准确地对电池类型做出判断，为电池的安全使用提供参考。

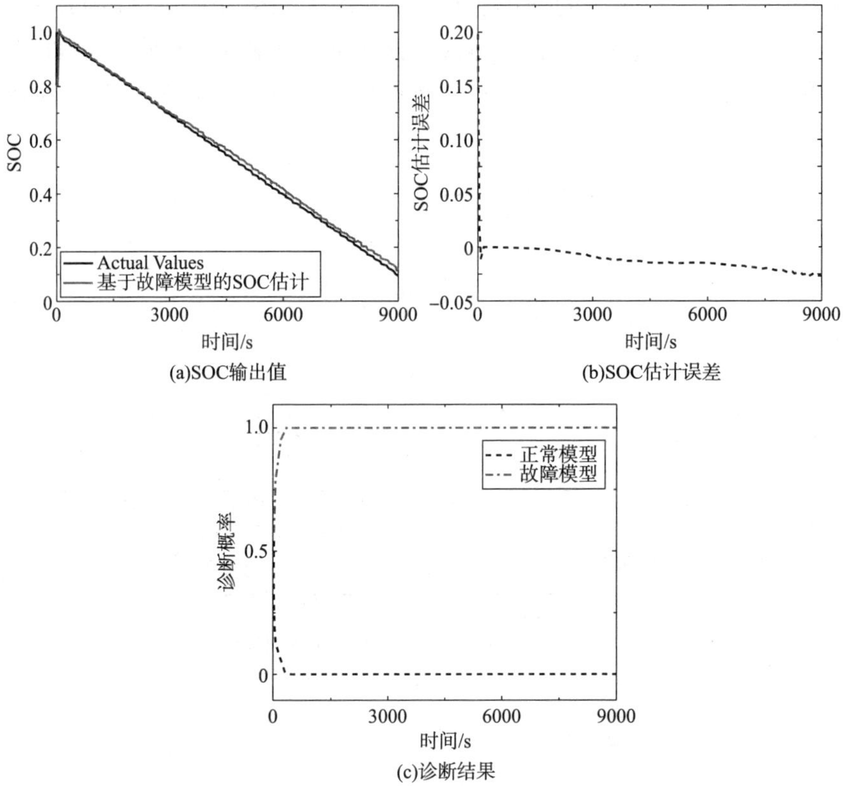

图 7－22　基于过充数据下的电池诊断结果

7.7　本章小结

首先，总结了锂离子电池故障诊断方法，列出了其共同特征。基于统计分析的方法执行效率高、计算简单。基于模型的方法在线性系统的诊断中有着广泛的应用和高性能，但对于像锂离子电池这样的高度非线性电化学系统，建立准确的模型和获得足够的计算能力是一项挑战。基于信号处理的方法可以避免建立复杂模型的问题，数据驱动方法可以应用于复杂非线性系统中有丰富历史数据的情况。其次，针对单一模型估计精度不准确的问题，建立了多模型概率融合框架，并改进了卡尔曼滤波的自适应调整过程。同时，引入残差序列对窗口长度进行自适应调整，提升噪声特性。再次，考虑到电池在不当的充电条件下，其性能与正常电池表现出的差异会影响电池状态的准确估计，危害电池的安全使用。基于建立的多模型概率框架，判别目前电池特性。最后，通过案例分析，在不同工况条件下验证了所提模型的有效性。实验结果表明，所建立的方法相比单一模型的方法具有更好的估计精度和稳定性，SOC 估计误差控制在 1% 左右，且在 SOC 准确估计的基础上，可以根据各模型概率准确判断电池故障情况，保证电池的安全使用。

参考文献

[1]Rajavelu D, B Madasamy. Multicriteria Decision Analysis for Renewable Energy Integration Design: For an Institutional Energy System Network[J]. International Journal of Photoenergy, 2021, 2021(1): 1-12.

[2]Lipu M S H, Hannan M A, Hussain A, et al. State of Charge Estimation for Lithium-Ion Battery Using Recurrent NARX Neural Network Model Based Lighting Search Algorithm[J]. IEEE Access, 2018, 6(2018): 28150-28161.

[3]Hao M, R Xiong, Zheng H, et al. A novel fractional order model based state-of-charge estimation method for lithiumion battery - Science Direct[J]. Applied Energy, 2017, 207: 384-393.

[4]D Larcher, Tarascon J M. Towards greener and more sustainable batteries for electrical energy storage[J]. Nature Chemistry, 2015, 7(1): 19-29.

[5]Luo X, Wang J, Dooner M, et al. Overview of current development in electrical energy storage technologies and the application potential in power system operation[J]. Applied Energy, 2015, 137: 511-536.

[6]Hu X, Zou C, Zhang C, et al. Technological Developments in Batteries: A Survey of Principal Roles, Types, and Management Needs[J]. IEEE Power and Energy Magazine, 2017, 15(5): 20-31.

[7]Chan B C C. The state of the art of electric, hybrid, and fuel cell vehicles[J]. Proceedings of the IEEE, 2007, 95(4): 704-718.

[8]Sulaiman N, Hannan M A, Mohamed A, et al. A review on energy management system for fuel cell hybrid electric vehicle: issues and challenges[J]. Renewable and Sustainable Energy Reviews, 2015, 52: 802-814.

[9]胡尊严. 车用燃料电池系统耐久性建模与状态估计研究[D]. 北京：清华大学，2019.

[10]Mekhilef S, Saidur R, Safari A. Comparative study of different fuel cell technologies[J]. Renewable and Sustainable Energy Reviews, 2012, 16(1): 981-989.

[11]Djerioui A, Houari A, Zeghlache S, et al. Energy management strategy of supercapacitor/fuel cell energy storage devices for vehicle applications[J]. International Journal of Hydrogen Energy, 2019, 44(41): 23416-23428.

[12]Hou Z, Wang R, Wang K, et al. Failure mode investigation of fuel cell for vehicle application [J]. Frontiers in Energy, 2017, 11(3): 318-325.

[13]Akroot A, Ekici Ö, Köksal M. Process modeling of an automotive pem fuel cell system[J]. International journal of green energy, 2019, 16(10): 778-788.

[14]李建秋，方川，徐梁飞. 燃料电池汽车研究现状及发展[J]. 汽车安全与节能学报，2014，

5(1): 17 –29.

[15]Pischinger S, Schönfelder C, Ogrzewalla J. Analysis of dynamic requirements for fuel cell Systems for Vehicle Applications[J]. Journal of Power Sources, 2006, 154(2): 420 –427.

[16]Thounthong P, Rael S, Davat B. Control strategy of fuel cell and supercapacitors Association for a Distributed Generation System[J]. IEEE Transactions on Industrial Electronics, 2007, 54(6): 3225 –3233.

[17]Xu L, Li J, Hua J, et al. Adaptive supervisory control strategy of a fuel cell/battery – powered city Bus[J]. Journal of Power Sources, 2009, 194(1): 360 –368.

[18]Peng F Z, Shen M, Holland K. Application of Z – source inverter for traction drive of fuel cell – battery hybrid electric vehicles[J]. IEEE Transactions on Power Electronics, 2007, 22(3): 1054 –1061.

[19]Zeng T, Zhang C, Hao D, et al. Data – driven approach for short – term power demand prediction of fuel cell hybrid vehicles[J]. Energy, 2020, 208: 118319.

[20]Ogawa K, Yamamoto T, Hasegawa H, et al. Development of the fuel – cell/battery hybrid railway vehicle, 2009[C]. IEEE, 2009.

[21]Bi H, Wang P, Che Y. A capacitor clamped H – type boost DC – DC converter with wide voltage – gain gange for fuel cell vehicles[J]. IEEE Transactions on Vehicular Technology, 2019, 68(1): 276 –290.

[22]Uzunoglu M, Alam M S. Dynamic modeling, design and simulation of a PEM fuel cell/Ultra – capacitor hybrid system for vehicular applications[J]. Energy Conversion and Management, 2007, 48(5): 1544 –1553.

[23]García P, Torreglosa J P, Fernández L M, et al. Control strategies for high – power electric vehicles powered by hydrogen fuel cell, battery and supercapacitor[J]. Expert Systems with Applications, 2013, 40(12): 4791 –4804.

[24]Li Q, Chen W, Li Y, et al. Energy management strategy for fuel cell/battery/ultracapacitor hybrid vehicle based on fuzzy logic[J]. International Journal of Electrical Power & Energy Systems, 2012, 43(1): 514 –525.

[25]García P, Fernández L M, Torreglosa J P, et al. Operation mode control of a hybrid power system based on fuel cell/battery/ultracapacitor for an electric tramway[J]. Computers & Electrical Engineering, 2013, 39(7): 1993 –2004.

[26]Schaltz E. Electrical vehicle design and modeling. In: Soylu S, ed. electric vehicles – modelling and simulations. 1st ed. Croatia: INTECH: 1 –24, Chapter 1.

[27]Antony F, Albert P J, Rimin P R, et al. Design and development of pneumatic hybrid vehicle (PHV)[J]. Int J Innovative Res Sci Eng Technol. 2014, 3(6): 13184 –13191.

[28]Sasa Trajkovic. The pneumatic hybrid vehicle a new concept for fuel consumption reduction[D]. Beijing, Doctoral Thesis, 2010.

[29]Shen P, Zhao Z, Zhan X, et al. Particle swarm optimization of driving torque demand decision based on fuel economy for plug – in hybrid electric vehicle[J]. Energy, 2017, 123: 89 –107.

[30]Williamson S S. Energy management strategies for electric and plug – in hybrid electric vehicles [M]. New York：Springer，2013.
[31]王天元．插电式混合动力公交能量管理与优化控制研究[D]．北京：北京交通大学，2019.
[32]Emadi A，Lee Y J，Rajashekara K. Power electronics and motor drives in electric，hybrid electric，and plug – in hybrid electric vehicles[J]．IEEE Trans. on Industrial Electronics，2008，55(6)：2237 – 2245.
[33]Steve，Cropley. Toyota Prius PHEV[J]．Autocar：Frist for New Cars，2018，295(3)：73.
[34]Du J，Yang F，Cai Y，et al. Testing and analysis of the control strategy of honda accord Plug – in HEV[J]．Ifac Papersonline，2016，49(11)：153 – 159.
[35]Ian，Robertson. Volkswagen Golf GTE Nav 1.4 TSI Plug – In Hybrid[J]．Diesel Car：The UK's Leading Magazine for Diesel & Alternative Fuel Vehicles，2015(TN. 338)：107.
[36]Meinert H，Senger T，Wiebking N，et al. The Plug – in Hybrid Technology of the New BMW X5 eDrive[J]．Mtz Worldwide，2015，76(5)：4 – 9.
[37]王越，杨玉新，李立伟．基于 LTC6804 的电池监测单元设计[J]．青岛大学学报：工程技术版，2019，34(1)：70 – 74，86.
[38]陈钰涵，朱文超，杨扬，等．锂离子电池/超级电容器混合系统的能量管理[J]．电池，2020，50(6)：511 – 515.
[39]Chao W，Chunb Z，Yunw G，et al. A Review on Fault Mechanism and Diagnosis Approach for Li – ion Batteries[J]．Journal of Nanomaterials，2015：1 – 9.
[40]温家鹏，姜久春，张维戈，等．电池更换模式下电池管理系统的研究[J]．高技术通信，2010，20(4)：415 – 421.
[41]Xiao L，Shang Y，Cui N. Research and development trend on battery management system for EV [J]．Power Electronics，2011，45(12)：26 – 27.
[42]曹铭．电池管理系统关键技术研究及测试系统构建[D]．南昌：南昌大学，2020.
[43]厉蕊．我国电动汽车电池管理系统联合开发管理研究[D]．北京：北京交通大学，2017.
[44]Wang Q，Ping P，Zhao X，et al. Thermal runaway caused fire and explosion of lithium – ion battery[J]．Journal of power sources，2012，208：210 – 224.
[45]冯旭宁．车用锂离子动力电池热失控诱发与扩展机理、建模与防控[D]．北京：清华大学，2016.
[46]何向明，冯旭宁，欧阳明高．车用锂离子动力电池系统的安全性[J]．科技导报，2016，34(6)：32 – 38.
[47]Saw L H，Ye Y，Tay A A. Integration issues of lithium – ion battery into electric vehicles batterypack[J]．Journal of Cleaner Production，2016，113：1032 – 1045.
[48]芮新宇，冯旭宁，韩雪冰，等．锂离子电池热失控蔓延问题研究综述[J]．电池工业，2020，24(4)：193 – 201.
[49]Miao Q，Xie L，Cui H，et al. Remaining useful life prediction of lithium – ion battery with unscented particle filter technique[J]．MicroelectronReliab 2013；53：805e10.

[50]Williamson SS，Cassani PA，Lukic S，et al. 46 – energy storage. In：Rashid MH，editor. Power electronics handbook[M]. third ed. Boston：Butter – worth – Heinemann，2011.

[51]Fusheng L，Ruisheng L，Fengquan Z. Microgrid technology and engineering application[M]. Oxford：Academic Press，2016.

[52]Meng H，Li Y – F. A review on prognostics and health management (PHM) methods of lithium – ion batteries[J]. Renew Sustain Energy Rev，2019，116：109405.

[53] Liu D，Li L，Song Y，et al. Hybrid state of charge estimation forlithium – ion battery under dynamic operating conditions [J/OL]. Int J Electr Power Energy Syst，2019，110：48e61. https：//doi. org/10. 1016/j. ijepes. 2019. 02. 046.

[54]Ng SS，Xing Y，Tsui KL. A naive Bayes model for robust remaining useful life prediction of lithium – ion battery[J]. Appl Energy，2014，118：114e23.

[55]Wu J，Zhang C，Chen Z. An online method for lithium – ion battery remaining useful life estimation using importance sampling and neural networks[J]. Appl Energy，2016，173：134e40.

[56]Xiong R，Ma S，Li H，et al. Toward a safer battery management system：a critical review on diagnosis and prognosis of battery short circuit[J]. Science，2020，23：101010.

[57]Meissner E，Richter G. Battery monitoring and electrical energy management：precondition for future vehicle electric power systems[J]. Journal Power Sources，2003，116：79e98.

[58]Zhang J，Lee J. A review on prognostics and health monitoring of Li – ion battery[J]. Journal of Power Sources，2011，196：6007e14.

[59]Konikow L F，Bredehoeft J D. Ground – water models cannot be validated[J]. Adv Water Resour，1992，15：75e83.

[60]Isermann R. Model – based fault – detection and diagnosisestatus and applications[J]. Annu Rev Control，2005，29：71e85.

[61]Cai L，White R E. Reduction of model order based on proper or thogonalde composition for lithium – ion battery simulations[J]. J. Electrochem. Soc. 2009，156(3)：A154eA161.

[62]Dao T S，McPhee C P V J. Simplification and order reduction of lithium – ion battery model based on porous – electrode theory[J]. Journal of Power Sources，2012，198 (15)：329 – 337.

[63]陈洪涛. 锂电池电化学模型参数辨识研究[D]. 北京：北京交通大学，2019.

[64]Safari M，Delacourt C. Modeling of a commercial graphite/LiFe PO_4 cell[J]. Journal of The Electrochemical Society，2011，158(5)：A562.

[65]Metropolis N，Rosenbluth A W，Rosenbluth M N，et al. Equation of state calculations by fast computing machines[J]. The journal of chemical physics，1953，21(6)：1087 – 1092.

[66]谢乐琼，王莉，胡坚耀，等. 动力电池重要测试方法：混合脉冲功率特性测试[J]. 电池工业，2018，22(5)：257 – 264.

[67]Deng Z，Hu X，Lin X，et al. Data – driven state of charge estimation for lithium – ion battery packs based on Gaussian process regression[J]. Energy，2020a；205：118000.

[68]Semeraro C，Lezoche M，Panetto H，et al. Data – drivenpattern – based constructs definition for the digital transformation modelling of collaborative networked manufacturing enterprises. In：Ca-

marinha – Matos LM, Afsarmanesh H, Antonelli D, editors. Collaborative networks and digital transformation, IFIP advances in information and communicationtechnology[M]. Cham: Springer International Publishing, 2019.

[69] Lipu M H, Hannan M A, Hussain A, et al. Data – driven state of charge estimation of lithium – ion batteries: algorithms, implementation factors, limitations and future trends. J Clean Prod2020; 124110.

[70] Tamura S, Tateishi M. Capabilities of a four – layered feed forward neuralnetwork: four layers versus three[J]. IEEE Trans Neural Network, 1997, 8: 251e5.

[71] De Villiers J, Barnard E. Backpropagation neural nets with one and two hidden layers. IEEE Trans Neural Network, 1993, 4: 136e41.

[72] Chang W Y. State of charge estimation for LiFe PO_4 battery using artificial neural network[J]. Int Rev Econ Educ, 2012, 7: 5874e80.

[73] Zhang C – W, Chen S – R, Gao H – B, et al. State of charge estimation of power battery using improved back propagation neural network[J]. Batteries 2018, 4: 69.

[74] Choi Y, Ryu S, Park K, et al. Machine learning – based lithium – ion battery capacity estimation exploiting multi – channel charging profiles[J]. IEEE Access, 2019, 7: 75143e52.

[75] Ahmed SR. Applications of data mining in retail business[C]. International conference on information technology: coding and computing, 2004.

[76] Mitra S, Pal SK, Mitra P. Data mining in soft computing framework: a survey[J]. IEEE Trans Neural Network, 2002, 13: 3e14.

[77] Ngai E W, Xiu L, Chau D C. Application of data mining techniques in customer relationship management: a literature review and classification [J]. Expert Syst Appl, 2009, 36: 2592e602.

[78] Widodo A, Yang B – S. Support vector machine in machine condition monitoring and fault diagnosis[J]. Mech Syst Signal Process, 2007, 21: 2560e74.

[79] Li X, Yuan C, Wang Z. State of health estimation for Li – ion battery via partialincremental capacity analysis based on support vector regression[J]. Energy, 2020, 203: 117852.

[80] Hu J N, Hu J J, Lin H B, et al. State – of – charge estimationfor battery management system using optimized support vector machine forregression[J]. Journal of Power Sources, 2014, 269: 682e93.

[81] Anton JCA, Nieto PJG, Viejo CB, et al. Support vector machines used toestimate the battery state of charge[J]. IEEE Trans Power Electron, 2013, 28: 5919e26.

[82] Zhang L, Li K, Du D, et al. A sparse least squares support vectormachine used for SOC estimation of Li – ion Batteries[J]. IFAC – PapersOnLine, 2019, 52: 256e61.

[83] Li J, Ye M, Meng W, et al. A novel state of charge approach of lithiumion battery using least squares support vector machine[J]. IEEE Access, 2020, 8: 195398e410.

[84] Nuhic A, Terzimehic T, Soczka – Guth T, et al. Health diagnosis and remaining useful life prognostics of lithium – ion batteries usingdata – driven methods[J]. Journal of Power Sources,

2013, 239: 680e8.

[85] Li X, Shu X, Shen J, et al. An on – board remaining useful life estimation algorithm for lithium – ion batteries of electric vehicles[J]. Energies, 2017, 10: 691.

[86] Hu X, Che Y, Lin X, et al. Battery health prediction using fusion – based feature selection and machine learning[J]. IEEE Trans Transport Electrif, 2020, 7: 382e98.

[87] Wang Y, Yang D, Zhang X, et al. Probability based remaining capacity estimation using data – driven and neural network model[J]. Journal of Power Sources, 2016, 315: 199 – 208.

[88] Deng Z, Hu X, Lin X, et al. General discharge voltage information enabled health evaluation for lithium – ion batteries[J]. IEEE ASME TransMechatron, 2020b, 26: 1295e306.

[89] Hu C, Ma L, Guo S, et al. Deep learning enabled state – of – chargeestimation of LiFe PO_4 batteries: a systematic validation on state – of – the – artcharging protocols [J]. Energy, 2022, 123404.

[90] Yang F, Li W, Li C, et al. State – of – charge estimation of lithium – ion batteriesbased on gated recurrent neural network[J]. Energy, 2019, 175: 66e75.

[91] Chen J, Feng X, Jiang L, et al. State of charge estimation of lithium – ion battery using denoising autoencoder and gated recurrent unit recurrentneural network [J]. Energy, 2021, 227: 120451.

[92] Huang Z, Yang F, Xu F, et al. Convolutional gated recurrentuniterecurrent neural network for state – of – charge estimation of lithium – ion batteries[J]. IEEE Access, 2019, 7: 93139e49.

[93] Feng X, Chen J, Zhang Z, et al. State – of – charge estimation of lithium – ion battery based on clockwork recurrent neural network[J]. Energy, 2021, 236: 121360.

[94] Yang F, Zhang S, Li W, et al. State – of – charge estimation of lithium – ion batteries using LSTM and UKF[J]. Energy, 2020, 201: 117664.

[95] Venugopal P. State – of – Health estimation of Li – ion batteries in electric vehicleusing IndRNN under variable load condition[J]. Energies, 2019, 12: 4338.

[96] Chinomona B, Chung C, Chang L – K, et al. Long short – termmemory approach to estimate battery remaining useful life using partialdata[J]. IEEE Access, 2020, 8: 165419e31.

[97] Song Y, Li L, Peng Y. Lithium – ion battery remaining useful life prediction based on GRU – RNN[C]. In: 2018 12th international conference on reliability, maintainability, and safety (icrms). IEEE, 2018.

[98] Salkind AJ, Fennie C, Singh P, et al. Determination of state – of – charge and state – of – health of batteries by fuzzy logic methodology[J]. Journal of Power Sources, 1999, 80: 293e300.

[99] Huo Q, Ma Z, Zhao X, et al. Bayesian network based state – of – health estimation for battery on electric vehicle application and its valida – tion through real – world data[J]. IEEE Access, 2021, 9: 11328e41.

[100] Dong G, Han W, Wang Y. Dynamic bayesian network – based lithium – ion battery health prognosis for electric vehicles[J]. IEEE Trans Ind Electron, 2020, 68: 10949e58.

[101] He Z, Gao M, Ma G, et al. Online state – of – health estimation of lithium – ion batteries using

Dynamic Bayesian Networks[J]. Journal of Power Sources, 2014, 267: 576e83.
[102]Vidal C, Malysz P, Kollmeyer P, et al. Machine learning applied to electrified vehicle battery state of charge and state of health estimation: state - of - the - art[J]. IEEE Access, 2020, 8: 52796e814.
[103]Zidan M, Sagheer A, Metwally N. An autonomous competitive learning algorithm using quantum hamming neural networks[C]. In: 2015 international joint conference on neural networks (IJC-NN). IEEE, 2015.
[104]Kim J, Lee S, Cho BH. Complementary cooperation algorithm based on DEKF combined with pattern recognition for SOC/capacity estimation and SOH prediction[J]. IEEE Trans Power Electron, 2012, 27: 436e51.
[105]Kim J, Lee S, Cho BH. Discrimination of Li - ion batteries based on Hammingnetwork using dischargingecharging voltage pattern recognition forimproved state - of - charge estimation[J]. Journal Power Sources, 2011, 196: 2227e40.
[106]Javed K, Gouriveau R, Zerhouni N. State of the art and taxonomy of prognostics approaches, trends of prognostics applications and open issues to - wards maturity at different technology readiness levels[J]. Mech Syst Signal Process, 2017, 94: 214e36.
[107]Saxena A, Celaya JR, Roychoudhury I, et al. Designing data - driven battery prognostic approaches for variable loading profiles: some lessons learned[C]. In: European conference of prognostics and health management society, 2012.
[108]Yang X, Chen Y, Li B, et al. Battery states online estimation based onexponential decay particle swarm optimization and proportional - integral observer with a hybrid battery model[J]. Energy, 2020, 191: 116509.
[109]Xu Z, Wang J, Lund PD, et al. Co - estimating the state of charge and health of lithium batteries through combining a minimalist electrochemical modeland an equivalent circuit model[J]. Energy, 2022, 240: 122815.
[110]Song Y, Liu D, Liao H, et al. A hybrid statistical data - driven method for on - line joint state estimation of lithium - ion batteries[J]. Appl Energy, 2020, 261: 114408.
[111]Hashemi S R, Mahajan A M, Farhad S. Online estimation of battery model parameters and state of health in electric and hybrid aircraft application[J]. Energy, 2021, 229: 120699.
[112]Zhang J, Wang P, Gong Q, et al. SOH estimation of lithium - ion batteriesbased on least squares support vector machine error compensation model[J]. Journal of Power Electron, 2021, 21: 1712e23.
[113]Yang D, Wang Y, Pan R, et al. State - of - health estimation for the lithium - ion battery based on support vector regression[J]. Appl Energy, 2018, 227: 273e83.
[114]Chen C, Pecht M. Prognostics of lithium - ion batteries using model - based and data - driven methods[C]. Beijing: Proceedings of the IEEE 2012 prognostics andsystem health management conference, 2012.
[115]Xing Y, Ma E W, Tsui K L, et al. An ensemble model for predicting the remaining useful per-

formance of lithium – ion batteries[J]. Microelectron Reliab, 2013, 53: 811e20.

[116] Li X, Ma Y, Zhu J. An online dual filters RUL prediction method of lithium – ion battery based on unscented particle filter and least squares support vectormachine[J]. Measurement, 2021, 184: 109935.

[117] Liao L, K € ottig F. A hybrid framework combining data – driven and model – based methods for system remaining useful life prediction[J]. Appl Soft Com – put, 2016, 44: 191e9.

[118] Gharavian D, Pardis R, Sheikhan M. ZEBRA battery SOC estimation using PSO – optimized hybrid neural model considering aging effect[J]. IEICE Electron Express, 2012, 9: 1115e21.

[119] Shen J, Ma W, Xiong J. Alternative combinedco estimation of state of charge and capacity for lithium – ion batteries in wide temperature scope[J]. Energy, 2022, 123236.

[120] Chen Z, Shi N, Ji Y, et al. Lithium – ion batteries remaining useful lifeprediction based on BLS – RVM[J]. Energy, 2021, 234: 121269.

[121] Zhao L, Wang Y, Cheng J. A hybrid method for remaining useful life estimation of lithium – ion battery with regeneration phenomena[J]. Appl Sci, 2019, 9: 1890.

[122] Xu T, Peng Z, Wu L. A novel data – driven method for predicting the circulating capacity of lithium – ion battery under random variable current[J]. Energy, 2021, 218: 119530.

[123] Xue Z, Zhang Y, Cheng C, et al. Remaining useful life prediction of lithium – ion batteries with adaptive unscented kalman filter and optimized support vector regression[J]. Neurocomputing, 2020, 376: 95e102.

[124] 田娟，李英祥，李彤岩．激活函数在卷积神经网络中的对比研究[J]．计算机系统应用，2018，27(7)：43－49.

[125] He Y, Liu X, Zhang C, et al. A new model for State – of – Charge (SOC) estimation for high – power Li – ion batteries[J]. Appl Energy, 2013, 101: 808 – 814.

[126] Li Y, Yang J, Song J. Design structure model and renewable energy technology for rechargeable battery towards greener and more sustainable electric vehicle[J]. Renew Sustain Energy Rev, 2017, 74: 19 – 25.

[127] Lu L, Han X, Li J, et al. A review on the key issues for lithium – ion battery management in electric vehicles[J]. Journal Power Sources, 2013, 226: 272 – 288.

[128] Xiong R, Cao J, Yu Q, et al. Critical review on the battery state of charge estimation methods for electric vehicles[J]. Ieee Access, 2017, 6: 1832 – 1843.

[129] Ali MU, Zafar A, Nengroo SH, et al. Towards a smarter battery management system for electric vehicle applications: A critical review of lithium – ion battery state of charge estimation. Energies 2019, 12(3): 446.

[130] Sun L, Li G, You F. Combined internal resistance and State – of – Charge estimation of lithium – ion battery based on extended state observer. Renew Sustain Energy Rev 2020; 131: 109994.

[131] Sarmah S B, Kalita P, Garg A, et al. A review of state of health estimation of energy storage systems: Challenges and possible solutions for futuristic applications of Li – ion battery packs in electric vehicles[J]. Journal Electrochem Energy Convers Storage, 2019, 16(4).

[132] Chen L, Wu X, Lopes AM, et al. Adaptive State - of - Charge estimation of lithium - ion batteries based on square - root unscented Kalman filter[J]. Energy, 2022, 252: 123972.

[133] Huang C, Wang Z, Zhao Z, et al. Robustness Evaluation of extended and unscented Kalman filter for battery state of charge estimation[J]. Ieee Access, 2018, 6: 27617 - 27628.

[134] Wang Q, Feng X, Zhang B, et al. Power battery state of charge estimation based on extended Kalman filter[J]. Journal Renew Sustain Energy, 2019, 11(1): 014302.

[135] How DN, Hannan M, Lipu MH, et al. State of charge estimation for lithium - ion batteries using model - based and data - driven methods: A review[J]. IEEE Access, 2019, 7: 136116 - 136136.

[136] Rivera - Barrera J P, Muñoz - Galeano N, Sarmiento - Maldonado HO. SOC estimation for lithium - ion batteries: Review and future challenges[J]. Electronics, 2017, 6(4): 102.

[137] Farmann A, Waag W, Marongiu A, et al. Critical review of on - board capacity estimation techniques for lithium - ion batteries in electric and hybrid electric vehicles[J]. Journal of Power Sources, 2015, 281: 114 - 130.

[138] Dai H, Jiang B, Wei X. Impedance characterization and modeling of lithium - ion batteries considering the internal temperature gradient[J]. Energies, 2018, 11(1): 220.

[139] Tröltzsch U, Kanoun O, Tränkler H R. Characterizing aging effects of lithium - ion batteries by impedance spectroscopy[J]. Electrochim Acta, 2006, 51(8 - 9): 1664 - 1672.

[140] Westerhoff U, Kroker T, Kurbach K, et al. Electrochemical impedance spectroscopy based estimation of the state of charge of lithium - ion batteries[J]. Journal Energy Storage, 2016, 8: 244 - 256.

[141] Lee J, Nam O, Cho B. Li - ion battery SoC estimation method based on the reduced order extended Kalman filtering[J]. Journal Power Sources, 2007, 174(1): 9 - 15.

[142] Plett G L. Extended Kalman filtering for battery management systems of LiPB - Based HEV battery packs: Part 3. State and parameter estimation[J]. Journal Power Sources, 2004, 134 (2): 277 - 292.

[143] Xu J, Mi C C, Cao B, et al. A new method to estimate the state of charge of lithium - ion batteries based on the battery impedance model[J]. Journal Power Sources, 2013, 233: 277 - 284.

[144] Huet F. A review of impedance measurements for determination of the State - of - Charge or state - of - health of secondary batteries[J]. Journal Power Sources, 1998, 70(1): 59 - 69.

[145] Piller S, Perrin M, Jossen A. Methods for State - of - Charge determination and their applications[J]. Journal Power Sources, 2001, 96(1): 113 - 120.

[146] Zhang C, Jiang J, Zhang L, et al. A generalized SOC - OCV model for lithium - ion batteries and the SOC estimation for LNMCO battery[J]. Energies, 2016, 9(11): 900.

[147] Chiasson J, Vairamohan B. Estimating the state of charge of a battery[J]. IEEET rans Control Syst Technol, 2005, 13(3): 465 - 470.

[148] Guo Z, Qiu X, Hou G, et al. State of health estimation for lithiumion batteries based on char-

ging curves[J]. Journal Power Sources, 2014, 249: 457 -462.

[149]Ng K-S, Moo C-S, Chen Y-P, et al. State-of-charge estimation for lead-acid batteries based on dynamic open-circuit voltage[C]. In: 2008 IEEE 2nd international power and energy conference, 2008: 972 -976.

[150]Savanth P, Shailesh K. Reduction of parameters in a lithium-ion cell model byexperimental validation of relationship between OCV and SOC[C]. In: 2016 onlineinternational conference on green engineering and technologies, 2016: 1 -5.

[151]Nejad S, Gladwin D T, Stone D A. On-chip implementation of extended Kalmanfilter for adaptive battery states monitoring[C]. In: IECON 2016 -42nd annualconference of the IEEE industrial electronics society, 2016: 5513 -5518.

[152]Kim T, Qiao W, Qu L. Hysteresis modeling for model-based condition monitoring of lithium-ion batteries[C]. In: 2015 IEEE energy conversion congress andexposition, 2015, 5068 -5073.

[153]Weng C, Sun J, Peng H. A unified open-circuit-voltage model of lithium-ion batteries for State-of-Charge estimation and state-of-health monitoring[J]. Journal Power Sources, 2014, 258: 228 -237.

[154]Zheng Y, Ouyang M, Han X, et al. Investigating the error sources of the online state of charge estimation methods for lithium-ion batteries in electricvehicles[J]. Journal Power Sources, 2018, 377: 161 -188.

[155]Yang Y P, Liu J J, Tsai C H. Improved estimation of residual capacity ofbatteries for electric vehicles[J]. Journal Chin Inst Eng, 2008, 31(2): 313 -322.

[156]Fleischer C, Waag W, Bai Z, et al. Adaptive on-line state-of-available-powerprediction of lithium-ion batteries[J]. Journal Power Electron, 2013, 13(4): 516 -527.

[157]Lashway C R, Mohammed O A. Adaptive battery management and parameterestimation through physics-based modeling and experimental verification[J]. IEEETrans Transp Electrification, 2016, 2(4): 454 -464.

[158]Ng K-S, Moo C S, Chen Y P, et al. Enhanced coulomb counting method for estimating State-of-Charge and state-of-health of lithium-ion batteries[J]. Appl Energy, 2009, 86(9): 1506 -1511.

[159]He H, Xiong R, Fan J. Evaluation of lithium-ion battery equivalent circuitmodels for state of charge estimation by an experimental approach[J]. Energies, 2011, 4(4): 582 -598.

[160]Baccouche I, Jemmali S, Mlayah A, et al. Implementationof an improved Coulomb-counting algorithm based on a piecewise SOC-OCV relationship for SoC estimation of Li-ion Battery [J]. arXiv preprint arXiv: 1803. 2018, 10654.

[161]Wei Z, Lim TM, Skyllas-Kazacos M, et al. Online state of chargeand model parameter coestimation based on a novel multi-timescale estimatorfor vanadium redox flow battery[J]. Applied Energy, 2016, 172: 169 -179.

[162]Wei Z, Zhao J, Xiong R, et al. Online estimation of powercapacity with noise effect attenuation for lithium-ion battery[J]. IEEE Trans IndElectron, 2018, 66(7): 5724 -5735.

[163] Chiang Y H, Sean W Y, Ke J C. Online estimation of internal resistance andopen – circuit voltage of lithium – ion batteries in electric vehicles[J]. Journal Power Sources, 2011; 196(8): 3921 – 3932.

[164] Hentunen A, Lehmuspelto T, Suomela J. Time – domain parameter extractionmethod for Thévenin – equivalent circuit battery models[J]. IEEE Trans Energy Convers, 2014, 29(3): 558 – 566.

[165] Zhao Y, Xu J, Wang X, et al. The adaptive fading extended Kalman filter So Cestimation method for lithium – ion batteries[J]. Energy Procedia, 2018, 145: 357 – 362.

[166] Wei Z, Meng S, Xiong B, et al. Enhanced online model identificationand state of charge estimation for lithium – ion battery with a FBCRLS based observer[J]. Appl Energy, 2016, 181: 332 – 341.

[167] Rahimi – Eichi H, Baronti F, Chow M Y. Online adaptive parameter identificationand State – of – Charge coestimation for lithium – polymer battery cells[J]. IEEE TransInd Electron, 2013, 61(4): 2053 – 2061.

[168] Fotouhi A, Auger D J, Propp K, et al. Lithium – sulfur battery State – of – Charge observability analysis and estimation[J]. IEEE Trans Power Electron, 2017, 33(7): 5847 – 5859.

[169] He H, Xiong R, Zhang X, et al. State – of – charge estimation of the lithium – ion battery using an adaptive extended Kalman filter based on an improved Thevenin model[J]. IEEE Trans Veh Technol, 2011, 60(4): 1461 – 1469.

[170] Berrueta A, San Martín I, Sanchis P, et al. Comparison of State – of – Chargeestimation methods for stationary lithium – ion batteries[C]. In: IECON 2016 – 42ndannual conference of the IEEE industrial electronics SoCiety, 2016: 2010 – 2015.

[171] Xiong R, Gong X, Mi CC, et al. A robust State – of – Charge estimator for multipletypes of lithium – ion batteries using adaptive extended Kalman filter[J]. Journal Power Sources, 2013, 243: 805 – 816.

[172] Dong G, Chen Z, Wei J, et al. An online model – based method forstate of energy estimation of lithium – ion batteries using dual filters[J]. Journal of Power Sources, 2016, 301: 277 – 286.

[173] Moore S, Eshani M. An empirically based electrosource horizon lead – acid batterymodel[J]. SAE Trans, 1996, 421 – 424.

[174] Manwell J F, McGowan J G. Extension of the kinetic battery model forwind/hybrid power systems[C]. In: Proceedings of EWEC, 1994: 284 – 289.

[175] Fang H, Zhao X, Wang Y, et al. State – of – chargeestimation for batteries: A multi – model approach[C]. In: 2014 American control conference[J]. IEEE, 2014, 2779 – 2785.

[176] Hussein A A H, Batarseh I. An overview of generic battery models. In: 2011IEEE power and energy SoCiety general meeting, 2011, 1 – 6.

[177] Wang Y, Zhang C, Chen Z. A method for State – of – Charge estimation of Li – ion batteries based on multi – model switching strategy[J]. Appl Energy, 2015, 137: 427 – 434.

[178] Yang F, Xing Y, Wang D, et al. A comparative study of three model – based algorithms for

estimating State – of – Charge of lithium – ion batteries under a new combined dynamic loading profile[J]. Appl Energy, 2016, 164: 387 – 399.

[179] Iniyan S, Jebaraj S, Suganthi L, et al. Energy models for renewable energy utilization and to replace fossil fuels[J]. Methodology, 2020, 67: 28 – 37.

[180] Li Y, Xiong B, Vilathgamuwa D M, et al. Constrained ensemble Kalman filter for distributed electrochemical state estimation of lithium – ion batteries[J]. IEEE Trans Ind Inf, 2021, 17 (1): 240 – 50.

[181] Spagnol P, Rossi S, Savaresi S M. Kalman filter SoC estimation for Li – ion batteries. In: 2011 IEEE international conference on control applications[J]. IEEE; 2011, 587 – 592.

[182] Yu Z, Huai R, Xiao L. State – of – charge estimation for lithium – ion batteries using a Kalman filter based on local linearization[J]. Energies, 2015, 8(8): 7854 – 7873.

[183] Battke B, Schmidt T S. Cost – efficient demand – pull policies for multipurpose technologies – The case of stationary electricity storage[J]. Appl Energy, 2015, 155: 334 – 348.

[184] Plett G L. Extended Kalman filtering for battery management systems of LiPB – based HEV battery packs: Part 3. State and parameter estimation[J]. Journal of Power Sources, 2004, 134 (2): 277 – 292.

[185] Hu X, Li S, Peng H, et al. Robustness analysis of State – of – Charge estimation methods for two types of Li – ion batteries[J]. Journal of Power Sources, 2012, 217: 209 – 219.

[186] Dai H, Xu T, Zhu L, et al. Adaptive model parameter identification for large capacity Li – ion batteries on separated time scales[J]. Appl Energy, 2016, 184: 119 – 131.

[187] Xiong B, Zhao J, Wei Z, et al. Extended Kalman filter method for state of charge estimation of vanadium redox flow battery using thermal – dependent electrical model[J]. Journal Power Sources, 2014, 262: 50 – 61.

[188] Lin X, Tang Y, Ren J, et al. State of charge estimation with the adaptive unscented Kalman filter based on an accurate equivalent circuit model[J]. Journal of Energy Storage, 2021, 41: 102840.

[189] Sun D, Yu X, Wang C, et al. State of charge estimation for lithium – ion battery based on an intelligent adaptive extended Kalman filter with improved noise estimator[J]. Energy, 2021, 214: 119025.

[190] Xiong R, Gong X, Mi CC, et al. A robust State – of – Charge estimator for multipletypes of lithium – ion batteries using adaptive extended Kalman filter[J]. Journal Power Sources, 2013, 243: 805 – 816.

[191] Han J, Kim D, Sunwoo M. State – of – charge estimation of lead – acid batteries using an adaptive extended Kalman filter[J]. Journal Power Sources, 2009, 188(2): 606 – 612.

[192] Sepasi S, Ghorbani R, Liaw B Y. A novel on – board State – of – Charge estimation method for aged Li – ion batteries based on model adaptive extended Kalman filter[J]. Journal Power Sources, 2014, 245: 337 – 344.

[193] Tian Y, Xia B, Sun W, et al. A modified model based state of charge estimation of power

lithium – ion batteries using unscented Kalman filter [J]. Journal of Power Sources, 2014, 270: 619 – 626.

[194] Yao J, Ding J, Cheng Y, et al. Sliding mode – based H – infinity filter for SOC estimation of lithium – ion batteries[J]. Ionics, 2021, 27(12): 5147 – 5157.

[195] Hu X, Sun F, Zou Y. Estimation of state of charge of a lithium – ion battery pack for electric vehicles using an adaptive luenberger observer[J]. Energies, 2010, 3(9): 1586 – 1603.

[196] Xia B, Chen C, Tian Y, et al. A novel method for state of charge estimation of lithium – ion batteries using a nonlinear observer[J]. Journal Power Sources, 2014, 270: 359 – 366.

[197] Kim I – S. The novel state of charge estimation method for lithium battery using sliding mode observer[J]. Journal Power Sources, 2006, 163(1): 584 – 590.

[198] Chen X, Shen W, Cao Z, et al. A novel approach for state of charge estimation based on adaptive switching gain sliding mode observer in electric vehicles[J]. Journal Power Sources, 2014, 246: 667 – 678.

[199] Tang X, Wang Y, Chen Z. A method for State – of – Charge estimation of LiFe PO_4 batteries based on a dual – circuit state observer[J]. Journal of Power Sources, 2015; 296: 23 – 29.

[200] Ouyang Q, Chen J, Zheng J. State – of – charge observer design for batteries with online model parameter identification: A robust approach[J]. IEEE Trans Power Electron, 2019, 35(6): 5820 – 5831.

[201] Lipu MSH, Hannan MA, Hussain A, et al. State of charge estimation for lithium – ion battery using recurrent NARX neural network model based lighting search algorithm[J]. IEEE Access, 2018, 6: 28150 – 28161.

[202] Xia B, Cui D, Sun Z, et al. State of charge estimation of lithium – ion batteries using optimized levenberg – marquardt wavelet neural network[J]. Energy, 2018, 153: 694 – 705.

[203] Dong C, Wang G. Estimation of power battery SoC based on improved BP neural network[C]. In: 2014 IEEE international conference on mechatronics and automation, 2014: 2022 – 2027.

[204] Sun B, Wang L. The SoC estimation of NIMH battery pack for HEV based on BP neural network [C]. In: 2009 international workshop on intelligent systems and applications, IEEE, 2009: 1 – 4.

[205] Salkind A J, Fennie C, Singh P, et al. Determination of State – of – Charge and state – of – health of batteries by fuzzy logic methodology[J]. Journal of Power Sources, 1999, 80(1): 293 – 300.

[206] Burgos C, Sáez D, Orchard ME, et al. Fuzzy modelling for the State – of – Charge estimation of lead – acid batteries[J]. Journal of Power Sources, 2015, 274: 355 – 366.

[207] Wu T, Wang M, Xiao Q, et al. The SoC estimation of power Li – ion battery based on ANFIS model[J]. Smart Grid Renew Energy, 2012, 3(1): 51.

[208] Baus D. Overpopulation and the impact on the environment[M]. New York: The Graduate Center, 2017.

[209] Dua R, White K, Lindland R. Understanding potential for battery electric vehicle adoption

using large – scale consumer profile data[J]. Energy Rep, 2019, 5: 515 – 524.

[210] Korhonen J, Honkasalo A, Seppälä J. Circular economy: The concept and its limitations[J]. Ecol Econ, 2018, 143: 37 – 46.

[211] Lipu M S H, Hannan M A, Hussain A, et al. A review of state of health and remaining useful life estimation methods for lithium – ion battery in electric vehicles: Challenges and recom – mendations[J]. Journal Clean Prod, 2018, 205: 115 – 133.

[212] Sarmah S B, Kalita P, Garg A, et al. A review of state of health estimation of energy storage systems: challenges and possible solutions for futuristic applications of Li – ion battery packs in electric vehicles[J]. Journal Electrochem Energy Convers Storage, 2019, (3): 040801.

[213] Berecibar M, Gandiaga I, Villarreal I, et al. Critical review of state of health estimation methods of Li – ion batteries for real applications[J]. Renew Sustain Energy Rev, 2016, 56: 572 – 587.

[214] Wu L, Fu X, Guan Y, Review of the remaining useful life prognostics of vehicle lithium – ion batteries using data – driven methodologies[J]. Appl Sci, 2016, 6(6).

[215] Waag W, Fleischer C, Sauer D U. Critical review of the methods for monitoring of lithium – ion batteries in electric and hybrid vehicles. Journal Power Sources, 2014, 258: 321 – 339.

[216] Weng C, Cui Y, Sun J, et al. On – board state of health monitoring of lithium – ion batteries using incremental capacity analysis with support vector regression[J]. Journal Power Sources, 2013, 235: 36 – 44.

[217] Basia A, Gascard E, Simeu – Abazi Z, et al. Overcoming the barriers in diagnostics and prognostics of the circular industrial system by hidden Markov model[C]. France: Proceedings of the 3rd International Conference on Control, Automation and Diagnosis (ICCAD'19), IEEE Press, Grenoble, 2019.

[218] Wladislaw W, Christian F, Dirk U. Critical review of the methods for monitoring of lithium – ion batteries in electric and hybrid vehicles[J]. Journal of Power Sources, 2014, 258(14): 321 – 339.

[219] 卢林. 动力电池 SOC 估算等效电路模型研究论述[J]. 汽车实用技术, 2021, 46(14): 160 – 162.

[220] He H, Xiong R, Guo H, et al. Comparison study on the battery models used for the energy management of batteries in electric vehicles[J]. Energy Conversion & Management, 2012, 64: 113 – 121.

[221] 冯培悌. 系统辨识[M]. 2 版. 杭州: 浙江大学出版社, 2004.

[222] P J Hall and E J Bain. Energy – storage technologies and electricity generation[J]. Energy Policy, 2008, 36(12): 4352 – 4355.

[223] Stoppato A, Benato A. The importance of energy storage[J]. Energy Storage World Sci. Ser. Current Energy Issues, 2017, 4: 1 – 26.

[224] He Z, Gao M, Wang C, et al. Adaptive state of charge estimation for Li – ion batteries based on an unscented Kalman filter with an enhanced battery model[J]. Energies, 2013, 6(8):

4134 – 4151.

[225] Prasad G K, Rahn C D. Model based identification of agingparameters in lithium – ion batteries [J]. Journal Power Sources, 2013, 232: 79 – 85.

[226] Williard N, He W, Hendricks C, et al. Lessons learned from the 787 dreamliner issue on lithium – ion battery reliability[J]. Energies, 2013, 6(9): 4682 – 4695.

[227] Vasan A S S, Pecht M G. Health and remaining useful life estimation of electronic circuits. Hoboken, NJ, USA: Wiley, 2018, 11: 279 – 327.

[228] Oswal M, Paul J, Zhao R. A Comparative Study of Lithium – ion Batteries[M]. Los Angeles, CA, USA: Univ. Southen California, 2010.

[229] Lin C, Tang A, Wang W. A review of SOH estimation methods in lithium – ion batteries for electric vehicle applications[J]. Energy Procedia, 2015, 75: 1920e1925.

[230] Zhang J, Lee J. A review on prognostics and health monitoring of Li – ion battery[J]. Journal Power Sources, 2011, 196: 6007e6014.

[231] Xing Y, Ma E W M, Tsui K L, et al. Battery management systems in electric and hybrid vehicles[J]. Energies, 2011, 4: 1840e1857.

[232] Wang D, Tsui K L, Miao Q. Prognostics and health management: A review of vibration based bearing and gear health indicators[J]. IEEE Access, 2018, 6: 665 – 676.

[233] Zhu J, Tan T, Wu L, et al. RUL prediction of lithium – ion battery based on improved DGWO – ELM method in a random discharge rates environment[J]. IEEE Access, 2019, 7: 125176 – 125187.

[234] Xue Z, Zhang Y, Cheng C, et al. Remaining useful life prediction of lithium – ion batteries with adaptive unscented Kalman filter and optimized support vector regression[J]. Neurocomputing, 2020, 376: 95 – 102.

[235] Zhang H, Miao Q, Zhang X, Liu Z. An improved unscentedparticle filter approach for lithium – ion battery remaining useful life prediction[J]. Microelectron. Rel., 2018, 81: 288 – 298.

[236] Sun X, Zhong K, Han M. A hybrid prognostic strategy withunscented particle filter and optimized multiple kernel relevance vectormachine for lithium – ion battery [J]. Measurement, 2021, 170: 108679.

[237] Qiao J, Liu X, Chen Z. Prediction of the remaining useful life of lithium – ion batteries based on empirical mode decomposition and deepneural networks[J]. IEEE Access, 2020, 8: 42760 – 42767.

[238] Mao L, Xu J, Chen J, et al. A LSTM – STW andGS – LM fusion method for lithium – ion battery RUL prediction based on EEMD[J]. Energies, 2020, 13(9): 2380.

[239] Qu J, Liu F, Ma Y, et al. Aneural – network – based method for RUL prediction and SOH monitoring of lithium – ion battery[J]. IEEE Access, 2019, (7): 87178 – 87191.

[240] Long B, Gao X, Li P, et al. Multi – parameter optimization method for remaining useful life prediction of lithium – ion batteries[J]. IEEE Access, 2020, 8: 142557 – 142570.

[241] Park K, Choi Y, Choi W J, et al. LSTM – based battery remaining useful life prediction with

multi – channel charging profiles[J]. IEEE Access, 2020, 8: 20786 – 20798.

[242]Ali M U, Zafar A, Nengroo S H, et al. Online remaining useful life prediction for lithium – ion batteries usingpartial discharge data features. Energies, 2019, 12(22): 4366.

[243]Liu D, Zhou J, Pan D, et al. Lithium – ion batteryremaining useful life estimation with an optimized relevance vectormachine algorithm with incremental learning[J]. Measurement, 2015, 63: 143 – 151.

[244]Ren L, Zhao L, Hong S, et al. Remaining useful life prediction for lithium – ion battery: A deep learning approach[J]. IEEE Access, 2018, 6: 50587 – 50598.

[245]Wang H, Song W, Zio E, et al. Remaininguseful life prediction for lithium – ion batteries using fractional Brownianmotion and fruit – fly optimization algorithm[J]. Measurement, 2020, 161: 107904.

[246]Chen L, Zhang Y, Zheng Y, et al. Remaining usefullife prediction of lithium – ion battery with optimal input sequence selection and error compensation[J]. Neurocomputing, 2020, 414: 245 – 254.

[247]Jia J, Liang J, Shi Y, et al. SOH and RUL prediction of lithium – ion batteries based on Gaussian process regression with indirect health indicators[J]. Energies, 2020, 13(2): 375.

[248]Liu J, Chen Z. Remaining useful life prediction of lithium – ion batteries based on health indicator and Gaussian process regression model[J]. IEEE Access, 2019, 7: 39474 – 39484.

[249]Tang S, Yu C, Wang X, et al. Remaining useful life prediction of lithium – ion batteries based on the Wiener process with measurement error[J]. Energies, 2014, 7(2): 520 – 547.

[250]S S Ng Y, Xing Y, et al. A naive Bayes model for robustremaining useful life prediction of lithium – ion battery[J]. Appl. Energy, 2014, 118: 114 – 123.

[251]Liu D, Pang J, Zhou J, et al. Data – driven prognostics for lithium – ion battery based on Gaussian process regression[C]. Beijing: IEEE Prognostics Syst. Health Manage. Conf., May 2012: 1 – 5.

[252]Luo W, Lv C, Wang L, et al. Study on impedance model of Li – ion battery[C]. 6th IEEE Conf. Ind. Electron. Appl., Jun. 2011: 1943 – 1947.

[253]Mutlag, Hussein A, Shareef, et al. Lightning search algorithm[J]. Applied Soft Computing, 2015, 12(36): 315 – 333.

[254]范立明，王崑声，钱诚．故障物理与粒子滤波融合的锂电池寿命预测方法[J]．兵器装备工程学报，2020，41(9)：171 – 175.

[255]Xing Y, Ma E W M, Tsui K L, et al. An ensemble model for predicting the remaining useful performance of lithium – ion batteries [J]. Microelectronics Reliability, 2013, 53 (6): 811 – 820.

[256]Miao Q, Xie L, Cui H J, et al. Remaining useful life prediction of lithium – ion battery with unscented particle flter technique [J]. Micro electronics Reliability, 2013, 53 (6): 805 – 810.

[257]Jin G, Matthews D E, Zhou Z. A Bayesian framework for on – line degradation assessment and

residual life prediction of secondary batteries in spacecraft[J]. Reliability Engineering and System Safety, 2013, 113(1): 7 - 20.

[258] Yufit V, Shearing P, Hamilton R W, et al. Investigation of lithium - ion polymer battery cellfailure using X - ray computed tomography[J]. Electrochemistry Communications, 2011, 13(6): 608 - 610.

[259] Marino C, Fullenwarth J, Monconduit L, et al. Diagnostic of the failure mechanism in $NiSb_2$ electrode for Li battery through analysis of its polarization on galvanostatic cycling[J]. Electrochimica Acta, 2012, 78: 177 - 182.

[260] Blyr A, Sigala C, Amatucci G, et al. Self - discharge of $LiMn_2O_4$/C Li - ion cells in theirdischarged state: understanding by means of three - electrode measurements[J]. Journal of the Electrochemical Society, 1998, 145(1): 194 - 209.

[261] Tarascon J M, McKinnon W R, Coowar F, et al. Synthesisconditionsandoxygenstoichiometry effects on Li insertion into the spinel $LiMn_2O_4$[J]. Journal of the Electrochemical Society, 1994, 141(6): 1421 - 1431.

[262] Park J, Seo J H, Plett G, et al. Numericalsimulation of the effect of the dissolution of $LiMn_2O_4$ particleson Li - ion battery performance[J]. Electrochemical and Solid - State Letters, 2011, 14(2): A14 - A18.

[263] Christensen J, Newman J. Cyclable lithium and capacityloss in Li - ion cells[J]. Journal of the Electrochemical Society, 2005, 152(4): A818 - A829.

[264] Lin H P, Chua D, Salomon M, et al. Low - temperature behavior of Li - ion cells[J]. Electrochemical and Solid - State Letters, 2001, 4(6): 71 - 73.

[265] Aurbach D, Zinigrad E, Cohen Y, et al. A shortreview of failure mechanisms of lithium metal and lithiated graphite anodes in liquid electrolyte solutions[J]. Solid State Ionics, 2002, 148(3/4): 405 - 416.

[266] Aurbach D, Levi M D, Levi E, et al. Common electroana - lytical behavior of Li intercalation processes into graphite and transition metal oxides[J]. Journal of the Electrochemical Society, 1998, 145(9): 3024 - 3034.

[267] Richard M N, Dahn J R. Accelerating rate calorimetry study on the thermal stability of lithium intercalated graphite in electrolyte. I. Experimental[J]. Journal of the Electrochemical Society, 1999, 146(6): 2068 - 2077.

[268] Abe T, Fukuda H, Iriyama Y, et al. Solvated Li - ion transfer at interface between graphite and electrolyte[J]. Journal of the Electrochemical Society, 2004, 151(8): A1120 - A1123.

[269] Wang Y, Guo X, Greenbaum S, et al. Solid electrolyte interphase formation on lithium - ion electrodes. A7Li nuclear magnetic resonance study[J]. Electrochemical and Solid - State Letters, 2001, 4(6): A68 - A70.

[270] Liu P, Wang J, Hicks - Garner J, et al. Aging Mechanisms of $LiFePO_4$ batteries deduced by electrochemical and structural analyses[J]. Journal of the Electrochemical Society, 2010, 157(4): A499 - A507.

[271]Edström K, Gustafsson T, Thomas J Q. The cathode – electrolyte interface in the Li – ion battery[J]. Electrochimica Acta, 2004, 50(2/3): 397 – 403.

[272]Khare N, Banasthali U, Jaipur, et al. A battery storage system for fault tolerance[C]. Italy: in Proceedings of the 29th International Telecommunications Energy Conference, Rome, September – October, 2007.

[273]Bloom I, Cole B W, Sohn J J, et al. An accelerated calendar and cycle life study of Li – ion cells[J]. Journal of Power Sources, 2001, 101(2): 238 – 247.

[274]Maleki H, Howard J N. Effects of over discharge on performance and thermal stability of a Li – ion cell[J]. Journal of Power Sources, 2006, 160(2): 1395 – 1402.

[275]Lin H P, Chua D, Salomon M, et al. Low – temperature behavior of Li – ion cells[J]. Electrochemical and Solid – State Letters, 2001, 4(6): 71 – 73.

[276]Abraham D P, Reynolds E M, Schultz P L, et al. Temperature dependence of capacity and impedance data from fresh and aged high – power lithium – ion cells[J]. Journal of the Electrochemical Society, 2006, 153(8): A1610 – A1616.

[277]Zackrisson M, Avellán L, Orlenius J. Life cycle assessment of lithium – ion batteries for plug – in hybrid electric vehicles – critical issues[J]. Journal of Cleaner Production, 2010, 18(15): 1517 – 1529.

[278]Han X B, Ouyang M G, Lu L G, et al. Cycle life of commercial lithium – ion batteries with lithium titanium oxideanode sin electric vehicles[J]. Energies, 2014, 7(8): 4895 – 4909.

[279]Lunz B, Yan Z, Gerschler J B, et al. Influence of plug – in hybrid electric vehicle charging strategies on charging and battery degradation costs[J]. Energy Policy, 2012, 46: 511 – 519.

[280] Ecker M, Gerschler J B, Vogel J, et al. Development of a lifetime prediction model for lithium – ion batteries based on extended accelerated aging test data[J]. Journal of Power Sources, 2012, 215: 248 – 257.

[281] Li Z. Characterization research of $LiFePO_4$ batteries for application on pure electric vehicles [D]. Beijing: Tsinghua University, 2011.

[282]Zhang Y M, Jiang J. Issues on integration of fault diagnosis and reconfigurable control in active fault – tolerant control systems[C]. Beijing: the 6th IFAC Symposium on Fault Detection, Supervision and Safety of Technical Processes (SAFEPROCESS' 06), September 2006: 1437 – 1448.

[283]Williard N, He W, Osterman M, et al. Reliability and failure analysis of lithium – ion batteries for electronic systems[C]. Guilin: the 13th International Conference on Electronic Packaging Technology and High Density Packaging(ICEPT – HDP' 12), August 2012: 1051 – 1055.

[284]Lu L, Han X, Li J, et al. A review on the key issues for lithium – ion battery management in electric vehicles[J]. Journal. Power Sources, 2013, 226: 272 – 288.

[285]Xiong R, Yu Q, Shen W. Review on sensors fault diagnosis and fault – tolerant techniques for lithium – ion batteries in electric vehicles[C]. Wuhan: the 13th IEEE Conference on Industrial Electronics and Applications, ICIEA 2018, 31 May – 2 June, 2018.

[286] Li X, Dai K, Wang Z, et al. Lithium – ion batteries fault diagnostic for electric vehicles using sample entropy analysis method[J]. Journal of Energy Storage, 2020, 27: 101121.

[287] Qiu Y, Cao W, Peng P, et al. A novel entropy – based fault diagnosis and inconsistency evaluation approach for lithium – ion battery energy storage systems[J]. Journal Energy Storage, 2021, 41: 102852.

[288] Xue Q, Li G, Zhang Y, et al. Fault diagnosis and abnormality detection of lithium – ion battery packs based on statistical distribution[J]. Journal Power Sources 2021, 482: 228964.

[289] Zhou D, Zheng W, Chen S, et al. Research on state of health prediction model for lithium batteries based on actual diverse data[J]. Energy, 2021, 230: 120851.

[290] Kim T, Kang D, Oh C, et al. Efficient on – board health monitoring for multicell lithium – ion battery systems using Gaussian process clustering[C]. IEEE Energy Conversion Congress and Exposition (ECCE), 2018: 5604 –5609. https://doi. org/10. 1109/ECCE. 2018. 85577 69.

[291] Li X, Wang Z. A novel fault diagnosis method for lithium – ion battery packs of electric vehicles [J]. Measurement, 2018, 116: 402 –411.

[292] Xia B, Shang Y, Nguyen T, et al. External short circuit fault diagnosis based on supervised statistical learning[C]. IEEE Transportation Electrification Conference and Expo, Asia – Pacific (ITEC Asia – Pacific), 2017: 1 –5. https://doi. org/10. 1109/ITEC – AP. 2017. 80808 30.

[293] Wadi A, Abdel – Hafez M, Hussein A. Mitigating the effect of noise uncertainty on the online state – of – charge estimation of Li – ion battery cells[J]. IEEE Trans. Veh. Technol, 2019, 68: 8593 –8600.

[294] Xia B, Shang Y, Nguyen T, et al. A correlation based detection method for internal short circuit in battery packs[C]. IEEE Applied Power Electronics Conference and Exposition (APEC), 2017: 2363 –2368. https://doi. org/10. 1109/APEC. 2017. 79310 30.

[295] Barzacchi L, Lagnoni M, Rienzo R D, et al. Enabling early detection of lithium – ion battery degradation by linking electrochemical properties to equivalent circuit model parameters [J]. J. Energy Storage, 2022: 50: 104213.

[296] Seo M, Park M, Song Y, et al. Online detection of soft internal short circuit in lithium – ion batteries at various standard charging ranges[J]. IEEE Access, 2020, 8: 70947 –70959.

[297] He L, Wang Y, Wei Y, et al. An adaptive central difference Kalman filter approach for state of charge estimation by fractional order model of lithium – ion battery[J]. Energy, 2022, 244: 122627.

[298] Kaypmaz T C, Tuncay R N. An advanced cell model for diagnosing faults in operation of Li – ion polymer batteries[C]. the 7th IEEE Vehicle Power and Propulsion Conference (VPPC'11), 2011: 1 –5, Chicago, Ill, USA, September.

[299] Singh A, Izadian A, Anwar S. Fault diagnosis of Li – ion batteries using multiple – model adaptive estimation[C]. the 39th Annual Conference of the IEEE Industrial Electronics Society (IECON'13), 2013: 3524 –3529, November.

[300] Gadsden S A, Habibi S R. Model – based fault detection of a battery system in a hybrid electric

vehicle[C]. the 7th IEEE Vehicle Power and Propulsion Conference (VPPC'11), 2011: 1 - 6, IEEE, Chicago, Ill, USA, September.

[301]Hwang J C, Chen J C, Pan J S, et al. Measurement method for online battery early faults precaution in uninterrupted power supply system[J]. IET Electric Power Applications, 2013, 5 (3): 267 - 274.

[302]Tröltzsch U, Kanoun O, Tränkler H R. Characterizingaging effects of lithium - ion batteries by impedance spectroscopy[J]. Electrochimica Acta, 2006, 51(8/9): 1664 - 1672.

[303]Kimand J, Cho B H. Aninnovativeapproachforcharacteristicanalysis and state - of - health diagnosis for a Li - ion cell based on the discrete wavelet transform[J]. Journal of Power Sources, 2014, 260: 115 - 130.

[304]Banaei A, Fahimi B. Real time condition monitoring in Li - ion batteries via battery impulse response[C]. Lille: the IEEE Vehicle Power and Propulsion Conference (VPPC'10), 2020: 1 - 6, September.

[305]Moebes T A. Lithium battery analysis: probability of failure assessment using logistic regression [C]. Vista: the Annual Reliability and Maintainability Symposium (RAMS'11), 5, p. 1, Fla, USA, January, 2011.

[306]Kim D, Koo K H, Jeong J J, et al. Second - order discrete - time sliding mode observer for state of charge determination based on a dynamic resistance Li - ion battery model[J]. Energies, 2013, 6(10): 5538 - 5551.

[307]Widodo A, Shim M C, Caesarendra W, et al. Intelligent prognostics for battery health monitoring based on sample entropy[J]. Expert Systems with Applications, 2011, 38(9): 11763 - 11769.

[308]Park J L, Baek S H, Jeong M K, et al. Dualfeatures functional support vector machines for fault detection of rechargeable batteries[J]. IEEE Transactions on Systems, Manand Cybernetics Part C: Applications and Reviews, 2009, 39(4): 480 - 485.

[309]Liu X J. Research and application of intelligent battery fault diagnosis system [M. S. dissertation] [M]. Beijing: Beijing University of Posts and Telecommunications, 2010.

[310]Tian J, Wang Y, Yang D, et al. A real - time insulation detection method for battery packs used in electric vehicles[J]. Journal Power Sources, 2018, 385: 1 - 9.

[311]Meng J, Boukhnifer M, Delpha C, et al. Incipient short - circuit fault diagnosis of lithium - ion batteries. Journal Energy Storage, 2020, 31: 101658.

[312]Feng X, Pan Y, He X, et al. Detecting the internal short circuit in large - format lithium - ion battery usingmodel - based fault - diagnosis algorithm[J]. Journal of Energy Storage, 2020, 18: 26 - 39.

[313]Jiang J, Cong X, Li S, et al. Ahybrid signal - based fault diagnosis method for lithium - ion batteries in electric vehicles. IEEE Access 9, 19175 - 19186 (2021).

[314]Pan Y, Ran D, Kuang K, et al. Novel non - destructive detection methods of lithium platingin commercial lithium - ion batteries under dynamic discharging conditions[J]. Journal Power Sources, 2022, 524: 231075.

[315] Cheng Y, Zhang X, Wang X, et al. Battery state of charge estimation based on composite multiscale wavelet transform. Energies, 2022, 15: 2064.

[316] Peng J, Wang R, Liao H, et al. A real – time layer – adaptive wavelet transform energy distribution strategy in a hybrid energy storage system of EVs[J]. Energies, 2019, 12: 440.

[317] Yao L, Xiao Y, Gong X, et al. A novel intelligent method for fault diagnosis of electric vehicle battery system based on wavelet neural network[J]. Journal Power Sources, 2020, 453: 227870.

[318] Zhang L, Fan W, Wang Z, et al. Battery heating for lithium – ion batteries based on multi – stage alternative currents. J. Energy Storage, 2020, 32: 101885.

[319] Tröltzsch U, Kanoun O, Tränkler H. Characterizing aging effects of lithium – ion batteries by impedance spectroscopy[J]. Electrochim. Acta, 2006, 51: 1664 – 1672.

[320] Yang J, Jung J, Ghorbanpour S, et al. Driven fault diagnosis and cause analysis of battery pack with real data. Energies, 2022, 15: 1647.

[321] Zhang W, Li X, Li X. Deep learning – based prognostic approach for lithium – ion batteries with adaptive time – series prediction and on – line validation. Measurement, 2020, 164: 108052.

[322] Li R, Xu S, Li S, et al. State of charge prediction algorithm of lithium – ion battery based on PSO – SVR cross validation[J]. IEEE Access, 2020, 8: 10234 – 10242.

[323] Yao L, Fang Z, Xiao Y, et al. An intelligent fault diagnosis method for lithium battery systems based on gridsearch support vector machine[J]. Energy, 2021, 214: 118866.

[324] Pan W, Chen Q, Zhu M, et al. A data – driven fuzzy information granulation approach for battery state of health for ecasting[J]. Journal Power Sources, 2020, 475: 228716.